《新农村建设科技入户》丛书

怎样办好家庭泥鳅黄鳝养殖场

徐在宽 徐明 编著

·北京·

(京)新登字 130 号

内 容 简 介

本书根据目前泥鳅、黄鳝养殖的生产实际及其市场要求,首先简要介绍了办好家庭泥鳅、黄鳝养殖场有关的经营管理知识,然后详细介绍了与泥鳅、黄鳝养殖密切相关的泥鳅、黄鳝生物学特征、环境构建、苗种繁育、商品泥鳅与黄鳝的养成、不同地区养殖场生产运营及其实例,以便读者在创办养殖场时结合各自条件,不断提高经营管理水平和养殖技术水平。

科学技术文献出版社是国家科学技术部系统惟一一家中央级综合性科技出版机构,我们所有的努力都是为了使您增长知识和才干。

前　　言

　　泥鳅、黄鳝多栖息于稻田、沟渠、池塘等浅水水域,其肉质细嫩、味道鲜美、营养丰富,并具有药膳保健功能,是深受国内外市场欢迎的美味佳肴和强身滋补的保健食品,在市场上价格始终坚挺,市场需求量大,养殖经济效益好,养殖前景良好。在我国,泥鳅、黄鳝多产于天然水域。仅靠自生自长,增值率很低,不能满足市场需求和加工原料要求,加上泥鳅、黄鳝主要产地的广大水稻田,因耕作制度的变更和农药的大量使用以及大量捕捉,致使其资源量锐减。例如,根据资料显示,我国黄鳝的自然资源已从 20 世纪 60 年代的平均每公顷水面 90 千克下降到目前的每公顷 1.5 千克,且不少地区已濒临绝迹。所以除了进行环境保护和增殖天然资源之外,发展人工养殖是一条必由之路。

　　泥鳅、黄鳝养殖具有占地面积少,养殖方式和适用水面多,养殖规模可大可小,饲料来源广,管理方便,成本低,经济效益显著等优点,适用于开展家庭式养殖。随着水产养殖发展,泥鳅、黄鳝养殖技术也在不断改进,创造出许多成功的方法,如泥鳅规模化人工繁殖、黄鳝网箱养殖等。广大从事养殖业的农民越来越感到要获得较好的经济效益,在不断吸取掌握和提高养殖技术水平的同时,必须学会经营管理,特别是要掌握市场变化的规律,善于及时捕捉市场变化的各种信息,只有这样才能在千变万化的市场大潮中进退自如,立于不败之地,取得较好的经济效益。

在创建家庭泥鳅、黄鳝养殖场时,无论其规模大小,必然会涉及到各种经营管理的实践内容,例如,养殖场地租赁和建立,资金安排,生产技术管理,劳动调配,综合经营,成本管理,销售管理和涉及的法规等,所以,要不断提高养殖场的经济效益,必须逐步提高经营者的经营管理水平。本书联系泥鳅、黄鳝养殖的生产实际,介绍了办好养殖场应该了解的经营管理知识,并结合泥鳅、黄鳝养殖生物学特性,系统介绍了泥鳅、黄鳝养殖生产的管理技术。以便启发读者根据自身不同条件,运用这些知识,不断提高养殖场经营管理水平及其经济效益。

由于科学技术不断发展和我们的水平所限,本书会存在各种问题,敬请广大读者和同仁及时告知我们,不胜感激。

目 录

一、泥鳅、黄鳝家庭养殖场的经营管理 …………………… 1
　(一)什么是经营管理 ………………………………………… 1
　(二)经营管理的对象 ………………………………………… 2
　(三)经营管理方法 …………………………………………… 3
　(四)生产技术管理 …………………………………………… 5
　(五)销售管理 ………………………………………………… 6
　(六)成本管理 ………………………………………………… 8
　(七)财务管理 ………………………………………………… 10
　(八)综合经营 ………………………………………………… 12
　(九)渔业法规 ………………………………………………… 12
　★泥鳅、黄鳝养殖场经营管理举例 …………………………… 27
二、泥鳅养殖生物学知识 ………………………………………… 30
　(一)泥鳅的生物学特征 ……………………………………… 30
　(二)泥鳅人工繁殖的设施条件 ……………………………… 35
　(三)泥鳅人工养殖的设施条件 ……………………………… 39

三、家庭泥鳅养殖场的技术管理 …… 48
(一)泥鳅繁殖的技术管理 …… 48
(二)泥鳅鱼种培育的技术管理 …… 74
(三)泥鳅人工养殖的技术管理 …… 84
(四)泥鳅越冬的技术管理 …… 100
(五)泥鳅的捕捉、暂养和运输 …… 102
(六)泥鳅的烹调方法 …… 114

★泥鳅人工养殖经营管理实例 …… 117

四、黄鳝养殖生物学知识 …… 137
(一)黄鳝的生物学特征 …… 137
(二)黄鳝人工繁殖的设施条件 …… 148
(三)黄鳝人工养殖的设施条件 …… 148

五、黄鳝人工繁殖技术管理 …… 163
(一)黄鳝人工催产人工授精技术管理 …… 163
(二)黄鳝人工催产自然受精的技术管理 …… 169

六、黄鳝苗种培育技术管理 …… 173
(一)黄鳝苗种来源 …… 173
(二)黄鳝的苗种培育技术管理 …… 177

七、黄鳝养成技术管理 …… 185
(一)土池或水泥池养殖的技术管理 …… 185
(二)网箱养殖的技术管理 …… 188
(三)稻田养殖的技术管理 …… 190
(四)工厂化养殖的技术管理 …… 195

(五)黄鳝养殖中的混养 …………………………………… 201

八、黄鳝捕捉、运输、暂养和越冬的技术管理 …………………………………… 210
(一)野生黄鳝捕捉 …………………………………… 210
(二)黄鳝的运输 …………………………………… 215
(三)黄鳝的囤养 …………………………………… 218
(四)黄鳝暂养中应注意的问题 …………………………………… 225
(五)黄鳝的越冬保种 …………………………………… 226
★家庭黄鳝养殖场技术管理实例 …………………………………… 230

九、黄鳝、泥鳅养殖场中饵料生物培育的技术管理 …………………………………… 251
(一)轮虫的培育 …………………………………… 252
(二)枝角类的培育 …………………………………… 256
(三)黄粉虫的人工养殖 …………………………………… 261
(四)蚯蚓的人工养殖 …………………………………… 267
(五)水蚯蚓的人工养殖 …………………………………… 277
(六)福寿螺的人工养殖 …………………………………… 284
(七)蝇蛆的培育 …………………………………… 293
(八)活饵料的引诱 …………………………………… 295

十、家庭黄鳝、泥鳅养殖场的病害预防 …………………………………… 297
(一)病害预防要点 …………………………………… 297
(二)黄鳝病害治疗要点 …………………………………… 305
(三)泥鳅病害治疗要点 …………………………………… 311

一、泥鳅、黄鳝家庭养殖场的经营管理

(一)什么是经营管理

家庭黄鳝、泥鳅养殖场的经营管理是指根据客观经济规律(如国家经济政策、市场经济规律等)、自然规律和本场自身条件(如自然条件和人力、财力、物力等条件),制订正确的经营方针,采取有效的管理措施,最大限度实现整体结构合理、功能协调、资源再生、良性循环,达到优质高产高效和可持续发展的目的,以适当的劳动消耗,生产出数量多、品种适宜、质量好的水产品,实现较好的经济效益。从分散的个体经营向集约化适度规模经营转变,根据生产环节进行专业化生产,可实行资产联合、股份制,核算统一,利益调节,通过科学的管理及联合体来提高市场竞争力和经济效益。

经营管理包括经营和管理两部分,经营侧重于生产前的市场调查、市场预测、经营决策,在产供销的活动中,主要抓好资金和渔业物资的组织供应及产品的销售,它的目标是瞄准市场,决定生产经营方针,为生产服务。管理侧重于生产经营过程中对人力、财力、物力的计划、协调、监督和控制，以便充分发挥它们的作用。经营为管理提供了方向和要求，管理则为经营提供了基础和保证，它们相辅相成。所以，加强企业的经营管理，既要抓好经营，又要抓好管理。不抓经营，管理就失去了目标，不抓管理，经营也就失去了基础。

(二)经营管理的对象

家庭黄鳝、泥鳅养殖场经营管理的对象，概括起来讲，就是管理供、产、销，人、财、物以及反映养殖场经济效果的各种经济技术指标。

养殖场的生产经营活动分为供应、生产和销售三个环节，高效率的生产，必须使这三个环节紧密地、均衡地、不间断地连续进行，三个环节的协调一致，也必须靠每个环节的妥善组织，因此，对企业的供、产、销整个活动过程和每一个环节应很好地组织、指挥、监督和调节，使它们高效率正常运转，是经营管理的首要对象。

对企业供、产、销活动过程的有效组织，离不开人力、物力和财力的有效使用。管理的目的，就是要把有限的人力、物力和财力高效能的用之于生产，以最少的劳动消耗，取得尽可能多的经济效益。因此，对养殖场的人力、物力和财力的有效使用，以及对每个生产要素的有效配置，使之低耗、高效，也是经营管理的对象。

经济技术指标，如产量、产值、成本、利润等，是人们组织、指挥、监督和调节养殖场生产经营活动的一个重要手段，对养殖场的供、产、销活动的合理组织,人、财、物的合理安排,都要以经济技术指标来把握、反映和监督,也要以经济技术指标来控制、指挥和调节,同时,养殖场的经营好坏,也要用经济技术指标进行评价。因此,经济技术指标是经营管理的具体对象,离开它养殖场的日常管理就无能为力,要想加强养殖场的管理便成一句空话。

(三)经营管理方法

经营管理方法是指经营管理者执行经营管理职能(如决策、计划、组织、指挥、协调、激励等)和实现经营管理目标所采取的手段。按照它们的内容和性质,分为下列几种:

(1)行政方法:是指利用行政手段,通过行政法规、命令、指示以及本场自定制度(如场规场约、岗位责任制等),对养殖场的生产经营活动进行引导与干预,以达到预定的经营目标的方法。这种方法具有强制性,是养殖场经营管理得以顺利进行的重要保证。

(2)经济方法:是指运用经济手段,按照客观经济规律的要求来经营管理养殖场,调节各方面的经济关系,以确保经营目标的实现。水产养殖场采用的经济手段主要是实行责任制,完善承包合同,贯彻按劳分配的原则,制定奖赔制度等,把承包者履行职责的情况同物质利益联系起来,以促进他们提高经营活动的经济效益。

在实际工作中,行政手段和经济手段常常需要结合在一起,互为补充,相辅相成,互相促进,才能产生更好的管理效果。没有行政手段,经济手段就不易发挥作用;而没有经济手段,养殖场又将缺乏内在动力,行政手段将起不到应有的作用。

(3)教育方法:养殖场的管理,首先是对人的管理,单纯依靠行政命令或经济方法,都不能完全奏效,还必须辅之以教育方法,它是指以教育、启发、诱导为手段,提高劳动者的思想觉悟和文化技术水平,正确认识国家、集体和个人三者之间的关系,把个人的前途与本养殖场的前途联系在一起,同心协力,办好养殖场,同时培养相应的人才和引进人才,引入竞争机制。

(4)法律方法:是指运用经济法规管理养殖场生产经营活动的方法,以保护国家、集体和个人三者的正当权益。水产养殖场均需以法律、法令、条例、准则和有关规定作为经济行动规范,据以建立正常的生产秩序和处理养殖场内外有关方面的经济关系,如发生经济纠纷时,通过司法机关依法裁决,如养殖场的职工中发生营私舞弊、贪污盗窃、损害公共利益、侵犯他人权力的行为时,诉诸法律,加以制裁。

(5)信息方法:是指搜集、分析各种有关信息,为进行决策、制订和实现计划提供科学依据。随着商品经济的发展,信息方法已成为企业现代管理的基础和管理的基本手段。管理者职能就是决策,决策必须以信息为基础,没有可靠的信息,不可能有科学的决策。对待信息要十分注意二个问题:一是信息的真实性;二是信息的实效性。例如:黄鳝、泥鳅生产必须达到一定规模才会有最大的利润,但制定生产规模必须了解市场,预测本场黄鳝、泥鳅在市场中的现状,如黄鳝、泥鳅的数量、质量、价格等。了解本地区及周边地区生产量及其质量供求情况以决策生产规模和生产计划。

(6)经济数学方法:是指运用数据及有关数学科学知识,对本场的生产经营活动进行经济分析,以调节、控制、计划、监督经济过程和经济活动,以利提高企业的经济管理水平。例如:反映养殖管理水平和饲养水平的具体指标有孵化率、苗种成活率、出苗率、饲料系数、回捕率等。

$$孵化率 = \frac{出膜幼体总数}{受精卵总数} \times 100\%$$

$$苗种成活率 = \frac{育出苗种总数}{投放幼苗总数} \times 100\%$$

$$饲料系数 = \frac{总投饵量}{总增长量} \times 100\% = \frac{总投饵量}{毛产量 - 放养量} \times 100\%$$

$$回捕率 = \frac{收获成品总数}{放养苗种总数} \times 100\%$$

(四)生产技术管理

生产技术管理应根据不同水域、不同生产阶段特点而有不同,其内容在后文不同水域、不同生产阶段技术管理中交待。

为了不断提高生产水平,应根据不同生产内容和生产规模建立有效的生产管理制度。

建立和健全各项生产管理制度,是保证各项技术措施的实施的重要条件,生产管理制度主要包括:

(1)建立和健全数据管理和统计分析制度:原始记录和统计工作要做到准确、全面、及时、清楚,为了解生产情况、判断生产效果、调整技术措施、分析生产成本、总结生产经验、进行科学预测和决策提供依据。

做好数据管理工作,主要是建立养殖水域档案,内容包括:苗种放养日期、品种、数量、规格;投饵施肥日期、数量、品种;捕捞日期、品种、数量等;日常管理情况。全年的生产实绩的统计分析要落实到每只鱼池,总结产量高低、病害轻重的经验教训,以便为第二年调整技术措施、改进养殖方法、加强饲养管理提供科学依据。

(2)建立考核评比制度:为做好考核评比工作,必须正确制定考核指标,包括物质消耗和生产成果,对生产实绩进行全面考核,评价生产中实际效益和存在的问题,是生产管理中的经常性工作。

技术管理是指对生产中的一切技术活动进行计划、组织、指挥、调节和控制等方面的管理工作。技术管理的基本内容包括搜集、整理技术情报,管理技术档案;贯彻执行技术标准与技术操作规程;搞好技术培训工作;推广应用水产养殖新技术、新产品、新工艺等。

尽管生产管理与技术管理有各自的管理对象,但它们之间是相互依存、相互促进的。因此,只有做好生产技术方面的组织和管理工作,才能提高水产养殖生产技术水平,取得更好的经济效果。

(五)销售管理

做好产品销售管理,不仅是实现养殖场再生产的重要条件,也是提高养殖场经济效益的重要途径。在产品销售管理工作中,必须注意以下几方面:

（1）掌握好产品销售时机，注意发挥价值规律的作用。水产品价格放开后，市场调节对水产品的销售起着重要的作用，水产品的价格是随行就市，按质论价，因此，要充分发挥价值规律的作用，运用市场需求原理、价格理论，掌握好水产品的销售时机，争取有一个好的卖价，这样才能既增加销售数量，又增加销售收入。

（2）注重水产品的质量，提高其价值。水产品是鲜活商品，具有易腐性，相同数量的水产品，鲜活程度不同，售价差异很大。随着人们生活水平的提高，对水产品的质量要求也随之提高，对黄鳝、泥鳅来说，包括黄鳝、泥鳅的品种、体色、规格大小、肉质口感、无土腥味、绿色产品级别和信誉品牌等。近城镇的水产养殖场，应在城镇设立鲜活黄鳝、泥鳅的销售门市部，对需要远距离销售的，要做好运输过程中的保鲜工作。

（3）做到以销定产，以销促产。产与销是相互依存的，既能相互促进，又能相互制约，因此，要做到一手抓生产，一手抓销售，自觉地根据市场行情变化，适时调整养殖品种和规格，调整上市时间。注意市场变，我也变，产品围绕市场转。

（4）做到水产品均衡上市。水产品均衡上市不仅能满足人们的生活需要，而且有利于加速资金周转和增加销售收入，提高养殖场的经济效益。

（5）采取多种形式，拓宽产品销售渠道。如与大中型工矿企业、超级市场、宾馆饭店和集贸市场、菜场挂钩等。总之，要做好产品销售服务工作，促进生产发展。

（6）除了提供鲜活产品之外，开发各类加工产品，如去骨的方便食品、旅游食品等，也包括城市中的餐饮加工及加工产品的综合利用，以求扩大市场，增加产品附加值。

(六)成本管理

成本管理是指有关降低成本方面一切管理工作的总称。它是通过编制成本计划,实行成本核算,进行成本分析,对生产中的各项耗费实行有效的控制、计算和监督,达到降低成本的目的。

1. 成本管理的要求

(1)严格遵守成本开支范围和费用开支标准。
(2)制定合理的成本计划,为降低各种耗费提出具体目标。
(3)进行成本核算,准确地计算生产中的各种开支耗费,并进行有效的控制。
(4)进行成本分析,寻找降低成本的有效途径。

2. 成本计划

成本计划是预先规定在计划期内生产经营活动的各种费用支出计划和产品的成本水平,以及产品成本降低任务和为降低成本所采取的主要措施的一种方案。成本计划是财务计划的重要组成部分,它是根据生产计划及各种消耗定额编制的。在编制成本计划时,应首先从检查上年成本计划执行情况入手,比较实际成本与计划成本,并找出发生差距的原因。然后根据本年生产财务计划的要求,结合生产条件变化的情况,调整各种物资消耗定额,费用定额和劳动定额,为编制成本计划提供可靠的依据。

3. 成本控制的方法

由于各场生产责任制的形式不同,核算单位(如队、组、户)不同,对成本控制可根据不同情况,采取不同方法。一般是:

(1)成本总额和定额成本控制,促使成本发生单位精打细算不突破规定标准。

(2)成本含量控制。这种方法不过分强调定额或总额成本的控制,而是把成本与产量挂钩,核定某一单位(万尾、千克)种苗成本含量、饲料肥料成本含量等相对控制指数,鼓励提高单产水平,达到从多出产量中求经济效益。

(3)利益分成控制法。即核定生产成本,节支分成,使生产者在完成生产任务(如产品数量、规格质量)的前提下,从节约的物耗中按比例分得利益,借以控制成本。

(4)包干控制法。核定生产成本,生产者在完成生产任务(如产品数量、规格数量)的前提下,节约的物耗结算归己,超支自负,以鼓励生产者以劳代本、开拓黄鳝、泥鳅人工饲料渠道,进行蚯蚓等动物性饲料配套养殖和收集,减少商品性饲料的开支。

4. 成本核算

产品成本是劳动消耗和物资消耗的集中表现。通过成本核算可以考核成本计划的完成情况,分析成本升降的原因,是寻求降低成本和提高经济效益的重要途径。

成本核算主要是核算生产总成本、产品单位成本、成本降低额以及降低率等指标。

(1)渔业总成本:即按各成本项目汇总所有水产生产的全部

费用支出,它反映了水产生产成本的总貌。

(2)产品单位成本:一般用元/千克表示。

黄鳝、泥鳅成品的单位成本=

$$\frac{上年结转养殖水域的全部费用+本年转入养殖水域的苗种成本+本年水域全部费用}{黄鳝、泥鳅成品总产量(千克)}$$

$$苗种单位成本=\frac{育种期全部费用(元)}{育成尾数(或千克数)}$$

(七)财务管理

财务管理是指养殖场有关资金的筹集、使用、结算、分配等方面管理工作的总称。加强财务管理,对促进水产养殖生产的发展,降低水产品成本、节约资金,提高经济效益具有重要的作用。财务管理重点介绍流动资金管理。

流动资金是指用于苗种、饲料、肥料、材料以及其他生产费用等方面的资金。加强流动资金的管理,其目的在于合理使用资金,加速流动资金周转,提高流动资金的使用效果。

(1)流动资金的组成:流动资金由以下几部分组成:

①储备资金:是指为生产储备的各种物资所占用的资金;

②生产资金:是指正在生产工程中所占用的资金;

③成品资金:是指待销的成品所占用的资金;

④货币资金:是指库存现金、银行存款;

⑤结算资金:是指在结算过程中所占用的流动资金,包括发出商品和各种应收、预付、暂付款等所占用的资金。

(2)加速流动资金周转的途径

加速流动资金周转:主要应分别从储备资金、生产资金和成品资金三方面来考虑。

加速储备资金周转:制定合理的物资消耗定额;根据消耗定额制定合理的物资储备量;尽量就地、就近组织物资供应,不仅可以节约在途资金,还可以减少储备量;在不影响生产正常进行的条件下,尽量缩减各种渔需物资的储备,做到有计划地采购品种、规格对路的物资,防止盲目采购;加强仓库管理工作,防止短少,对超储积压的物资及时处理,以减少储备资金的占用。

加速生产资金的周转:关键在于缩短生产周期,减少生产过程中的产品数量。具体措施是:要因地制宜地积极开展多种经营,把生产周期长短不同的生产项目结合起来,做到全年各个时期都有收入;生产上要改革养殖制度,实行综合养殖、轮捕轮放,以减少产品占用的资金。

加速成品资金的周转:根据市场行情及时组织产品销售;及时办理结算,收回贷款,以减少成品资金和结算资金的占用。

(3)流动资金利用效果指标:流动资金利用效果指标,主要有流动资金周转率、产值资金率和流动资金利润率等。流动资金周转率以流动资金周转次数和流动资金周转天数两个指标来表示。

$$流动资金周转次数 = \frac{全年销售收入}{流动资金年平均占用额}$$

$$流动资金周转天数 = \frac{周转期(360)}{周转次数}$$

$$或 = \frac{流动资金年平均占用额 \times 360}{全年销售收入}$$

流动资金全年平均占用额=1至12月流动资金实际占用额之和÷24

$$产值资金率 = \frac{流动资金全年平均占用额}{全年总产值} \times 100\%$$

产值资金率越低,表明流动资金利用效果越好。

(八)综合经营

综合经营是水产养殖企业带有根本性的经营方向,它是经过人们长期生产实践而创造出来的一条致富门路,也是很多水产养殖企业经过几十年生产实践,从无数经验教训中总结出的一条规律。

综合经营,是指一个企业从事多种产品生产,实行一业为主、多种经营。水产养殖场应贯彻"以渔为主,多种经营"的方针,黄鳝、泥鳅水产养殖场是以一定的水域为生产基础的,就是要以黄鳝、泥鳅为主,把种植业、畜禽饲养业等有机结合起来,促进动、植物之间互为条件,进行物质良性循环的综合利用。并在此基础上,积极创造条件,开拓经营范围,实行渔、农、牧、副、工、商的综合经营。实践证明,实行综合经营其生态效益、经济效益和社会效益都是比较好的,不仅能为社会提供多种副食品和其他产品,而且可降低黄鳝、泥鳅的生产成本,提高养殖场的经济效益;不仅为国家增加税收,而且为地方增加累积。

(九)渔业法规

建立家庭黄鳝、泥鳅养殖场,应当预见了解有关渔业法规和相关经济法规,以便保护黄鳝、泥鳅养殖场生产,最大限度维护养殖场利益以及提高养殖产品的经济效益。例如：在物色养殖水域、开展黄鳝、泥鳅生产前，必须遵照国家渔业法有关渔业水域环境保护条例，在黄鳝、泥鳅生产过程中，运用相关法规维护养殖场生产正常进行；保证养殖场各类产品符合市场准入准运标准和力求达到各级绿色产品标准，以提高养殖经济效益。

1. 经济合同

(1)经济合同的特征：合同也称契约，是当事人之间设立、变更、终止民事关系的协议，依法成立的合同受法律保护。经济合同是法人之间为实现一定的经济目的，明确相互权利和义务关系的协议。经济合同除了具有一切合同所有共有的法律特征外，还有不同的特点，现归纳如下：

①经济合同法的当事人作为社会组织必须是法人，作为公民个人是经营者的身份。所谓法人是指有权利能力和行为能力，依法独立享有经济权利和承担经济义务的组织。法人必须依法成立，有必要的财富或者经费，有自己的名称、组织机构和场所，它有企业法人和事业法人两种类型。

②经济合同是法人之间为了实现一定经济目的的经济法律手段，这种合同关系是经济业务性质的关系。法人订立经济合同的直接目的，是为了满足生产经营的需要，或者完成某种工作的需要。

③经济合同是法人之间的有偿合同，当事人双方按合同规定相互享有权利，相互的义务，各自都要为自己所得利益付出相应的代价。

④经济合同体现着签订各方之间的法律关系，签订经济合

同,不仅是一种经济活动,而且使当事人之间产生权利义务关系,当事人的权利受到法律保护,所承担义务也要受到法律监督,不履行义务要承担法律责任。

(2)经济合同的订立:经济合同依法成立就具有约束力。经济合同的法律约束力表现在:①当事人双方必须按合同的规定全面履行合同义务。同时有权要求对方履行合同义务。②任何一方都不得擅自变更或解除经济合同。③当事人因过错违约时要承担违约责任,经济合同是承担和追究责任的重要根据。④经济合同发生纠纷,经济合同可作为当事人提供的重要证据,是经济合同管理机关、仲裁机关、人民法院解决纠纷的重要依据。

(3)怎样使订立的经济合同具有法律约束力

①当事人资格要合法。当事人要具有法人资格,法人只能在批准或登记的业务范围内签订经济合同。签约的经办人可以是法人的法定代表人,如工厂厂长、公司经理和国家机关、事业单位、社会团体的负责人,他们有权以法人名义签订合同;也可以由法人法定代表人指派和授权所属职能部门的负责人或业务员去作为经办人签订合同,但他们必须在授权范围内签订合同。代订经济合同,必须取得委托单位的委托证明,并根据授权范围以委托单位的名义签订,才对委托单位直接产生权利和义务。

②订立经济合同必须遵守的基本原则。

a. 合法原则:经济合同必须遵守国家的法律,内容不能与国家的政策、法律、法令和有关的管理规定相抵触。任何单位和个人不能利用合同进行违法活动,扰乱社会经济秩序,损害国家利益和社会公共利益。如将水面作为标的买卖,那就是违法的。另外,订立各种经济合同都要考虑是否符合国家计划的要求,必须把国家计划任务放在首位,在保证国家计划的前提下,企业才能同别的单位签订其他合同。

b. 平等自愿、等价有偿原则:首先签订合同的双方在法律地位上一律平等,在合同中不体现上下级和隶属关系。其次,合同应当是双方真正意愿一致,签订合同的任何一方都不能将自己意愿强加于对方。第三,双方权利应该是平等的。即经济合同是双方有偿合同,双方互有义务和享受权利,每一方在从对方得到利益时要付出相应的代价。

③订立经济合同应当有的主要条款:根据经济合同法第十二条规定,经济合同应具备以下主要条款:

a. 标的:指的是合同当事人双方权利义务共同指向的对象,如购销合同的标的是货物。

b. 数量和质量:数量和质量是标的具体化。数量使用计量单位和数字来衡量标的的尺度,确立权利义务的大小,如产品的数量是多少。质量是标的的具体特征,也是标的内在素质和外观形态的综合,如产品的名称、规格、品种等。

c. 价格或酬金:指当事人一方向支付标的一方支付的表示为货币的代价。价款,一般指产品价格,酬金指劳务费等。

d. 履行的期限、地点、方式:履行的期限指当事人各方依据合同规定全面完成自己合同义务的时间。如购销合同中指的是交货的时间,有的合同,如建设工程承包合同的履行期限,应当是从开始进行工作到最后交付工作的整个时间。履行地点指当事人依照合同规定完成自己的合同义务所处的场所。履行的方式是指当事人完成经济合同义务的方法,如在产品购销合同中是一次交付,还是分批交付,是送货、提送,还是代办托运等。

e. 违约责任:违约责任指合同当事人因过错不履行或不完成履行经济合同时应承受的经济制裁的条款。

(4)经济合同的履行

①经济合同的履行:是指经济合同的当事人按照合同规定完成自己承担的合同义务的行为。如果当事人一方完成了自己应尽的全部义务,叫全部履行;如果当事人一方只完成了自己应尽的一部分义务,叫部分履行。由于经济合同都是双方有偿合同。当事人双方必须全面完成各自的合同业务,相互满足对方的合同权利。这样才能达到双方在订立合同时所要实现的经济目的。

②经济合同履行的原则:经济合同履行应贯彻二个原则:一是实际履行原则。指当事人要提供经济合同规定的标的来承担义务,不能用其他标的代替。在一方违约时也不能以偿付违约金、赔偿金来代替履行,对方要求继续履行的仍要继续履行。二是协作履行原则。指经济合同当事人双方要团结协作,相互帮助来完成经济合同所规定的任务。

③经济合同履行中应注意的问题

a. 根据经济合同法的规定,经济合同用货币履行义务时,除法律另有规定以外,必须用人民币支付和计算。除国家允许使用现金履行义务的以外,必须通过银行转账结算。

b. 在履行当中,执行国家定价的产品,在合同规定的交付期限内国家价格调整时,按交付的价格计算。逾期交货的,遇价格上涨时,按原价格执行;价格下降时,按新价格执行。逾期提货或者逾期付款的,遇价格上涨时按新价格执行;价格下降时,按原价格执行。执行浮动价、议价的按合同规定的价格执行。

c. 合同订立时质量没有明确,在履行中发生争议时的处理原则是,有国家标准或专业标准的应当按标准执行。

(5)经济合同的担保

①定金:是指在订立合同时,为了保证合同的履行,由当事人一方预先支付给另一方一定数额的货币。经济合同履行后,定金应当收回或者抵作价款,给付定金方如不履行合同就失去了定金所有权,无权请求返还定金;授受定金方如不履行合同,应加倍返还定金。

②保证:是指经济合同当事人一方应另一方的要求,请第三者向另一方当事人保证自己履行合同义务的法律办法,经济合同中保证法律关系的确立,可以在订立的合同中专立保证条款,由保证单位签字盖章生效;也可由保证单位直接与另一方签订保证合同,被保证人不履行合同时,由保证单位连带承担赔偿损失的责任。保证单位向另一方代为履行合同或赔偿损失后,有权向被保证人追偿。

③抵押:指经济合同当事人一方用自己特定的财产向对方保证自己履行合同义务的担保形式。提供财产的一方称为抵押人,接受抵押财产的一方称为抵押权人,抵押人不履行合同时,抵押权人有权将抵押财产变卖并优先于其他债权人受偿。如果不足,抵押人应补足;如有剩余,应退还抵押人。

④违约金:是经济合同普遍采用的担保形式,又是违约责任的主要的形式,在违反经济合同的责任问题中将作说明。

(6)经济合同的变更和解除:经济合同没有履行或没有完全履行时,因为订立合同时所依据的客观情况发生了变化,当事人依照法律规定的条件和程序对原合同进行修订、补充或终止原合同的关系。经济合同的变更和解除要依法进行,任何一方都不得擅自变更或解除合同。

①经济合同变更和解除的法定条件:经济合同法第二十七条明确规定,凡是发生下列情况之一者,允许变更或解除经济合同:a.当事人双方经过协商同意并且不因此损害国家利益和影响国家计划的执行。b.订立经济合同所依据国家计划被修改或取消。c.当事人一方由于关闭、停产、转产而确实无法履行合同。d.由于不可抗力或由于一方当事人虽无过失但无法防止的外因,致使经济合同无法履行。e.由于一方违约,使经济合同履行成为不必要。经济合同法还指出:如果当事人一方发生合并、分立时,由变更后的当事人承担或分别承担履行合同的义务和享受应有的权利。

②变更或解除经济合同的程序和注意的问题:a.变更或解除合同的建议和答复,应该在双方协议的期限或有关主管部门规定的期限内提出。b.变更和解除合同的建议,答复和达成的协议都应当采用书面形成(包括文书和电报)。c.协议没有达成前,原来的经济合同仍然有效。d.变更和解除合同如果涉及国家指令性计划指标的,应报经下达该计划的双方上级主管部门批准;属于国家指导性计划的应报上级主管部门备案。e.变更和解除合同的日期,以双方当事人达成协议日期为准。f.变更或解除合同造成一方损失的,除依法可以免除责任以外,应当由责任方赔偿。

(7)违反经济合同的责任

①违反经济合同责任的概念和种类:违反经济合同的责任是指经济合同的当事人、当事人的上级主管机关或业务主管机

关、直接责任者个人由于自己的过错违反经济合同时依照法律和经济合同的规定应当承受的法律制裁,违反经济合同的责任有三种:

a. 违约责任:指经济合同当事人因为过错违约而应承受的经济制裁。

b. 个人责任:是指在经济合同不能履行或不能完全履行问题上,由于失职、渎职和其他违法行为造成重大事故或严重损失的直接责任者个人,依法应负的经济责任、行政责任。

c. 上级机关的责任:是指由于上级领导机关或业务主管机关的过错,造成经济合同不能履行或不能完全履行,应由其承担的违约责任。

②承担违约责任的前提和原则:承担违约责任的原则主要有三点:a. 过错责任原则。这个原则是指谁有过错就由谁承担责任。b. 赔偿实际损失原则。是指违约造成对方实际损失多少应赔多少。c. 违约责任和经济利益相结合原则。违约金、赔偿金的支付,企业应在税后企业留利中支付,个人罚款不得报销。

③承担违约责任方式有三种。

a. 违约金:违约金是指由法律或合同预先规定的当事人一方因过错不履行或不完全履行合同时,应向对方支付一定数额的货币。

b. 赔偿金:是指合同当事人一方因自己过错违约给对方造成损失时,在没有规定违约金或违约金不足以弥补损失时,所支付的一种补偿费。

c. 继续履行:是指经济合同的当事人一方违约,偿付了违约金、赔偿金和承担了其他违约责任以后,根据对方的要求,在对方指定的和双方重新约定的期限内,继续完成原来没有履行或没有完全履行的合同义务。

根据经济合同法规定,当事人一方由于不可抗力的原因不能履行经济合同时,可以根据情况,部分或全部地免除承担的违约责任。当不可抗力发生后,当事人一方应采取措施,减少损失,并及时将情况通报给对方,同时取得有关主管机关的证明,才能够免除责任。

(8)经济合同纠纷的解决:经济合同的纠纷是指当事人双方对经济合同履行的情况或者不履行经济合同后果产生争议。经济合同的纠纷解决有四种途径:

①当事人双方协商解决,这种方法的好处是能及时解决纠纷,最有利双方的团结互助和加强彼此的协作关系。

②由业务主管部门进行调解,当事人双方如果属于同一系统,发生合同纠纷时,可以向本系统内的主管机关申请调解。但只要当事人一方不愿主管机关调解,主管机关不得强行调解。

③向经济合同仲裁机关申请仲裁。我国经济合同的仲裁机关是国家工商行政管理局和地方各级工商行政管理局下设的经济合同仲裁委员会。当事人向仲裁机关申请仲裁应从他知道或应该知道其权利被侵害一年内提出。如果当事人一方或双方对仲裁不服,可以在收到仲裁决定书之日起15日内向人民法院起诉,期满不起诉的,仲裁决定书即发生法律效力。经济合同当事人对送达的调解书和发生法律效力的仲裁决定书,应在规定的期限内自动履行,一方不履行可以向有管辖权的人民法院申请执行。

④向人民法院起诉。根据《经济合同法》的规定,经济合同纠纷协商不成,任何一方可以向国家规定的合同管理机关申请调解、仲裁,也可直接向人民法院起诉。人民法院在审理案件时,也要着重调解,调解不成则判决。当事人对判决不服可以在规定的期限内,向上级人民法院上诉,上级人民法院作出的判决为二审判决,即为终审判决。

(9)水产养殖企业中经济合同的主要形式

①水产品购销合同:主要指水产养殖企业与水产品经销单位或与其他企业之间所签订的经济合同,包括下列主要内容:a. 产品的名称。b. 产品的数量、品种、等级和质量。c. 产品的包装。d. 产品的验收。e. 产品的价格。f. 交货地点、日期、方式。g. 价款交付方式。h. 违约责任。i. 当事人协商同意的其他条款。

②渔需物资购销合同:这是水产养殖企业与渔需物资生产企业或经销单位之间所签订的合同。内容基本上与一类合同相同。

③承包合同:它是企业内部按照承包责任制的要求,规定企业与承包单位(人)在生产和分配中责、权、利关系的经济合同。主要内容有:a. 甲、乙双方的名称或姓名,一般合同的立约者即发包者为甲方、承包者为乙方。b. 双方承担的责任和权利,一般应规定甲方应提供的生产资料(水面、机械设备等)和资金数量,使用时间和管理办法,以及提供的技术服务项目等。对乙方应规定承包的经营项目、任务和产品分配方法,如上缴的产量、品种、规格、时间、利润以及应得报酬的奖赔办法。c. 合同有效期限,如所订合同何时生效、何时兑现、何时终止等均在合同中

写清楚。d.合同的经济责任,在所订合同中必须写清楚。e.其他方面:在合同中还应写清楚如果遇到特殊情况或变更所应采取的措施等。

④养殖技术推广服务合同:这类合同是由水产科技推广部门、科研单位、高等院校或科技人员同养殖企业签订的。前者给后者提供科技服务或咨询,以便推广和应用新技术,其主要内容有:科技推广项目、服务范围和时间、应达到的产量或产值指标、报酬与奖惩办法等。

2. 黄鳝、泥鳅无公害养殖的要求

目前,为降低或防止养殖环境污染、药物滥用等,造成水产品中有害物质积累,对人类产生毒害,所以无公害渔业特别强调水产品中有毒有害物质残留检测。实际上,"无公害渔业"还应包括如下含义:

①应是新理论、新技术、新材料、新方法在渔业上的高度集成。

②应是多种行业的组合,除渔业外,还可能包括种植业、畜牧业、林业、草业、饵料生物培养业、渔产品加工、运输及相应的工业等。

③应是经济、生态与社会效益并重,提倡在保护生态环境、保护人类健康的前提下发展渔业,从而达到生态效益与经济效益的统一,社会效益与经济效益的统一。

④应是重视资源合理的利用和转化,各级产品的合理利用与转化增值,把无效损失降低到最小限度。

总之,"无公害渔业"应是一种健康渔业、安全渔业、可持续发展的渔业,同时也应是经济渔业、高效渔业,它必定是世界渔业的发展方向。"无公害渔业"既是传统渔业的一种延续,更是近代渔业的发展。

因此,进行无公害黄鳝、泥鳅养殖是商品黄鳝、泥鳅市场准入的要求,是维护环境安全、人民健康的要求,同时,无公害和各级绿色食品的市场价格明显的高于一般食品,所以,进行黄鳝、泥鳅无公害养殖是降低成本、提高养殖经济效益的重要途径。

(1)无公害生产基地的建立和管理:要进行无公害水产品生产,不仅应建立符合一系列规定的无公害水产品基地,而且要有相应的无公害生产基地的管理措施,只有这样,方能保障无公害生产顺利进行,生产技术和产品质量不断提高,其产品才能有依据地进入国内外相关市场。

无公害农副产品生产基地建立还刚刚开始,其管理方法也一定会随无公害生产科学技术的发展及市场要求而不断完善和提高。下面将无公害黄鳝、泥鳅养殖基地管理的一般要求列举如下,以供参考。

①无公害黄鳝、泥鳅养殖基地必须符合国家关于无公害农产品生产条件的相关标准要求,使黄鳝、泥鳅中有害或有毒物质含量或残留量控制在安全允许范围内。

②黄鳝、泥鳅无公害生产基地,是按照国家以及国家农业行业有关无公害食品水产养殖技术规范要求和规定建设的,应是具有一定规模和特色、技术含量和组织程度高的水产品生产基地。

③黄鳝、泥鳅无公害生产基地的管理人员、技术人员和生产工人,应按照工作性质不同需要熟悉、掌握无公害生产的相关要

求,生产技术以及有关科学技术的进展信息,使无公害生产基地生产水平获得不断发展和提高。

④基地建设应合理布局,做到生产基础设施、苗种繁育与食用黄鳝、泥鳅等生产、质量安全管理、办公生活设施与无公害生产要求相适应。已建立的基地周围不得新建、改建、扩建有污染的项目。需要新建、改建、扩建的项目必须进行环境评价,严格控制外源性污染。

⑤无公害生产基地应配备相应数量的专业技术人员,并建立水质、病害工作实验室和配备一定的仪器设备。对技术人员、操作人员、生产工人进行岗前培训和定期进修。

⑥基地必须按照国家、行业、省颁布的有关无公害水产品标准组织生产,并建立相应的管理机构及规章制度。例如饲料、肥料、水质、防疫检疫、病害防治和药物使用管理、水产品质量检验检测等制度。

⑦建立生产档案管理制度,对放养、饲料、肥料使用、水质监测、调控、防疫、检疫、病害防治、药物使用、基地产品自检及产品装运销售等方面进行记录,保证产品的可追溯性。

⑧建立无公害水产品的申报与认定制度。例如,首先由申请单位或个人提出无公害水产品生产基地的申请,同时提交关于基地建设的综合材料;基地周边地区地形图、结构图、基地规划布局平面图;有关资质部门出具的基地环境综合评估分析报告;有资质部门出具的水产品安全质量检测报告及相关技术管理部门的初审意见。通过专门部门组织专家检查、审核、认定,最后颁发证书。

⑨建立监督管理制度,实施平时的抽检和定期的资格认定

复核和审核工作。规定信誉评比、警告、责令整改直至取消资格的一系列有效可行的制度。

⑩申请主体名称更改、法人变更均需重新认定。

虽然无公害养殖生产基地的建立和管理要求比较严格,但广大养殖户可根据这些要求,首先尽量在养殖过程中注意无公害化生产,使产品主要指标,例如:有毒有害物质残留量等,达到无公害要求。

(2)无公害黄鳝、泥鳅产品的质量要求:国家和各级地方政府对无公害水产品制定公布了一系列相关的监测标准。只有通过按规定抽样检测,符合无公害黄鳝、泥鳅产品质量要求的产品才准许进入市场销售。

无公害黄鳝、泥鳅产品的安全卫生指标,见表1-1、表1-2中的要求。

应注意的是,在黄鳝、泥鳅捕捞、装运、贮存、异地暂养过程中使用的工具、容器、水、暂养环境等必须符合无公害要求,以免合格产品受污染。

表1-1 水产品中有毒有害物质限量

项 目	指 标
汞(以 Hg 计)(毫克/千克)	≤1.0(贝类及肉食性鱼类) ≤0.5(其他水产品)
甲基汞(以 Hg 计)(毫克/千克)	≤0.5(所有水产品)
砷(以 As 计)(毫克/千克)	≤0.5(淡水鱼) ≤0.5(其他水产品)

续表

项 目	指 标
无机砷(以As计)(毫克/千克)	≤1.0(贝类、甲壳类、其他海产品)
	≤0.5(海水鱼)
铅(以Pb计)(毫克/千克)	≤1.0(软体动物)
镉(以Cd计)(毫克/千克)	≤1.0(软体动物)
	≤0.5(甲壳类)
	≤0.1(鱼类)
铜(以Cu计)(毫克/千克)	≤50(所有水产品)
硒(以Se计)(毫克/千克)	≤1.0(鱼类)
氟(以F计)(毫克/千克)	≤2.0(淡水鱼雷)
铬(以Cr计)(毫克/千克)	≤2.0(鱼贝类)
组胺(毫克/100克)	≤100(鲐鲲类)
	≤30(其他海水鱼类)
多氯联苯(PCBs)(毫克/千克)	≤2.0(海产品)
甲醛	不得检出(所有水产品)
六六六(毫克/千克)	≤2(所有水产品)
滴滴涕(毫克/千克)	≤1(所有水产品)
麻痹性贝类毒素(PSP)(毫克/千克)	≤80(贝类)
腹泻性贝类毒素(DSP)(毫克/千克)	不得检出(贝类)

表1-2 水产品中渔药残留限量

药物类别		药物名称	指标(MRL)/(微克/千克)
抗生素类	四环素类	金霉素	100
		土霉素	100
		四环素	100
	氯霉素类	氯霉素	不得检出
胺类及增效剂		磺胺嘧啶	100(以总量计)
		磺胺甲基嘧啶	
		磺胺二甲基嘧啶	
		磺胺甲噁唑	
		甲氧苄啶	50
奎诺酮类		噁喹酸	300
硝基呋喃类		呋喃唑酮	不得检出
		己烯雌酚	不得检出
		喹乙醇	不得检出

★泥鳅、黄鳝养殖场经营管理举例

1. 信息收集分析和利用是搞好养殖、提高经济效益的重要方法。例如：根据消费能力和消费习惯变化，及时组织生产不同规格、不同质量的黄鳝、泥鳅及混养品种；了解各地市场需求和价格获得不同地区差价;根据不同季节、不同时期消费习惯,预先暂养,获得季节时间的市场差价;根据不同客户,如宾馆要求、出口规格要求、一般家庭要求等,获得分类规格销售的差价等。当然应预先了解相关数量、运输、集中暂养能力等配套要求,例如:出口贸易的各级中间商需要有相应规格的数量、交货时间的要求,否则会因一定规格黄鳝、泥鳅的数量达不到要求而失去商机。另外,及时获得先进技术便能提高养殖水平。

2. 从产品销售来讲,要全面掌握市场规模、销售量及其变化规律,其中:(1)进行产品调查,主要包括市场需求的规格和数量及其质量要求。(2)销售调查,主要对黄鳝、泥鳅市场特点、消费者的购买行为和方式的调查,包括:①销路调查,黄鳝、泥鳅销路渠道非常多,是一种畅销水产品,除了各种商业部门、超市、水产品交易市场、农贸集市等,可积极突破旧市场,开拓新市场,建立"多渠道、少环节"的销售渠道,以获得较高的利润。根据不同情况,可与有信誉的个体商贩、宾馆饭店等直接订立销售合同或自办销售点直接销售。②销售实践调查。③竞争调查,包括产品竞争能力、与相关产品(如肉、鱼、虾等)的竞争能力,以及开拓新市场的调查,防止盲目进入新市场而造成损失。

3. 根据本场生产时机,制定销售计划并准备相关的暂养设施、包装、运输等产销衔接工作。

4. 重视种苗选择、暂养、运输和放养的管理工作,任何环节的失误,将使生产计划落空。

5. 养殖场基建宜逐年完善,可采用一步规划,分期实施,自我积累,滚动开发等措施,减少不必要的基建投资,最好做到自流补水,降低抽水成本。

6. 留足饲料费用。

7. 做好巡塘管理和每个水域的塘口记录,及时总结经验,根据市场建立适合本场条件的养殖周期、放养结构、混养品种,并设立必要的生产制度。

8. 建立黄鳝养殖场,必须预先进行动物性饲料的配套,例如,蚯蚓养殖场、鱼肉来源配套等。黄鳝人工养殖应用配合饲料时必须有一定量的动物性饲料相配套,方能使黄鳝正常生长,否则会影响黄鳝增重生长,从而影响产量,甚至影响成活率。

二、泥鳅养殖生物学知识

(一)泥鳅的生物学特征

1. 分类、分布和形态

泥鳅在生物学分类上属鲤形目、鳅科、泥鳅属。全世界有10多种,主要品种有泥鳅、大鳞副鳅、中华花鳅等。目前我国养殖的主要品种为真泥鳅。泥鳅广泛分布在我国辽河以南至澜沧江以北及台湾和海南岛。国外主要分布于日本、朝鲜、前苏联和东南亚等国家和地区。

泥鳅的体形在腹鳍以前呈圆筒状,由此向后渐侧扁,头较尖。体背部及两侧深灰色,腹部灰白色。尾柄基部上侧有黑斑。尾鳍和背鳍具黑色斑点。胸鳍、腹鳍和臀鳍为灰白色。生活环境及饲料营养不同体色有变化。唇2对,口须最长可伸至或略超过眼后缘,但也有个别的较短,仅达前鳃盖骨。无眼下刺。背鳍无硬刺,前两枚为不分支鳍条。尾鳍圆形。

泥鳅眼很小,圆形,为皮膜覆盖。鳞细小,圆形,埋在皮下,头部无鳞。泥鳅的视觉极差,但触觉、味觉极灵敏,这与其生活习性相吻合。

泥鳅皮下黏液腺发达,体表黏液丰富。

泥鳅身体各部的称谓可见图 2-1。

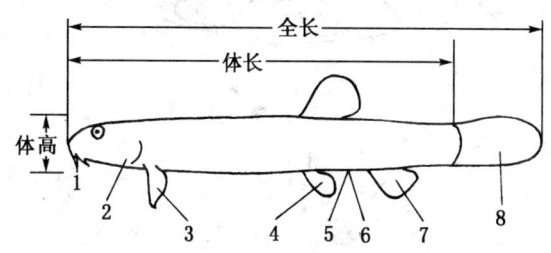

图 2-1 泥鳅身体各部位
1. 口须 2. 鳃盖 3. 胸鳍 4. 腹鳍
5. 肛门 6. 生殖孔 7. 臀鳍 8. 尾鳍

2. 生活特性

(1)栖息:泥鳅属温水性底层鱼类,多栖息在静水或缓流水的池塘、沟渠、湖泊、稻田等浅水水域中,有时喜欢钻入泥中,所以栖息环境往往有较厚的软泥。较适水环境为中性和偏酸性。泥鳅对环境适应能力强,耐饥饿,但也能为避开不利环境而逃逸。在天旱水干或遇不利条件"休眠"期间,就会钻入泥层中,只要泥中稍有湿气,少量水分湿润皮肤,泥鳅便能维持生命。一旦条件好转,便会复出活动摄食。

(2)呼吸:泥鳅对缺氧的耐受力很强,离水不易死亡,水体中溶氧低于 0.16 毫克/升时仍能存活,这是由于泥鳅不仅能用鳃呼吸,还能利用皮肤和肠进行呼吸。泥鳅肠壁很薄,具有丰富的血管网,能够进行气体交换,具辅助呼吸功能,所以又称为"肠呼吸"。据称,泥鳅耗氧量的1/3是由肠呼吸取得的(图2-2)。

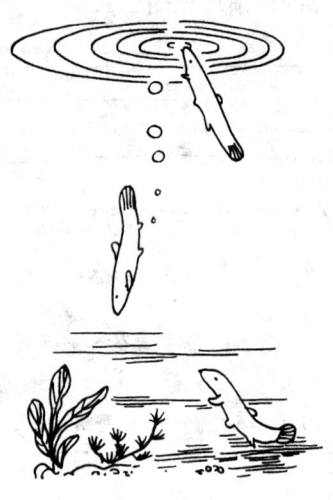

图2-2 泥鳅的肠呼吸运动

当水中溶氧不足时,泥鳅便会浮出水面吞咽空气,在肠内进行气体交换,废气从肛门排出,所以在下潜时水面出现串串气泡。人工养殖时,必须保持水体中溶氧水平,使泥鳅正常生长。投饵摄食后泥鳅肠呼吸的次数会增加,投喂动物性饲料过多,导致摄食过度,会影响肠呼吸。

(3)温度:泥鳅生长的水温范围是13～30℃,最适水温是24～27℃。当水温降到5～10℃或升到30℃以上时,泥鳅便潜入泥层下20～30厘米处,停止活动进行"休眠"。一旦水温达到适宜温度时,便又会复出活动摄食。

(4)食性:泥鳅是偏好动物性饵料的杂食性鱼类。生长发育的不同阶段摄取食物的种类有所不同。通常体长5厘米以下时主食适口性的浮游动物;长至5～8厘米则转杂食性,所以幼鱼阶段,胃中的浮游动物,特别是桡足类明显较多。成鱼阶段,胃中的昆虫幼虫,特别是摇蚊幼虫明显高于幼鱼。泥鳅的食性很广,在泥鳅胃中的食物团里腐殖质、植物碎片、植物种子、水生动物的卵等出现率最高,约占70%,其他如硅藻、绿藻、蓝藻、裸藻、黄藻、原生动物、枝角类、桡足类、轮虫等占30%。人工养殖中能摄食商品饵料。泥鳅在一昼夜中有两个明显的摄食高峰,分别是7～10时和16～18时,而早晨5时左右是摄食低潮。人工养殖投喂时段应根据该特性进行安排。

泥鳅与其他鱼类混养时常以其他鱼类的残饵为食,可称为池塘的"清洁工"。泥鳅肠道短小,对动物性饵料消化速度比植物性饵料快。泥鳅贪食,如投喂动物性饵料会贪食过量,不仅影响肠呼吸,甚至会产生毒害气体而胀死。当水温为15℃以上时泥鳅的食欲增高;水温24～27℃时最旺盛;水温30℃以上时食欲减退。泥鳅在生殖时期食量比较大,雌鳅比雄鳅食量更大,以满足生殖时期卵黄积累和生殖活动的需要。饥饿时甚至吞食自产的受精卵。

(5)光照:泥鳅一般白天潜伏水底,傍晚后出来活动觅食,不喜强光。人工养殖时往往集中在遮光阴暗处,或是躲藏在巢穴之中。

(6)生长和养殖特征:泥鳅生长与饵料、饲养密度、水温、性别和发育时期有关。人工养殖中个体差异也很大。

泥鳅个体小,有钻泥本能,善逃跑,既可钻孔逃跑,又能越埂、跳跃、附壁攀越。其生长速度较慢,故泥鳅商品食用规格较小。泥鳅抗病力强,食性杂,适应多种水域单养、混养,特别是在浅小水域中照样摄食生长。泥鳅适于高密度养殖,养殖成本低。泥鳅繁殖力也较强,其本身又是其他一些特种水产动物的优良活饵料。

据报道,日本泥鳅的食用规格最小只需5厘米体长,国内一些企业加工香酥泥鳅干的规格为12~16厘米。

在自然状况下,刚孵出的苗体长约0.3厘米,1个月之后可达3厘米,半年后可长到6~8厘米,第二年年底可长成13厘米体长、15克左右的体重。最大的个体可达20厘米、100克体重。人工养殖时经20天左右培育便可达3厘米的鳅苗夏花,1足龄时可长成每千克80~100尾的商品鳅。

(7)繁殖:泥鳅一般1冬龄性成熟,属多次性产卵鱼类。长江流域泥鳅生殖季节在4月下旬,水温达18℃以上时开始,直至8月份,产卵期较长。盛产期在5月下旬至6月下旬。每次产卵需时也长,一般4~7天才能排卵结束。

泥鳅怀卵量因个体大小而有差别,卵径约1毫米,吸水后膨胀达1.3毫米,一般怀卵8 000粒左右,少的仅几百粒,多的达十几万粒。12~15厘米体长泥鳅怀卵1万~1.5万粒;20厘米体长泥鳅怀卵达2.4万粒以上。体长9.4~11.5厘米雄性泥鳅精巢内约含6亿个精子。雄泥鳅体长达6厘米时便已性成熟。成熟群体中往往雌泥鳅比例大。

泥鳅常选择有清水流的浅滩,如水田、池沼、沟港等作为产卵场。发情时常有数尾雄泥鳅追逐一尾雌泥鳅,并不断用嘴吸吻雌鳅头、胸部位,最后由一尾雄鳅拦腰环绕挤压雌鳅,雌鳅经如此刺激便激发排卵,雄鳅排精。这一动作能反复多次。产卵活动往往在雨后、夜间或凌晨。受精卵具弱黏性,黄色半透明,可黏附在水草、石块上,一般在水温19~24℃时经2天孵出鳅苗(图2-3)。

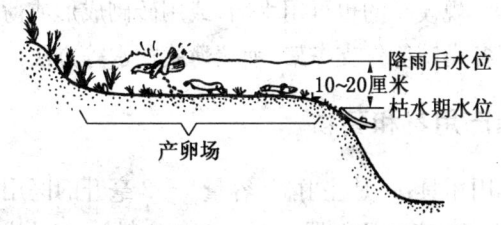

图2-3 泥鳅的天然产卵场

刚孵出的鳅苗体长约3.5毫米,身体透明呈"痘点"状,吻端具黏着器,附着在杂草和其他物体上。约经8小时,色素出现,体表渐转黑色,鳃丝在鳃盖外,成为外鳃。3天后卵黄囊接近消失,开始摄食生长。经20多天,苗长15毫米,此时的形态与成鳅相似,呼吸功能也从专以鳃呼吸转为兼营肠呼吸了。

(二)泥鳅人工繁殖的设施条件

1. 亲泥鳅培育池

亲泥鳅强化培育池一般大小为50~100平方米,深1.2米,水层保持40~50厘米。池底夯实,池壁需较硬而不让泥鳅钻洞,也可用塑料膜贴面。进排水口应设网栏。池底铺富含腐殖质的软土或软腐泥20厘米左右。

2. 产卵池、孵化池

产卵池、孵化池可以是土池或水泥池,面积不宜太大,以利于操作管理,规模小的也可用水箱,或用砖砌成形或薄膜铺填成水池;或用各类筐等作支撑架,铺填薄膜加水等方法。

3. 催产用具和药物

(1)常用用具:一是注射器,容量1～2毫升的医用(作皮试)注射器数支,20毫升注射器3支。二是注射针,4号或4.5号及18号针数支。三是研钵,直径6.1厘米的两副,用于磨碎精巢和脑垂体。四是锥形量筒,100毫升或50毫升,有刻度,或有刻度的吸管,用于盛放或吸取溶在林格氏液中的精液。五是粗鹅毛,人工授精时用于搅拌精卵用,并用于拨放卵到鱼巢上。六是解剖刀、剪、镊子,各1把,用于摘取垂体和精巢。另备小木板、钉、钳。七是器皿,用于暂养亲泥鳅,如盆、桶等若干个。八是干毛巾和纱布,催产时用于擦洗、抓持亲泥鳅。

(2)常用药物:一是格林氏液,氯化钠7.5克,氯化钾0.2克,氯化钙0.4克,溶入1升蒸馏水中制成。二是生理盐水,0.6%的氯化钠溶液。三是催产剂,绒毛膜促性腺激素(HCG),脑垂体(PG)。其中以HCG效果较好,PG效果也较好。HCG的用量可根据每克体重配用HCG15国际单位。一般个体小的每尾用100～250国际单位,50～60克大雌鳅每尾用800～1 000国际单位。以上催产剂雄鱼均减半。PG的用量可按每尾雌鳅用0.5千克重鲤鱼脑垂体0.5～1个或用泥鳅脑垂体4个或青蛙脑垂体2个。四是注射液,以上述催产剂按每尾用量直接加0.1～0.2毫升生理盐水或林格氏液配制而成。五是麻醉剂,MS-222、丁卡因。为避免催产操作抓持泥鳅困难,可预先将泥鳅放入每升水中加0.1克的MS-222,或2%的丁卡因溶液中实施麻醉。

4. 孵化设施

泥鳅受精卵孵化方式因获得受精卵的方法不同而异。

附着受精卵的鱼巢可采用多种方法孵化,一般用经石灰清整消毒过的鱼池均可,不必另设孵化池。如果数量集中而较多时,则应另建孵化池。孵化池宜为面积15平方米的长方形池,四周建高出地平30厘米池埂。每池可育50万泥鳅苗,如有微流水条件密度还可增加。这种池青蛙是最大敌害,应防止青蛙侵入和蝌蚪生成。所以应在池上覆盖草席,既防青蛙进入,又防阳光直射。另外也可采用网箱孵化。孵化网箱用聚乙烯网布制成,面积以5～10平方米为宜,箱壁高出水面30厘米。网箱可设在静水或微流水处,水深不超过50厘米,孵化密度为500粒/升水左右。静水中密度适当减小,微流水中密度可增加。如经过脱粘处理,也可在孵化缸、孵化槽、孵化环道孵化。具体采用何种形式按规模大小而定。人工授精卵可用孵化缸孵化,密度以500～600粒/升水为宜。孵化用水要预先经过沉淀、过滤,防止泥沙污物及敌害进入。

采用纱框承卵的,承卵纱框浮起后可作为孵化框。纱框承卵可安放或自由飘浮在静水或微流水池中孵化。

也可采用浅筐或用砖垒,或挖地成坑后,在其中铺填塑料膜,用于亲鳅产卵兼受精卵孵化用池。还可设计成立体式、多层的工厂化孵化育苗车间。

5. 泥鳅苗种培育设施

采用专用泥鳅苗培育池最好,但采用稻田或池塘里开挖的鱼沟、鱼溜或鱼凼也是适宜的。一般在放苗前10～15天清整除野消毒,然后注水20厘米,施适量有机肥培养饵料生物,待清整药物药性消失、水色变绿变浓后即可放苗。

专用培育池面积不宜过大,应选在水源方便的泥鳅养殖基地附近。最好用水泥池,每只池50平方米左右。池壁高70厘米左右,光滑不漏水。如是泥池,池底和池壁要夯实。

如是新建水泥池,不可直接使用,必须先经脱碱洗净后方可使用。脱碱的方法有以下几种:

①醋酸法:用醋酸洗刷水泥池表面,然后注满水浸池数日。

②过磷酸钙法:每立方米池水中溶入过磷酸钙肥料1千克,浸池1～2天。

③酸性磷酸钠法:每立方米水中溶入酸性磷酸钠20克,泡池2天。

④稻草、麦秸浸泡法:水泥池加满水后放一层稻草或麦秸浸泡1个月左右。

采用上述方法之一脱碱之后,再用水洗净方能放苗。为安全起见,可用pH试纸测试碱性,或放几尾小鱼试水,1天后无不良反应,再放养泥鳅苗。

也可利用孵化池、孵化槽、产卵池及家鱼苗种池作为泥鳅苗培育池。水泥池的底部要铺一层10～30厘米厚的腐殖土,其制法可用等量猪粪和淤泥拌匀后堆放发酵而成。

(三)泥鳅人工养殖的设施条件

泥鳅生命力较强,容易开展人工养殖。由于泥鳅能利用皮肤、肠道进行呼吸,对水的依赖性相对较小,所以特别适于在各种浅水水体如稻田、洼地、小塘坑及山区水源不足处养殖。泥鳅食性杂,饲料来源容易解决。泥鳅繁殖力较强,天然资源较丰富,因此苗种成本较低,也容易解决。泥鳅适应性强,分布广。这些优点都给泥鳅人工养殖带来极大的便利。

养泥鳅是投资不大、方法简便、节省劳力、效益较高的生产方式。据报道,日本农民每年大规模利用空闲稻田养殖泥鳅,采用水稻、泥鳅轮作制,秋季平均每 100 平方米水面放养 200 千克泥鳅,投喂一些米糠、土豆渣、蔬菜渣等,第二年秋季可收获 400 千克泥鳅,而且养过泥鳅的稻田来年谷物产量更高。由此可见,泥鳅养殖具有明显的经济效益。稻田养殖泥鳅是目前发展特种水产养殖的一条好途径。与稻田养殖其他水生动物一样,可以充分利用稻田生态条件,发挥稻田的利用价值,达到粮食增产、鳅鱼丰富的规模经济效益。从目前的养殖技术水平看,一般每亩稻田可产泥鳅 50～100 千克,仅泥鳅收入即达 500～1 000 元。投入大、管理好的,产量和收入则更高,而且养过泥鳅的稻田,第二年的稻还能增产。庭院养殖泥鳅,经 120～150 天饲养,即可增重 5～10 倍,达到上市规格,一般 100～200 平方米泥鳅池可产泥鳅 250～500 千克,收入可达 2 500～5 000 元。

目前许多地方仍以天然捕捞为主,人工养殖仍处于次要地位。多数地区的泥鳅养殖,除部分专业户外,仍以渔(农)户庭院或房前屋后的坑凼养殖较为普遍,而且泥鳅人工养殖的技术应用还不太普及,加上规模小、养殖户分散,产量和效益都受到了一定的限制,还不能满足目前国内外市场日益增长的需求。

泥鳅养殖可利用土质较肥、有水源保证的连片稻田。也可利用浅水湖、库、沼泽、滩地等大型水域。小规模养殖可利用低产鱼池、藕塘、育珠塘、小沟渠、低洼地。庭院式养殖可利用房前屋后宅基地、废旧坑凼等。在条件较好的地方也可建造一批专用养殖池。为减少土方量,节约基建投资,利用低洼地作埂蓄水后便可进行养殖。如进行规模生产,选址应考虑水源有充分保证,但不被涝淹,没有工业、农业废水排放,温度低的地下水不直接进入的地方,同时要交通便利,有电力供应。

无论进行何种形式养殖,都应具备一些基本设施和前期的准备工作。具体包括如下几方面:

(1)整修池埂、田埂,加设防逃设施。通常要求池埂高出水面 30 厘米,并沿埂加设罩向池中央部位的盖网,防止泥鳅越埂逃窜。

(2)进、排水口设置防逃栅。在注水管上可紧缚一尼龙网袋,可有效地防止污物和敌害进入。出水口防逃栅设计成凸向池塘,分内外两层,内层栅径小,拦泥鳅,外层栅径可大些,防污物进入池中,同时可防敌害进入。

(3)平水缺(溢洪口)建造:平水缺可防止水大、雨暴时漫埂逃鱼。在排水口一侧埂上开设 1~2 个深 5~10 厘米,宽 1~2 米的平水缺。平水缺口上要安装防逃栅。

(4)集鱼道(凼):为在水量不足、水温过高、稻田施肥施药时泥鳅有躲藏之处,以及捕捞时便于集中收捕,可在养殖稻田中设环沟或按对角线挖30厘米深、长80～100厘米的集鱼道(凼)。在养泥鳅的池中央或排水口附近,挖1～5个深40厘米集鱼坑凼。坑凼占全池面积的2%～5%。在设计专用泥鳅池时,事先应设计布局集鱼凼。在集鱼凼底部铺一层厚10～15厘米的泥土。

无公害泥鳅、黄鳝养殖产地环境包括所在地位置以及水源、水质、底质。

养殖场地应是生态环境良好,没有或不直接受工业"三废"及农业、城镇生活、医疗废弃物污染的水域和地域;养殖地区域内及上风向、养殖用水源上游,没有对场地环境构成威胁的污染源(包括工业"三废"、农业废弃物、医疗机构污水及废弃物、城市垃圾和生活污水等)。

1. 底质要求

养殖场底质要求无工业废弃物和生活垃圾,无大型植物碎屑和动物尸体;底质呈自然结构,无异色、异臭。底质中有害有毒物质最高限量应符合表2-1的规定。

2. 水质要求及养殖废水处理

水是鱼类及其他水产养殖生物的生存场所,为这些生物提供了一个立体生活空间,鱼类及其他养殖生物,从繁殖、成长到收获、死亡,整个一生都是在水中度过。一切有益、有害的影响,都必须经由水改变水质,才能影响这些生物。反应水质情况的因子主要有:水体透明度、水色、水温、溶解氧、pH值;氨、亚硝酸盐和硫化氢含量。

表 2-1 底质有害有毒物质最高限量

项　目	指　标（毫克/千克，湿重）
总汞	≤0.2
镉	≤0.5
铜	≤30
锌	≤150
铅	≤50
铬	≤50
砷	≤20
滴滴涕	≤0.02
六六六	≤0.5

检测方法应符合 GB/T18407.4-2001 中的要求。

养殖用水要满足泥鳅、黄鳝多方面的需要，除了要有足够的水量之外，更要具备相应的水质条件，其中最重要的是：含适量的溶解盐类；溶氧要丰富，达到饱和；含适量植物营养物质及有机物质；不含毒物；pH 在 7 左右。

我国渔业水质标准规定，一昼夜 16 小时以上溶氧必须大于 5 毫克/升，其余任何时候不得低于 3 毫克/升。

泥鳅、黄鳝的生长和水中溶氧量成正比，水中溶氧量高时，泥鳅、黄鳝摄食旺盛，泥鳅、黄鳝的耗氧量会受水中溶氧量、水温的影响，当水中溶氧量增加及温度升高时，泥鳅、黄鳝的耗氧量也跟着增加，新陈代谢加快，有利于泥鳅、黄鳝的生长。

泥鳅、黄鳝养殖池氧气的来源,第一是空气经过水表层以渗透的方式溶入水中,第二是养殖池中的藻类或植物在白天进行光合作用而产生氧气,第三是以人工方式,如冲水、增氧机搅动水面以增加水体与空气接触面积,来提高水中的溶氧。

养殖后的废水,有机物含量高,其本身也是引起水域二次污染的主要原因之一。但目前绝大部分都未经处理直接排放,造成二次污染。作为无公害泥鳅、黄鳝养殖,不达标的养殖用水和养殖后的废水必须经过处理。处理有多种方法,例如,养殖肥水用来养殖肥水鱼、蚌、种植水生经济作物等,尽量做到综合利用,低成本处理。

以下简述几种泥鳅养殖所需的条件,以便根据不同的情况决定投资建场。

(1)庭院式养殖:庭院式养殖方法主要有两种:一种是在家中设缸或用编织筐或砌砖成小池,再以塑料膜铺填,上面再铺泥,形成容器进行养殖;另一种是在房前屋后庭院中挖小池,面积100~200平方米,深60~70厘米,池底铺泥,水深约50厘米。这类小池,每平方米可放泥鳅苗种约1千克;较大池,每100平方米放养8~10千克。根据换水条件增减放种量。

(2)流水养殖:泥鳅适于在水源充足、含氧量高的小面积水体内生活,所以用流水养泥鳅是一种高效率的养殖方法,特别适合山区农户利用水源落差流水养殖。在有自然落差流水的地区采用建造塘、坑,设置网箱或木箱,建水泥池进行养殖,也可以在流水沟渠中网栏养殖。

(3)池塘养殖

①面积:养殖泥鳅池塘的面积一般不宜过大,以利于管理。

可以根据实际情况,如资金、人力、土地面积、水量、饲料肥料来源、技术、市场等进行设计。可单池建造、连片建造和苗池、种地、成品池配套建造。初期上马应尽量利用原有塘、坑、洼地等略加改造成池,以减少基建投入,有赢利后再安排扩大或改造。泥鳅鱼苗池(兼为产卵、孵化池)每口 8~12 平方米,鱼种培育池每口 16~40 平方米。成鳅池每口 100~200 平方米。可根据以上比例灵活安排配套水面。

②土池选择:选保水性能好的黏土或壤土地进行挖方建池,池壁有一定的倾斜。有条件的可用砖、石护坡,水泥勾缝。池底及四壁必须夯实。池深 0.6~1 米,水深 30~50 厘米。

③水泥池可建成地下式、地上式或半地上式。池壁多用砖、石砌成,水泥光面,壁顶设约 12 厘米的防逃倒檐(约半块砖)。水泥池池底处理非常关键,必要时应先打一层"三合土",其上铺垫一层油毛毡或加厚的塑料膜,以防渗漏,然后再在上面浇一层厚 5 厘米的混凝土。池深根据饲养方式不同而异,有土饲养时为 0.7~0.8 米,无土流水饲养时为 0.5 米。回填到池底的泥土最好用壤土而不能用黏土。

每口土池和水泥池均应设独立的进排水口、溢水口。池底应有 2‰~3‰ 的比降,以使水能排尽。进水口高于池水水面,排水口设在池底集鱼坑的底面。集鱼坑大小根据池子大小建造。有土饲养时在集鱼坑四周应设挡泥壁,并在泥面水平处增设一个排水口,以便于换水。进排水口及溢水口均应设防逃栅罩。

④池塘中要放养水葫芦、空心菜(蕹菜)等漂浮性水生植物,占池面 10% 左右,起到遮阴蔽阳、吸收水中过剩养分的作用,并

吸引水生昆虫作为泥鳅活饵料。水生植物的嫩根、嫩芽也可被泥鳅自由摄食,以增加所需营养。

(4)稻田养殖:泥鳅产量高低与稻田适合养鳅的基本条件是分不开的,必须根据泥鳅对生态条件的要求选好田块。

①水源:供水量要充足,排灌方便,旱季不涸,雨季不涝,水质清新,无污染。

②土质:以保水力强的壤土或黏土为好,沙土最差。土质以肥沃疏松、腐殖质丰富、耕作层土质呈酸性或中性的为好。泥层深20厘米左右,干涸不板结,容水量大,不滞水,不渗水,保水保肥力强,能使田水保持较长时间。特别在鱼沟、鱼凼里的水应经常稳定在所需水深,水温比较稳定,也有利天然饵料繁衍。

③面积:为便于管理,养泥鳅田面积以0.5~1亩为好,而且要求地势平坦、坡度小。如是梯田,田埂要坚固,并能抗暴雨。

④水稻品种:养泥鳅稻田中一般选择单季中稻或晚稻为好。

⑤防逃设施:稻田养泥鳅田埂内侧应尽量陡峭光滑,可用木板等材料挡于内侧,并向内倒檐。木板等应打入土内20厘米左右。

⑥鱼沟、鱼凼:鱼沟、鱼凼的设置解决了种稻和养鱼的矛盾。鱼沟是泥鳅游向全田的主要通道。鱼凼也叫鱼坑。鱼沟、鱼凼可使泥鳅在稻田操作、施肥、施药时有躲避场所。在稻田养泥鳅时可提早放养和延迟收获而延长了饲养期,有利收捕。

鱼沟、鱼凼开设面积一般占稻田的5%~8%,做到沟凼相通。鱼沟可在栽秧前、后开挖深宽各为35~50厘米,依田块大小开成"一"、"十"、"十十"形的沟。主沟开在稻田中央,环沟离田埂0.5~1米,不能紧靠田埂。开挖时将鱼沟位置上的秧苗,分别移向左、右两行秧苗之间,做到减行不减株,利用水稻边行优势保持水稻产量。鱼凼一般建在田块中央或四角,形状为长方形、方形、圆形、椭圆形等。通常以长方形、方形为好,鱼凼深0.5~1米,凼壁、凼底用红砖或石料砌成,并用水泥勾缝。凼底铺30厘米肥田泥。鱼凼边周筑高、宽均为10厘米的凼埂,四周挖宽40厘米、深30厘米的环沟,防止淤泥下凼。凼埂留1~2个缺口,以利泥鳅进出活动觅食。凼埂上可栽瓜豆、葡萄等作物,也可搭建阴棚,以降盛夏高温。

鱼沟、鱼凼也可作为繁殖饵料生物的场所。在靠近排水沟附近的沟、凼底,用鸡粪、牛粪或猪粪等混合铺10~15厘米厚,上面铺约10厘米厚稻草和10厘米厚泥土,培养饵料生物。

⑦开沟起垄:开环沟和中心沟之后,再根据稻田面积大小开沟起垄。开沟起垄的原则是以有益于水稻群体发育为前提。环沟离田埂50~100厘米,田埂与环沟间栽一垄水稻,可防止田埂塌陷漏水逃鱼。开挖环沟的表层土用来加高垄面,底泥用来加高田埂。

环沟和中心沟开挖后,根据稻田类型、土壤种类、水稻品种和放养泥鳅规格的不同要求开沟起垄。如土太烂,则需隔1~2天再开沟起垄。开沟起垄分二次完成,第一次先起模垄,隔1~2天待模垄泥浆沉实后,再第二次整垄。垄沟要平直,最好为东西向。起垄规格一般采用以下几种:一是垄沟深均为20~30厘米,以到硬土层为好,垄沟宽33厘米、垄面宽23~26厘米;二是垄沟宽40厘米,垄面宽有52.8、66、79.2、92.4、105.6厘米等5种规格。

⑧栏鱼栅:栏鱼栅建成"∧"形或"⌒"形。进水口凸面朝外,

出水口凸面朝内,既加大了过水面,又使栅不易被冲垮。如泥鳅规格小,可安两道栅,第一道挡拦污物,第二道用金属筛网编织可拦较小规格泥鳅苗。安栅高度要求高出田埂20～30厘米,下部插入泥中15厘米。也可以竹筒代替。方法是取略长于田埂宽度,直径约10厘米的竹筒,保留一端竹节,其余打通,在未通竹节端用锯子锯2～3毫米宽小缝若干,作注水用竹筒时将有缝隙端伸田内;作排水用时则伸田外。一般每亩需要这样的竹筒5个。

三、家庭泥鳅养殖场的技术管理

(一)泥鳅繁殖的技术管理

1. 影响泥鳅繁殖的因素

我国幅员辽阔,各地自然条件、人工繁殖条件千差万别,如何提高泥鳅产卵量、受精率和孵化率,各地都有不同的成功经验,而且还在不断探索研究和实践,在生产中结合各地实际情况逐步提高。以下介绍有关内容,供读者结合各自条件参考运用。

泥鳅产卵量与其年龄、体长有关;受精率、孵化率受水域的pH值、水温等因素影响很大;鱼卵的黏附性与鱼巢材料有密切的关系。

(1)产卵量与年龄、体长的关系:不同年龄、不同体长泥鳅的产卵量不同。雌泥鳅体长为151~200毫米以及200毫米以上的,相对产卵量要比体长100~150毫米的高出一倍。4~5龄的产卵量为1~3龄产卵量的2.2倍。相对产卵量变幅在每克体重22粒以上(表3-1、表3-2)。

表 3-1 不同体长泥鳅的繁殖效果的比较

体长范围 (毫米)	平均体长 (毫米)	相对产卵量 (粒/毫米)	受精率 (%)	孵化率(%)
100～150	135.7	22.05	91	80.2
151～200	174.2	43.39	92	81.0
200 以上	209.3	48.82	90	80.6

表 3-2 不同年龄泥鳅的繁殖效果的比较

年龄(年)	1	2	3	4	5
一次产卵量(粒)	1 754	3 388	4 650	10 471	16 172
相对产卵量 (粒/克)	109.6	110.4	110.9	132.2	141.7
受精率(%)	77.1	85.6	91.7	93.7	90.0
孵化率(%)	82.3	84.2	81.7	83.6	81.1

(2)受精率、孵化率与水质的关系

①pH 值:鱼类对水体 pH 值变化十分敏感。唐东茂(1998)报道,采用氢氧化钠和硫酸调节水体 pH 值,成 4 个不同梯度,按性比 1∶1 配组进行泥鳅人工繁殖试验,结果表明,水体 pH 值对泥鳅繁殖效果有明显的影响,以 pH 值在 6.5～7.0 的水体效果最佳(表 3-3)。

表 3-3 不同 pH 值水体中泥鳅繁殖效果比较

pH 值	相对产卵量(粒/克)	受精率(%)	孵化率(%)	备 注
5.6～6.0	0	0	0	50%死亡
6.5～7.0	136.4	71.8	78	
7.5～8.0	22.3	47	62.3	
8.5～9.0	17.4	34	57.4	

②水温：不同水温对繁殖效果会产生明显的差别。肖调义(1999)和唐东茂分别统计了7个、5个温度段时的繁殖效果(表3-4、表3-5)，他们试验的结果都说明了温度不同，繁殖效果不同，以在24～26℃水温中繁殖效果最好。其中具体数据有差别，这可能与使用的催产剂种类以及亲泥鳅成熟度不同有关。

表 3-4 不同水温对泥鳅繁殖效果的比较(肖调义等)

水温(℃)	16～18	18～20	20～22	22～24	24～26	26～28	28～30
产卵率(%)	25	75	100	100	100	100	100
相对产卵量(粒/克)	23.3	117.6	114.3	115.4	117.4	113.6	111.5
受精率(%)	30	83	89	92	91	90	89
孵化率(%)	20.0	43.0	72.0	73.5	77.4	60.1	51.6
效应时间(小时)	20	17	16	13	11	8	6
孵化时间(小时)	48	45	37	34	31	29	27

表 3-5　不同水温对泥鳅繁殖效果的比较(唐东茂)

水温(℃)	16～18	18～20	20～22	22～24	24～26
效应时间(小时)	37.5	22.7	14.7	10.5	9.0
孵化时间(小时)	48.5	35.0	27.0	25.0	21.5
相对产卵量(粒/克)	96.0	108.2	110.0	134.5	176.0
受精率(%)	71.7	87.0	90.0	93.8	94.6
孵化率(%)	76.0	82.5	83.2	83.8	86.3

(3)繁殖效果与催产剂的关系:张玉明(1999)认为,单独使用LRH-A几乎对泥鳅不起作用,要与HCG联合使用,对一些性腺发育较差的亲泥鳅,使用低剂量注射即能获得理想的催熟效果。表现为雌鳅卵核能较快地偏位,雄鳅精液增多,其催熟作用远比脑垂体或绒毛膜激素为佳。曲景青(1993)同样认为,单独使用LRH-A对泥鳅催情几乎不起作用,起作用的是PG、HCG和PG+LRH-A。但从成本考虑,以选用HCG为宜。每尾雌鳅用HCG1～2毫克,具体用量视亲鳅大小、催产时期及水温高低而增减。而唐东茂(1998)报道,在雌、雄泥鳅性比为1:1时,使用LRH-A作为催产剂注射,配制时用0.6%鱼类生理盐水溶解成所需浓度,以雌泥鳅每尾注射0.2毫升,雄鱼减半,在泥鳅背部肌肉一次注射,进针角度30°、深度3毫米,催产剂量在5～45毫克/尾范围内有效,而以30毫克/尾效果最好(表3-6)。在低剂量时催产作用不大,而浓度过高时催产效果也较弱,所以他认为单独使用LRH-A同样有效。编著者认为,以上两种不同观点是与催产亲泥鳅不同发育时期以及配套的人工繁殖条件有关。

表 3-6　LRH-A 不同剂量的催产效果（水温 20℃）

组别	催产剂量（毫克/尾）	效应时间（小时）	相对产卵量（粒/克）	受精率（%）	孵化率（%）
1	生理盐水（对照组）		0	0	0
2	5		0	0	0
3	10	17.0	21.4	14.0	14.3
4	15	10.0	56.6	82.7	46.0
5	20	10.5	89.3	89.3	78.3
6	30	10.0	92.9	93.0	81.3
7	45	16.0	14.5	66.0	41.0

（4）雌、雄亲泥鳅不同性比与繁殖效果的关系：在 20℃ 水温条件下，雌泥鳅注射 LRH-A30 毫克/尾，设计三种性比，即 2∶1、1∶1、1∶2，结果说明不同性比时繁殖效果是不同的（表 3-7）。

表 3-7　泥鳅不同性比的繁殖效果比较
（水温 20℃，催产剂 LRH-A）

性比（♀∶♂）	相对产卵量（粒/克）	受精率（%）	孵化率（%）
1∶1	176	94.6	86.3
1∶2	222	97.0	90.6
2∶1	108	89.8	95.6

然而有实验证明,在使用 HCG 时,不同性比对催产后繁殖的效果无明显差异。在使用 LRH-A 时正如前述,不同性比繁殖效果却不同(唐东茂,1998)。

(5)注射催产剂的时间与繁殖效果的关系:在雌、雄亲泥鳅性比为1∶1,雌泥鳅注射量均为 30 毫克/尾时,不同注射时间繁殖效果不同(表3-8)。

表3-8 不同注射时间的繁殖效果

注射时间	相对产卵量(粒/克)	受精率(%)	孵化率(%)
6:00	108.2	87.0	82.5
18:00	114.6	93.8	83.8

在自然界泥鳅的繁殖季节,发情时间一般在清晨,上午 10 时左右自然产卵结束。所以人工繁殖时宜在每天 18:00 左右注射催产剂,使发情产卵时间与其在自然生活中的节律相符,使繁殖效果更好。

(6)孵化密度:由于受精卵发育耗氧量大,尤其孵出前后不仅耗氧量增加,而且卵膜、污物增多,耗氧更大,所以必须注意孵化密度。一般体积为 0.2～0.25 立方米的孵化缸以放受精卵 40 万～50 万粒为宜;孵化环道中受精卵分布不及孵化缸均匀,一般是内侧多外侧少,所以密度应是孵化缸放卵量的 1/2 左右。采用孵化槽时以每升水放受精卵 500～1 000 粒为宜。要是采用静水孵化,必须将受精卵撒在人工鱼巢上,以每升水放 500 粒左右的参考密度来撒放。

(7)鱼巢质量与受精率、孵化率的关系:以纤细多须材料制作的鱼巢黏附受精卵数量更多,如用棕片作鱼巢时比水草上黏附的受精卵多 4 倍,受精率和孵化率相比较没有明显的不同。如果用前述编著者创制的可浮形承卵砂筐预先承接脱落的受精卵进行孵化,可提高其孵化率。

(8)亲泥鳅来源与受精率、孵化率的关系:从野外和养殖场获得的亲泥鳅繁殖效果比从商场中采购的亲泥鳅繁殖效果好。也就是说作为亲泥鳅,经培育能大大提高受精率、孵化率(表3-9)。

表3-9 不同来源亲泥鳅繁殖效果比较
(日本:铃木亮)

亲泥鳅来源	注射个体(尾)	平均体重(克)	产卵鳅比率(%)	平均受精率(%)	平均孵化率(%)
水田采捕(2 日后)	25	14.7	80.0	77.5	60.4
留池采捕(1 日后)	17	17.6	100.0	93.1	92.6
S 养鱼场鱼池(1 日后)	12	14.3	96.7	77.9	66.6
M 贩鱼店蓄养槽	25	15.1	80.0	36.0	16.6
N 贩鱼店蓄养槽	18	16.1	100.0	41.3	13.8

2. 亲泥鳅准备

(1)亲泥鳅的来源:人工繁殖用的亲泥鳅尽量避免长时间蓄养,因而最好采集临近产卵期的天然泥鳅,在进行数天的强化培育后,当水温稳定在 20℃左右时,进行人工繁殖。

(2)亲泥鳅的选择

①亲泥鳅挑选:泥鳅一般2龄达性成熟,3龄以上、个体大的怀卵量大,产卵数多(表3-10)。

表3-10 不同龄泥鳅怀卵量与产卵数的比较

亲泥鳅年龄(年)	产卵数(粒)		卵巢卵数(粒)		$\dfrac{产卵数}{卵巢卵数} \times 100\%$
	范围	平均	范围	平均	
2	202~6 311	2 625	782~14 669	5 450	48.2
3	1 336~17 960	6 099	5 054~21 820	10 704	57.0
4年以上	9 164~23 418	13 431	11 856~39 707	23 431	57.3
平均					55.7

雌泥鳅体重与产卵数之间关系可用关系式来表示:

产卵数=462×体重(克)-1 794

作为亲泥鳅最好要选3龄以上,体长15~20厘米,平均体重达12克以上,而雌泥鳅要18克以上,最好为40~50克,且体质健壮、体色正常、体形端正、无伤残、活力强、鳍条整齐的个体。选择亲泥鳅时同时要注意雌、雄尾数的配比,雄鳅适当多准备些,一般雌、雄比为1:2~3。

②雌、雄泥鳅的区别:泥鳅雌、雄性在成体阶段主要的区别体现在胸鳍、背鳍和腹鳍上方体侧白色斑痕三个方面。泥鳅体表多黏液,不易抓住辨识。只要准备一个盛有少量水的碗或盆,将泥鳅放入,待其安定下来,鳍自然展开时,便较易辨认。在生殖季节特征更是明显。其主要区别见表3-11、图3-1、图3-2。

表 3-11 雌、雄泥鳅外部特征辨认

部 位	出现时期	雌泥鳅	雄泥鳅
体形及大小		近圆筒形的纺锤状,较肥大	近圆锥形的纺锤状,较瘦小
胸鳍	体长＞5.8厘米	第二鳍条基部无骨质薄片,整个鳍形末端圆、较小	第二鳍条基部具骨质薄片,生殖期鳍条上有追星,整个鳍形较大,末端尖
背鳍	生殖期	下方体侧无纵隆起	下方体侧具纵隆起
腹部	生殖期	膨大	不膨大
腹鳍	产卵之后	上方体侧具白色斑块或伤痕	不具白色斑块

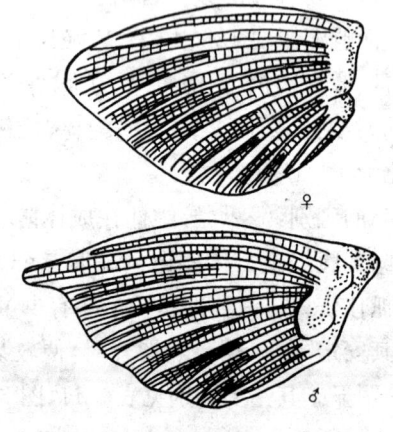

图 3-1 雌(♀)雄(♂)泥鳅的胸鳍

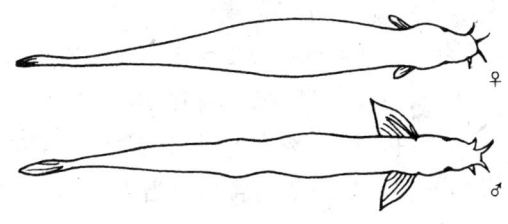

图3-2 雌、雄泥鳅的外形

如在雌泥鳅腹鳍上部出现白色斑块状伤痕,这是当年已产过卵的雌泥鳅的标志。产卵期间所捕获的雌泥鳅,往往都有这种标志。一旦出现这种标志,便不再能用作当年繁殖用亲鳅。这种白斑的出现,是由于雌泥鳅在产卵时,被雄泥鳅紧紧地相卷,雄泥鳅胸鳍的小骨板压着雌鱼的腹部,从而使其腹部受了伤,小形鳞片和黑色素脱落,留下这道近圆形的白斑状伤痕。一般可根据伤痕深浅来估计雌泥鳅产卵的好坏。一般是伤痕深,产卵好。

(3)亲泥鳅的培育:亲泥鳅强化培育是泥鳅人工繁殖中比较重要的技术环节。通过亲泥鳅的强化培育,使其体质增强,对部分已产一部分卵的泥鳅,可恢复产卵;对未成熟的泥鳅能较快达到成熟,而使其提前产卵。在亲泥鳅放养前,池塘先用漂白粉或生石灰清塘,每10平方米用生石灰1千克或漂白粉100克,化水后全池泼洒。一般7天之后便可放养泥鳅。

如果是尚未成熟的亲泥鳅,培育方法与养殖成泥鳅相同,只是密度应降低,一般每平方米放养25尾为宜。如果是准备用于人工繁殖泥鳅的强化培育,通常在一个月之前将泥鳅雌、雄分开进行培育,放养密度为 6～10 尾/米²。

亲泥鳅培育时投喂的饲料以动物内脏、鱼粉、豆粕、菜籽饼、四号粉、米糠为主,添加适量酵母粉和维生素。水温 15～17℃ 时,饲料中动物蛋白含量 10% 左右,植物蛋白 30% 左右。随水温增高,逐渐增加动物蛋白质的含量。当水温达 20℃ 以上时,动物蛋白质含量增加到 20%,植物蛋白减至 20%。日投喂量掌握在池中泥鳅体重的 5%～7%。培育期间适当追肥,使水色为黄绿色,水质保持肥、活、爽。要定期换水,每次换水量为 1/4 左右。池中要放养水草,保持良好的培育环境。还可以在池面上设置诱虫灯,引诱昆虫投入水中,作为泥鳅的活饵料。

3. 自然产卵繁殖的技术管理

泥鳅是多次产卵类型的鱼类。长江流域在 4 月下旬,当水温逐渐升至 18℃ 以上时便开始产卵,直到 8 月份,均属产卵季节。产卵盛期在 5 月下旬水温稳定 20℃ 左右时到 6 月下旬。每次产卵往往要 4～7 天才能产空。可以在泥鳅较集中的地方设置鱼巢,诱使泥鳅在上面产卵受精,然后收集受精卵进行孵化(鱼巢制作后文详述)。为了收集较多的受精卵,可以采用天然增殖措施,即选择环境较僻静、水草较多的浅水区施几筐草木灰,而后每亩施 400～500 千克的猪、牛、羊等畜粪,周围要采取有效的保护措施,防止青蛙等侵袭。这样便可诱集大量泥鳅前来产卵,收集较多的受精卵。

专门建立产卵池、孵化池,创造人工环境,让泥鳅在专用池中自然交配产卵,并用鱼巢收集大量受精卵,然后在孵化池中人工孵化。这种方法更为实用。

三、家庭泥鳅养殖场的技术管理

产卵池、孵化池可以是土池或水泥池,面积不宜太大,以利于操作管理,规模小的也可用水箱,或用砖砌成形或薄膜铺填成水池;或用各类筐等作支撑架,铺填薄膜加水等。

该项工作应在泥鳅繁殖季节之前准备完毕。先将池水排干,晒塘到底泥裂缝。每亩用70～100千克生石灰清塘除野。待药性消失后在池塘中栽培水生植物,如蒿草、稗草等作为鱼巢,或放养水浮莲、水葫芦等。池中每亩施入预先腐熟并作消毒的畜粪400～500千克,进水水位达20～30厘米。池周设置防蛙、防鸟和防逃设施。

(1)鱼巢的准备:除了在产卵池中种养水生植物作为鱼巢外,还可以增设多须的杨柳须根、棕榈皮等作为人工鱼巢。

人工鱼巢预先用开水烫或煮,漂净晒干。棕榈皮则要用生石灰水浸泡2天。生石灰用量为每千克棕榈皮5千克生石灰,生石灰水浸泡后再放入池塘中浸泡1～2天,晒干备用。为了使鱼巢消毒防霉,常用0.3%的福尔马林浸泡5～10分钟,或用0.01%的亚甲兰溶液浸泡10分钟,或用0.001%的高锰酸钾溶液浸泡30分钟。将晒干的鱼巢扎把后吊挂在绳或竹竿上,放入池中。

(2)亲鱼入池:亲泥鳅雌、雄比例按1:2～3放入产卵池。入池时机宜选水温达到20℃以上晴天时进行。每亩放亲泥鳅600～800尾。

(3)采集受精卵:鱼巢用桩固定在产卵池四周或中央。当水温在20℃以下时,泥鳅往往在第二天凌晨产卵。5～6月份水温较高时,泥鳅多在夜间或雨后产卵。自然产卵多在上午结束。编著者根据以往经验,水泥池中也可在鱼巢下设置承卵纱框以承接未曾粘牢而脱落下来的受精卵,以利孵化。承卵纱框可用木制框钉上窗纱并拉紧,放入时用石块压住。这种承卵纱框装载受精卵后,除去石块上浮水面可兼作孵化框用。要将附着了受精卵的鱼巢和承卵纱框及时取出放入孵化池孵化育苗,以免被大量吞食。由于泥鳅卵黏性较差,操作时要格外小心,防止受精卵脱落。同时放入新的鱼巢,让尚未产卵的泥鳅继续产卵。

4. 人工催产繁殖的技术管理

(1)成熟泥鳅的鉴别:亲泥鳅成熟度优劣涉及到人工催产乃至受精卵好坏与孵化率的高低。一般雄泥鳅能挤出精液,较易判别。雌泥鳅卵巢发育要求正好达到成熟阶段最好,不成熟或过度成熟便会使人工繁殖失败;接近成熟阶段则可以采用人工催熟。

鉴别亲泥鳅成熟程度通常采用"一看二摸三挤"的方法。首先目测泥鳅体格大小和形状。一般较大的泥鳅,在生殖季节雌泥鳅腹部膨大、柔软而饱满,并呈略带透亮的粉红色或黄色;生殖孔开放并微红,表示成熟度好、怀卵量大。雄泥鳅的腹部扁平,不膨大,轻挤压有乳白色精液从生殖孔流出,入水能散开,并镜检精子活泼,表示成熟度好。若要检查卵的成熟情况,则轻压雌泥鳅腹部,卵即排出,呈米黄色半透明并有黏着力的则是成熟卵。如需强压腹部才排出卵,卵呈白色而不透明,无黏着力的,则为不成熟卵。初期过熟卵,呈米黄色,半透明,有黏着力,而受精后约1小时内逐渐变成白色。中期过熟卵,呈米黄色,半透明,但动物极植物极颜色白浊。后期过熟卵,原生质变白,极部物质变成黄色液体。

(2) 人工催产自然受精

①催产期:人工催产的时间往往比自然繁殖期晚1~2个月,一般在家鱼人工繁殖期的中期水温22℃以上时进行。这时亲泥鳅培育池中的泥鳅食量突然减少,抽样检查,可发现有的雌泥鳅腹侧已形成白斑点,表明人工催产时机已到。在最适水温25℃时,受精卵孵化率会高于90%;水温过高,如30℃时则受精率差,胚胎发育过程易产生死亡,所以应选较佳催产期。

②雌、雄比例:雌、雄泥鳅配比与个体大小有关。亲泥鳅体长都在10厘米以上时,雌、雄配比以1:2~3为宜。如雄鳅体长不到10厘米时,雌、雄配比应调配为1:3~4。

③注射催产剂

a. 准备工作:预先对催产用具进行消毒。如果是玻璃注射器,可用蒸馏水煮沸消毒,不能用一般自然水,因为自然水煮沸时容易在玻璃内壁形成薄层水垢,导致注射器阻滞。消毒后的器具应放置有序,避免临用时忙乱、污染。注射器、针头、镊子等最好放置在填有纱布的瓷盘中并加盖。亲泥鳅预先换清水,除去污泥脏物。

b. 催产剂选择及用量:人工催产是对已达到适当成熟的亲鱼(雌鱼卵巢处在Ⅳ期末),在适当温度下通过催产剂作用,使鱼体内部发生顺利的连锁反应,而达到产卵的目的。在这种情况下,卵膜吸水快,膨压大,受精率高,胚胎发育整齐、畸形胚胎少,孵化率高,所获苗种体格健壮,发育正常。当亲鱼成熟度和外界水温达到生殖要求后,催产剂的注射便是关键。

应正确选择催产剂的品种和用量。一般是使用自己熟悉的催产剂及其品牌,这样工作起来容易做到心中有数。泥鳅人工繁殖催产剂一般选 HCG(绒毛膜促性腺激素),或 PG(脑垂体),或 HCG+PG,而 LRH-A(促黄体生成素释放激素类似物)单独使用,往往效果不好。有时采用 HCG 或 PG+LRH-A。

从用量来说,因催产剂除了能使亲鱼正常产卵排精外,还能在短期内促使亲鱼性腺成熟,所以用量一定要掌握好。用量过多,不仅浪费,还会影响卵的质量。催产剂用量的原则有以下几点:一是早期用量适当偏高,一般比中期用量高 25% 左右。这是由于早期水温较低,生殖腺敏感度差些,常出现能排卵而不能产卵的现象。此时适当增加催产剂用量,就能加强对卵巢膜的刺激,促进产卵。二是早期适当增加脑垂体用量,一般比中期用量高 30%～50%。这是由于亲鱼早期成熟度差,增加 PG 用量可在短期内促进卵细胞成熟。三是在整个生产过程,对成熟度差的雌鱼都可增加脑垂体。四是对腹部膨大的雌鱼,宜适当减少催产剂用量。五是避免脑垂体总量过大,以免引入较多异体蛋白而影响卵、精子的质量。对雄鱼注射量一般为雌鱼的一半。但在催产季节的中、后期,许多雄鱼在没有注射催产剂时,精液已很丰富,即使不作注射,也不会影响雄鱼发情和卵的受精率,此时如作注射,反会引起精液早泄而不利于受精。

催产剂要用生理盐水或林格氏液配制,从实践来看,一般以每尾泥鳅注射量为 0.1～0.2 毫升为宜,如配制太稀,会造成注入鱼体量太多,对吸收或鱼体承受不利;如太浓,容易造成针头阻塞,或一旦注射渗漏造成失去有效注入剂量太多。

配制催产剂的量要根据泥鳅数量(适当放量)估计,因为在操作时不可避免地会有损失。药液最好当天用完,如有剩余则可贮存在冰箱冷藏箱中,一般 3 天内药效不会降低。也可将药液装瓶密封,挂浸在井水之中第二天再用。如怀疑药效有降低,则可用来注射雄鱼,避免浪费。

c. 注射时间安排:催产剂注射后有一个效应时间,效应时间是指激素注射后至达到发情高潮的时间。效应时间长短与成熟度、激素种类、水温等有关。一般来说,在其他条件相同条件下与水温的关系较为密切(表3-12)。因此,可根据催产后亲泥鳅所在环境水温的高低,推算达到发情产卵的时间,以便安排产卵后的工作。

表3-12 效应时间与水温间的关系

水温(℃)	效应时间(小时)
20	15～20
21～23	13
25	11
27以上	7～8

d. 注射方法:泥鳅个体小,多采用1毫升的注射器和18号针头进行注射。每尾注入0.2毫升(雌鱼)或0.1毫升(雄鱼)的药液。泥鳅滑溜,较难用手持住操作,故注射时用毛巾将其包裹,掀开毛巾一角,露出注射部位。注射部位一般是腹鳍前方约1厘米地方,避开腹中线,使针管与鱼体呈30°角,针头朝头部方向进针,进针深度控制在0.2～0.3厘米。也可采用背部肌肉注射。为了准确掌握进针深度,可在针头基部预先套一截细电线上的胶皮管,只让针头露出0.2～0.3厘米。为便于操作,也可将泥鳅预先用2%的丁卡因或0.1克/升水(MS-222),浸泡麻醉

后再行注射。

按照泥鳅自然生活节律,为了催产效果更好,以每天下午6时左右安排注射催产剂较好。

e. 自然交配受精:经注射催产剂后的亲泥鳅可放在产卵池或网箱中进行自然交配受精。将预先洗净消毒扎把的鱼巢布设在产卵池或网箱中。一般网箱规格为2米×1米×0.5米(长×宽×高),每只网箱放亲泥鳅50组。

雌、雄泥鳅在未发情之前,一般静卧在产卵池或网箱底部,少数上下窜动。接近发情时,雌、雄泥鳅以头部互相摩擦,呼吸急促,表现为鳃部迅速开合,也有以身体互相轻擦的。雌鱼逐渐游到水面,雄鱼跟上追逐到水面,并进行肠呼吸,从肛门排出气泡。当一组开始追逐,便引发几组追逐起来。如此反复几次追逐,发情渐达高潮。当临近产卵时,雄鱼会卷住雌鳅躯体,雌鱼产卵、雄鱼排精。这时雄泥鳅结束卷曲动作,雌、雄泥鳅暂时分别潜入水底。稍停后,开始再追逐,雄泥鳅再次卷住雌鳅,雌泥鳅再次产卵、雄泥鳅排精。这种动作要反复进行10~12次,体形大的次数可能会更多。由于雌、雄泥鳅成熟度个体差异以及催产剂效应作用的快慢不同,同一批亲泥鳅的这种卷体排卵动作之间间隔时间有长有短。有人观察,在水温25℃时,有些泥鳅两次卷体时间间隔2小时20分钟之多,有的间隔为20分钟,时间间隔短的仅10分钟左右(图3-3)。

每尾雌泥鳅一个产卵期共可产卵3 000~5 000粒。卵分多次产出,一般每次产200~300粒。受精卵附着在鱼巢上,如鱼巢上附着的卵较多时,应及时取出,换进新的鱼巢。泥鳅卵的黏性较差,附着能力弱,容易脱落。产卵池中的鱼巢下可设置前文

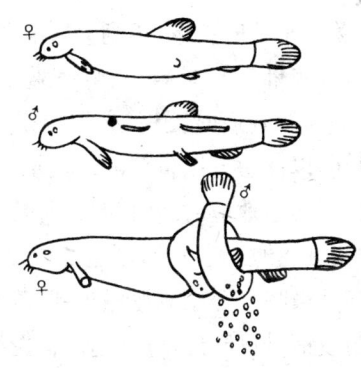

图 3-3 泥鳅产卵示意图

已叙述过的可浮性纱框,承接落下的受精卵,以便提高孵化率。产卵结束后,将亲泥鳅全部捞出,受精卵在原池或原网箱或其他地方孵化,避免亲泥鳅吞食受精卵。

(3)人工催产人工授精:由于泥鳅是分批产卵的,让其自然产卵受精往往产卵率和受精率不高。如采用人工授精,可获得大批量受精卵,效果较自然受精好得多。

人工催产人工授精往往比天然繁殖时间晚1~2个月,长江流域一般在5~6月份、晴天水温较高时进行。这时如培育的亲泥鳅食量突然减少,说明是催产的时机到了。人工授精应在室内,避开阳光直射。

人工催产人工授精的大体过程是:注射催产剂→发情高潮之前取精巢→制备精液→挤卵→同时射入精液→搅拌→漂去多余精液和血污物。为了做到不忙乱有节奏地工作,一般3~5人为一组,操作时动作要迅速、轻巧,避免损伤受精卵。

人工授精的关键是适时授精,否则会影响受精率和孵化率。

①人工催产:人工催产是对雌、雄亲泥鳅注射催产素,注射方法与前述相同。为做到适时授精,必须根据当时水温和季节准确估计效应时间,以便协调制备精液以及挤卵工作。

②人工授精:当临近效应时间时,要经常检查网箱内亲泥鳅活动,如发现有雌、雄泥鳅到水面激烈追逐,鳃张合频繁呼吸急促时,说明发情高潮来临。轻压雌泥鳅腹部,若有黄色卵子流出并卵粒分散,说明授精时机已到,应迅速进行授精。

a. 精液制备:在发情高潮来临之前应及时制备精液。由于泥鳅的精液无法挤出,所以要进行剖腹取精巢。雄泥鳅精巢贴附在脊椎的两侧,为两条乳白色的精巢。剖开雄泥鳅腹部寻到精巢,用镊子轻轻地取出精巢,放在研钵中,再用剪刀将其剪碎,最后用钵棒轻轻地研磨,并立即用林格氏液或生理食盐水稀释。一般每尾雄泥鳅的精巢可加入20~50毫升的林格氏液。要避免阳光照射,并防止淡水混入,以保持精子的生命力。精液制备完成,马上进行人工授精。

b. 人工授精:在规模不大时,可用一白瓷碗,装盛适量清水,一人将成熟雌泥鳅以毛巾或纱布裹住,露出腹部,以右手拇指由前向后轻压,将成熟卵挤入瓷盆中。另一人用20毫升注射用针筒吸取精液(不装注射针)浇在卵子上。第三个人一手持住大碗轻轻摇晃,另一手用鹅毛轻轻搅拌,使精液充分接触卵子。数秒钟后加入少量清水,激活精子并使卵子充分受精,随即将受精卵进行孵化。

大规模生产时,用500毫升烧杯,加入400毫升林格氏液,以同样的操作组合,尽快将卵挤入,同时用鹅毛搅拌,经4～5分钟后,倒掉上层的林格氏液,添加新林格氏液,洗去血污。把预先配制的精液倒入烧杯中,同时用羽毛搅拌,使精卵充分混合,再将受精卵进行孵化。

5. 人工孵化的技术管理

(1)胚胎发育过程:泥鳅孵化过程实际上就是胚胎发育过程。泥鳅卵圆形,直径0.8毫米左右,受精后因卵膜吸水膨胀,卵径增大到1.3毫米,几乎完全透明。成熟卵弱粘性,卵球分化有动物极和植物极。动物极为原生质集中多的一端,也就是泥鳅胚胎存在的位置;植物极为卵黄,也就是营养物质集中的一端。当水温19.5℃,从动物极原生质隆起形成胚盘似帽状,约占卵球高度的1/3,胚盘经细胞分裂进入桑椹期历时7小时15分钟。之后历经囊胚期、原肠期、神经胚期、肌节出现期、尾芽形成期,这时器官逐步形成,眼囊、嗅囊、尾芽、耳囊、尾鳍褶、晶体、耳石相继出现,心脏原基开始有节律跳动,心率约48次/分。经48小时45分钟,胚体剧烈扭动,泥鳅苗从卵膜内孵出(图3-4)。

在一定水温条件下,泥鳅胚胎以及早期仔鱼发育阶段见表3-13。

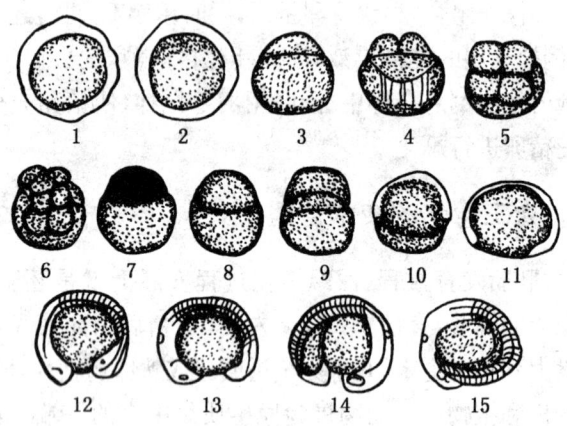

图 3-4 泥鳅的胚胎发育

1～2. 原生质向一端移动 3. 胚盘形成 4. 二细胞时期 5. 四细胞时期
6. 八细胞时期 7. 桑椹期 8. 囊胚期 9. 原肠初期 10. 原肠中期
11. 胚体形成期 12. 眼泡出现期 13. 耳囊出现期
14. 卵黄囊成梨形 15. 心脏形成期

表 3-13 泥鳅胚胎及早期仔鱼发育的主要阶段

主要发育阶段	时间（从受精起计）	发育特征
受精卵	0	微黏性,半透明,卵径 0.98～1.17 毫米
胚盘形成	15 分	动物极隆起形成帽状胚盘
二细胞期	25 分	胚盘分裂为 2 个分裂球
高囊胚期	3 小时 38 分	分裂球界限不清,形成囊胚,囊胚占卵 1/2
原肠中期	6 小时 10 分	囊胚向下包至卵黄约 1/2

续表

主要发育阶段	时间(从受精起计)	发育特征
胚孔封闭期	9小时20分	胚体完全包裹卵黄
肌节出现期	10小时10分	胚体中部出现2对肌节
尾芽出现期	15小时50分	胚体尾部形成钝角状芽突
肌肉效应期	18小时20分	胚体肌肉出现间歇性收缩
心跳期	22小时50分	管状心脏原基出现节律跳动
出膜期	31小时20分	胚体扭动,由尾部冲出胚胎外膜,仔鱼全长2.8～3.5毫米
眼点期	35小时02分	眼囊出现黑色素
鳃形成期	45小时10分	胚体头部出现2对呼吸鳃
卵黄囊消失期	87小时30分	卵黄囊基本消失,仔鱼全长4.7～5.3毫米

泥鳅胚胎发育速度与水温密切相关(表3-14),在一定温度范围内,泥鳅胚胎发育速度随水温增高而加快。

表3-14 不同水温条件下泥鳅孵出所需时间

水温(℃)	孵出所需时间(小时)
14.8	117
18	70
20～21	50～52
24～25	30～35
27～28	25～30

泥鳅苗从开始出膜至全部出膜所需时间也和水温有关(表3-14-A,3-14-B)。

表3-14-A 泥鳅苗孵化出膜时间和水温的关系

水温(℃)		孵化时间(从受精起计)	
温差范围	平均	开始出膜	全出膜
21~24.5	22.5	30小时30分	34 50
23~26	24.5	27小时40分	32 00
25.5~29.5	28.0	22小时00分	25 05

表3-14-B 不同水温与孵化时间的关系(日本:铃木亮)

水温(℃)	孵化所需时间(小时)	
	开始孵化	孵化完成
15±0.5	109	124
20±0.5	49	56
25±0.5	31	37

上述两表所列数据,是在不同条件下取得的,可根据生产中不同条件时参考运用。

(2)孵化管理:孵化率的高低,除了与雌、雄泥鳅成熟度有关之外,还与水质、水温、溶氧、水深、光照等因素有关。

①水质:孵化用水尤其是用孵化缸、孵化环道进行孵化的水要求清洁、透明度高,不含泥沙、无污染,不可有敌害进入,pH值7左右,溶氧高。河水、水库水、井水、澄清过滤后的鱼塘水及曝气后的自来水、地下水等均可作为孵化用水。

②水温:最适孵化水温为25～28℃,过低、过高均会影响孵化率及成活率,会增加畸形率和死亡率。为避免胚胎因水温波动引起死亡,孵化用水温度差不宜超过±3℃。如是井水和地下水等,应预先贮放在池中,曝气增氧,并使水温和孵化用水接近。

③光照:因泥鳅属底栖鱼类,喜在阴暗遮蔽环境生活,所以孵化环境应有遮阳设施,这也可避免阳光直射而引起的畸变和死亡。

④溶氧:在胚胎发育过程中,受精卵对溶氧变化较为敏感。尤其在出膜前期,对溶氧要求更高。生产实践证明,采用预先充气增氧后进行浅水、微流水的孵化效果比深水、静水要好。但在增氧流水时应避免鱼巢上受精卵脱落堆集黏上泥沙而影响孵化率。所以黏着孵化时要求水深20～25厘米,尽量少挪动鱼巢,以免受精卵大量脱落。为充分利用脱落的受精卵提高孵化率,可采用纱框承卵方法,承接脱落受精卵后进行纱框漂浮孵化。为保证孵化时受精卵对水中溶氧的需求,孵化密度不能太高。如有流水,则可提高孵化密度。

⑤控制水量:在正常孵化过程中,水流的控制一般采用"慢—快—慢"的方式。在孵化缸中,卵刚入缸时水流只需调节到能将受精卵翻动到水面中央,大约20分钟能使全部水体更换一次即可。孵化环道中则以可见到卵冲至水面为准,即流速控制为0.1米/秒,大约每30分钟可使水体更换一次。胚胎出膜前后,必须加大水流量,这时孵化缸要增加到每15分钟便使全部水体更换一次;孵化环道水流速提高到0.2米/秒,大约每20分钟可使水体作一次交换。当全部孵出后,水流应适当减缓,并及时清除水中卵膜。当泥鳅苗能平游时水流应再减小,以免幼

弱的泥鳅苗耗力过大。

⑥清洗除污：在孵化缸、孵化环道中应经常洗刷滤网,清除污物。出膜阶段及时清除过滤网上的卵膜和污物。

⑦及时取出鱼巢：泥鳅苗孵出后往往先躲在鱼巢中,游动不活跃,之后渐渐游离鱼巢。这时可把鱼巢荡涤出鱼苗,取出鱼巢,洗净卵膜,除去丝须太少的部分,重新消毒扎把,以作再用。

(3)泥鳅人工繁殖应注意的问题

①种鱼选择时,雌鱼最好选择体重为80～150克、体长20～25厘米,雄鱼最好体重为40～80克、体长15～20厘米的个体,而且均应为体质健壮、发育良好的亲本。若条件有限,亲本体长也应在12厘米以上,体重在15克以上。选择时从泥鳅的背部向下观察,看见腹部是白色的,即是发育良好的标志。但腹部两侧出现白斑点的是已产完卵的鱼,不能选用。泥鳅的体长和怀卵量有很大的关系,一般体长8厘米的雌鱼怀卵量约2 000粒,体长10厘米的怀卵量7 000粒,体长20厘米的怀卵量可达24 000粒。

②泥鳅的人工繁殖用的雌雄种鱼最好为产卵期捕获不久的天然产泥鳅,亲本均不宜长期蓄养。若需长期使用种鱼必须蓄养,则需经过一定的处理。

③采用人工催产繁殖,以4月中旬至5月中旬、6月中下旬至7月中旬卵质最好。在晴天水温较高时,按第一点所述的标准,选择人工繁殖用的亲泥鳅。

④注射部位以背部肌肉注射为好,若采用腹腔注射,亲鱼成活率会降低。

⑤在人工授精前,应准备好用棕片或杨柳根做成的鱼巢和

其他授精所需的用具。预先把授精用的工具清洗干净,放在阴凉处。授精操作不要在太阳底下进行,以免杀伤卵子和精子。

⑥泥鳅的卵黏着力不强,受振动就会分离,然后互相黏着或成块,因此如在室外使用孵化水槽,要防止因风而引起水面波动致使卵掉落。为了能顺利地孵化出稚鱼,重要的是孵化用水不能受污染,因此需将不好的卵及时用虹吸管除去。不好的卵在受精8~20小时时会变白逐渐发霉。这些不好的卵如果黏在受精卵上,有时会使受精卵因缺氧而死亡。

⑦换水时不要出现急剧的水温变化,预先准备好装满水的水槽可使孵化更顺利和安全。

⑧流水式水槽有时出现水霉,损害发育中的卵。可用亚甲兰10克与10升水配成溶液滴在孵化槽中,使其浓度在的范围,以防止水霉发生。

⑨孵化适宜水温是20~28℃,最适宜的温度是23℃左右。在泥鳅卵的孵化中,如果温度太高,孵化所需的时间会缩短,但孵化率会降低。在夏季受阳光直射的孵化槽,水温会超过28℃,因而需遮挡日光。孵化水温会影响孵化出来的稚鱼的大小,在20℃左右水温孵化的稚鱼肌节数多,体长亦大。过高或过低的水温,会使孵化出来的稚鱼体形小。受精到孵化的温差大,也会使稚鱼体形变小。孵化率最高时的水温是25℃,孵化稚鱼体型最大时的水温是20℃。因此最适宜的孵化水温是23℃左右。

(二)泥鳅鱼种培育的技术管理

1. 泥鳅夏花培育的技术管理

(1)清塘消毒:每 100 平方米用生石灰 9~10 千克进行清塘消毒。方法是在池中挖几个浅坑,将生石灰倒入加水化开,趁热全池泼洒。第二天用耙将塘泥与石灰耙匀后放水 20 厘米左右,适量施入有机肥料用以培育水质,产生活饵料。经 7~10 天后待生石灰药力消失,放几尾试水鱼,1 天后无异常,轮虫密度达 4~5 只/毫升时即可放苗。

(2)泥鳅苗放养

①鱼苗优劣的判别:在泥鳅苗装运、长途运输之前应挑选体质好的鱼苗,方能保证运输及饲养中的成活率。鱼苗优劣可参考以下几方面来判别:

a. 了解该批苗繁殖中的受精率、孵化率,一般受精率、孵化率高的批次,鱼苗体质较好。

b. 好的苗体色鲜嫩,体形匀称、肥满,大小一致,游动活泼有精神。

c. 装盛少量苗在白瓷盆中,用口适度吹动水面,其中顶风、逆水游动者强;随水波被吹至盆边者弱,如强的为多数则优。

d. 盛苗在白瓷盆,沥去水后在盆底剧烈挣扎,头尾弯曲厉害的强;鱼体黏贴盆边盆底、挣扎力度弱或仅以头、尾略扭动者弱。

e. 把苗放在鱼篓中,略搅水成漩涡,能在边缘溯水游动者为强;被卷入漩涡中央部位,随波逐流者弱。

f. 在网箱中暂养时间太久的会消瘦、体质下降,不宜作长途转运。

②泥鳅苗运输:泥鳅苗长途转运时必须用鱼苗袋并充氧,否则极易死亡。在密封式充氧运输中,水中溶氧充足,一般掌握适当密度不会缺氧。但为降低运输成本,又要达到一定的密度。鱼苗在运输中,不断向水中排出二氧化碳、氨等代谢产物,而在密封式运输中,由于二氧化碳不能向外散发,时间一长,往往积累较高浓度,会引起鱼苗麻痹死亡。据测试,当鱼苗发生死亡时,塑料充氧袋水中溶氧仍较高,最低也达 2 毫克/升,而二氧化碳升至 150 毫克/升,所以塑料袋中鱼苗死亡有时不是因为缺氧,而是高浓度二氧化碳和氨等协同作用引起的。充氧袋中用水不宜用池塘肥水,应选择大水面清新水体,如河、湖泊、水库水。水中有机物、浮游生物量要少,以减少耗氧和二氧化碳积聚。水质应为中性或微碱性。如用自来水,则应预先在大容器中贮存 2~3 天,逸出余氯,或向自来水中充气 24 小时后再用。装运前一天装在网箱中,停止喂食,网箱放置在清洁大水面中,让苗排除污物,以减少途中水质污染。要将袋中空气排尽后再充氧。如是空运,不宜将氧充得太足,以免飞机升空因气压变化而胀破塑料袋。天气太热时可在苗箱和塑料充氧袋之间加冰块。具体做法是:预先制冰,将冰装入小塑料袋并扎紧袋口,将塑料袋均匀放在苗箱中间,苗箱用胶带封口后立即发运。如果路程长,运输时间久,转运途中需开袋重新充氧,如水质污染严重,应重新换新水。

③泥鳅苗放养方法

a. 适当密度：一般放养孵出2～4天的水花泥鳅苗，每平方米800～2 000尾，静水池宜偏稀，具半流水条件的池可偏密；体长约1厘米的小苗(10日龄)，每平方米放500～1 000尾。

b. 饱苗放养：先将泥鳅苗暂养网箱半天，并喂给蛋黄，按每10万尾投喂鸭蛋黄1个。具体做法参照前述关于鳅苗前期培育中的操作方法，然后再进行放养。

c. "缓苗"处理：如用塑料充氧袋装运而来的苗，放养时注意袋内袋外温差不可大于3℃，否则会因温度剧变而死亡。可先按次序将装苗袋漂浮于放苗的水体，回过头来再开第一个袋，使袋内外水体温度接近后(约漂20分钟)，向袋内灌池水，让苗自己从袋中游出。

d. "肥水"下塘：为使泥鳅苗下塘后能立即吃到适口饵料，预先应培育好水质。如池中大型浮游生物较多，由于泥鳅苗小而吃不进，不仅不能作为泥鳅苗的活饵料，还会消耗水体中大量的较小型饵料和氧气。遇有这种情况，可以在泥鳅苗下池前先放"食水鱼"，以控制水中大型浮游生物量，同时用以测定池水肥瘦。如发现"食水鱼"在太阳出来后仍然浮头，说明池水过肥，应减少施肥量；如果"食水鱼"全天不浮头或很少浮头，说明水质偏瘦，可适当施肥；如果"食水鱼"每天清晨浮头，太阳出来后即下沉，说明水体肥瘦适中，可放泥鳅苗。用"食水鱼"也可测定清塘消毒剂药力是否消失，如果"食水鱼"活动正常，表示药力消失，可以放苗。但在泥鳅苗放养前应将"食水鱼"全部捕起，以免影响泥鳅苗后期生长。

e. 同规格计数下塘：同一池内应放养同一批次、相同规格的泥鳅苗，以免饲养中个体差异过大，影响成活率和小规格苗的生长。放养时应经过计数下池。计数一般采用小量具打样法。即先将泥鳅苗移入网箱中,然后将网箱一端稍稍提出水面,使苗集中在网箱一端,用小绢网勺舀起装满一量具,然后倒入盛水盆中,再用匙勺舀苗逐一计数,得出每一量具中苗的实数。放养时仍用此量具舀苗计数放入池内,按量取的杯数来算出放苗数。量具也可采用不锈钢丝网特制的可沥除水的专用量杯,但制作时注意整个杯身内外必须光滑无刺,以免伤苗。

(3)饲养管理

①泥鳅苗期发育特点:泥鳅生长发育有其本身的特点,在孵出之后的半个月内尚不能进行肠呼吸,该阶段如同家鱼发塘期间,必须保证池塘水中有充足的溶氧,否则极有可能在一夜之间因泛池而死光。半个月之后,泥鳅苗的肠呼吸功能逐渐增强,一般生长发育至1.5~2厘米体长时,才逐步转为兼营肠呼吸,但肠呼吸功能还未达到生理健全程度,所以这时投饵仍不能太足,蛋白质含量不宜太高,否则会消化不全产生有害气体,妨碍肠呼吸。

②饲喂:泥鳅水花入池时的首要工作是培肥水质,同时要加喂适口饵料。在实际生产中通常采用施肥和投饲相结合的方法。投喂饲料时应做到定点投喂,以便今后集中捕捉。

a. 施肥培育法:根据泥鳅喜肥水的特点,泥鳅苗在天然环境中最好的开口饵料是小型浮游动物,如轮虫、小型枝角类等。采用施肥法,施用经发酵腐熟的人畜粪、堆肥、绿肥等有机肥和无机肥培育水质,以繁育泥鳅苗喜食的饵料生物。一般在水温25℃时施入有机肥后7~8天轮虫生长达到高峰。轮虫繁殖高峰期往往能维持3~5天,之后因水中食物减少,枝角类等侵袭及泥鳅苗摄食,其数量会迅速降低,这时要适当追施肥料。轮虫数量可用肉眼进行粗略估计,方法是用一般玻璃杯或烧杯,取水对阳光观察,如估计每毫升水中有10个小白点,轮虫为白色小点状,表明该水体每升含轮虫10 000个。

水质清瘦时可施化肥快速肥水。在水温较低时,每100立方米水体每次施速效硝酸铵200~250克,而在水温较高时则改为施尿素250~300克。一般隔天施1次,连施2~3次。以后根据水质情况进行追肥。在施化肥的同时,结合追施鸡粪等有机肥料,效果会更好。水色调控以黄绿色为宜。水色过浓则应及时加注新水。除施肥之外,尚应投喂麦麸、豆饼粉、蚕蛹粉、鱼粉等。投喂量占在池泥鳅苗总体重的5%~10%。每天上、下午各投喂1次,并根据水质、气温、天气、摄食及生长发育情况适当增减。

b. 豆浆培育法:豆浆不仅能培育水体中的浮游动物,而且可直接被泥鳅苗摄食。泥鳅苗下池后每天泼洒2次,用量为每10万尾泥鳅苗每天用0.75千克黄豆的豆浆。泼浆是一项细致的技术工作,应尽量做到均匀。如在豆浆中适量增补熟蛋黄、鳗料粉、脱脂奶粉等,对泥鳅苗的快速生长有促进作用。为提高出浆量,黄豆应在24~30℃的温水中泡6~7小时,以两豆瓣中间微凹为度。磨浆时水与豆要一起加,一次成浆,不要磨成浓浆后再兑水,这样容易发生沉淀。一般每千克黄豆磨成20升左右的浆。每千克豆饼则磨10升左右浆。豆饼要先粉碎,浸泡到发粘时再磨浆。磨成浆后要及时投喂。养成1万尾鳅种需黄豆5~7千克。

以上两种方法饲喂2周之后,就要改为以投饵为主。开始可撒喂粉末状配合饲料,几天后将粉末料调成糊状定点投喂。随泥鳅长大,再喂煮熟的米糠、麦麸、菜叶等饲料。拌和一些绞碎的动物内脏则会使鳅苗长势更好。投喂量也由开始占体重的2%～3%逐渐增加到5%左右,最多不能超过10%。每天上、下午各投喂1次。通常凭经验以泥鳅在2小时内能基本吃完为度。

③日常管理

a. 巡塘:黎明、中午和傍晚要坚持巡塘观察,主要观察摄食、活动及水质变化。如水质较肥,天气闷热无风时应注意泥鳅苗有无浮头现象。泥鳅苗浮头和家鱼不同,必须仔细观察才能发现。水中溶氧充足时,泥鳅苗散布在池底;水质缺氧恶化时,则集群在池壁,并沿壁慢慢上游,很少浮到水面来,仅在水面形成细小波纹。一般浮头在日出后即下沉,要是日出后继续浮头,且受惊后仍然不下沉,表明水质过肥,应立即停止施肥、喂食,并冲新水以改善水质增加溶氧。泥鳅苗缺氧死亡往往发生在半夜到黎明这段时间,应特别注意。在饵料不足时,泥鳅苗也会离开水底,行动活泼,但不会全体行动,和浮头是容易区分的。如果发现泥鳅苗离群,体色转黑,在池边缓慢游动,说明身体有病,必须检查诊治。如发现泥鳅苗肚子膨胀或在水面仰游不下沉,说明进食过量,应停止投饲或减量。

b. 注意水质管理:既要保持水色黄绿,有充足的活饵料,又不能使水质过肥缺氧。前期保持水位约30厘米,每5天交换一部分水量。通过控制施肥投饵保持水色,不能过量投喂。随着泥鳅苗生长到后期,逐步加深水位达50厘米。

c. 注意调节水温:由于水位不深,在盛夏季节应控制水温在30℃以内。可采用搭遮阳网、加注温度较低的水和放养飘浮性水生植物等加以调节。

d. 清除敌害：泥鳅苗培育时期天敌很多，如野杂鱼、蜻蜓幼虫、水蜈蚣、水蛇、水老鼠等，特别是蜻蜓幼虫危害最大。由于泥鳅繁殖季节与蜻蜓相同，在泥鳅苗池内不时可见到蜻蜓飞来点水（产卵），其孵出幼虫后即大量取食泥鳅苗。防治方法：主要依靠人工驱赶，捕捉。有条件的在水面搭网，既可达到阻隔蜻蜓在水面产卵，又起遮阳降温作用。同时在注水时应采用密网过滤，防止敌害进入池中。发现蛙卵要及时捞除。

通过以上培育措施，一般30天左右泥鳅苗都能长成3厘米左右鱼种。

e. 分养：当泥鳅苗大部分长成了3～4厘米的夏花鱼种后，要及时进行分养，以避免密度过大和生长差异扩大，影响生长。分塘起捕时发觉泥鳅苗体质较差时，应立即放回强化饲养2～3天后再起捕。分养操作具体做法是：先用夏花鱼网将泥鳅捕起集中到网箱中，再用泥鳅筛进行筛选。泥鳅筛长和宽均为40厘米，高15厘米，底部用硬木做栅条，四周以杉木板围成。栅条长40厘米，宽1厘米，高2.5厘米。在分塘操作时手脚要轻巧，避免伤苗。

2. 大规格泥鳅鱼种培育的技术管理

孵出的泥鳅苗经1个多月的培育，长成夏花已开始有钻泥习性，这时可以转入成鳅池中饲养。但为了提高成活率，加快生长速度，也可以再饲养4～5个月，长成体长达到6厘米、体重2克以上的大规格泥鳅种时，再转入成鳅池养殖。如果泥鳅卵5

月上、中旬孵化,到 6 月中、下旬便可以开始培育大规格泥鳅种,7～9 月份则是养殖泥鳅种的黄金时期。也可以用夏花泥鳅分养后经 1 个月左右培育成 5 厘米的泥鳅种,然后转入成泥鳅养殖池养殖商品泥鳅。

(1)泥鳅苗种阶段食性特点:泥鳅在幼苗阶段(5 厘米以内)主要摄食浮游动物,如轮虫、原生动物、枝角类和桡足类。当体长 5～8 厘米时,逐渐转向杂食性,主要摄食甲壳类、摇蚊幼虫、丝蚯蚓、水陆生昆虫及其幼虫、蚬、幼螺、蚯蚓等,同时还摄食丝状藻、硅藻、植物碎片及种子。人工养殖中摄食粉状饲料、农副产品及畜禽产品下脚料和各种配合饲料等,还可摄食各种微生物、植物嫩芽等。

(2)池塘准备及放养:培育泥鳅种的池塘要预先做好清塘修整铺土工作,并施基肥,做到肥水下塘。池塘面积可比培育夏花阶段大,但最大不宜超过 150 平方米,以便人工管理。水深保持 40～50 厘米。每平方米放养体长 3 厘米夏花 500～800 尾,同一池放养规格要整齐一致。

(3)饲养管理:在放养后的 10～15 天内开始撒喂粉状配合饲料,几天之后将粉状配合饲料调成糊状定点投喂。随着泥鳅体长大再喂煮熟的米糠、麦麸、菜叶等饲料,如拌和一些绞碎的动物内脏则长势会更好。如是规模较大种苗场,也可以自制或购买商品配合饲料投喂。喂食时将饲料拌和成软块状,投放在食台中,把食台沉到水底。

人工配合饲料中的动、植物性饲料比例为 6:4,用豆饼、菜饼、鱼粉(或蚕蛹粉)和血粉配制成。如水温升至 25℃ 以上时,饲料中的动物性饲料比例应提高到 80%。

日投饵量随水温高低而有变化,通常为在池泥鳅总体重的3%～5%,最多不超过10%。水温20～25℃时日投量为在池鳅总体重的2%～5%;水温25℃时,日投量为在池鳅总体重的5%～10%;水温30℃左右时少投喂或不投喂。每天上午、下午各投1次。具体投喂量则根据天气、水质、水温、饲料性质、摄食情况灵活掌握,一般以1～2小时内吃完为适合,否则应随时增减投喂量。

泥鳅种培育期间要根据水色适当追肥,可采用腐熟有机肥水泼浇;也可将经无公害处理过的有机肥在塘角沤制,使肥汁渗入水中;也可用尿素追施,方法是少量多次,以保持水色黄绿适当肥度。其他有关日常管理可依照夏花培育中的日常管理进行。

(4)泥鳅苗种的稻田培育

①稻田培育泥鳅夏花:稻田在培育泥鳅夏花之前必须先经过清整消毒。每100平方米的稻田可放养孵化后15天的泥鳅苗2.5万～3万尾。通常可采取两种放养方式。

一是先用网箱暂养,当泥鳅苗长成2～3厘米后再放入稻田饲养。由于初期阶段泥鳅苗活动能力差,鳞片尚未长出,抵御敌害和细菌的能力弱,而通过网箱培育便可大大提高其成活率。

二是把泥鳅苗直接放入鱼凼中培育,凼底衬垫塑料薄膜,达到上述规格后再放养。饲养方法与孵化池培育相同。

稻田培育夏花的放养时间根据各地气候情况灵活掌握,气候较温暖的地方在插秧前放养,较寒冷地方可在插秧后放养。

泥鳅苗放养前期可投喂煮熟的蛋黄、小型水蚤和粉末状配合饲料。可将鲤鱼配合颗粒料,以每万尾5粒的量碾成粉末状,

三、家庭泥鳅养殖场的技术管理

每天投喂2~3次。为观察摄食情况,初期可将粒状饲料放在白瓷盘中沉在水底,2小时后取出观察,如有残饵,说明投量过多需减量;反之则需加量。开始必须驯饵,直至习惯摄食为止。10天后检查苗情,如头大身小,说明饵料质量不高或量不够。水温25~28℃时,鳅苗食欲旺盛,应增加投喂量和投喂次数。每日可增加到4~5次,投饲量为泥鳅苗总体重的2%。

饲养1个月之后,泥鳅苗达到每克10~20尾时,可投喂小型水蚤、摇蚊幼虫、水蚯蚓及配合饲料。投配合饲料时,以每万尾15~20粒鲤鱼颗粒料碾成的粉状料,每天投喂2~3次,并逐渐驯食天然饵料。

在培育中要定期注水增氧。投喂水蚤时,如发现水蚤聚集在一处,水面出现粉红色时,说明水蚤繁殖过量,应立即注入新水。如泥鳅苗头大体瘦时,应适当补充饵料,如麦麸、米糠、鱼类加工下脚料等。同时每隔4~5天,在饵料培育池中增施经无公害处理过的鸡粪、牛粪和猪粪等粪肥,以繁殖天然饵料。

②稻田培育泥鳅鱼种:在稻田中可放养泥鳅夏花进行泥鳅种培育。培育泥鳅种的稻田不宜太大,须设沟函设施。放养的夏花要经泥鳅筛过筛,达到同块稻田规格一致。放养前应先经清整消毒。放养量为每100平方米5 000尾。

为了在较短时间内使泥鳅产生一个快速生长阶段,泥鳅种应采取肥水培育法。具体做法是在放养前每100平方米先施基肥50千克。饲养期间,用麻袋装有机肥,浸在鱼函中作追肥,追肥量为每100平方米50千克。除施肥外,同时投喂人工饲料,如鱼粉、鱼浆、动物内脏、蚕蛹、猪血粉等动物性饲料,以及谷物、米糠、大豆粉、麦麸、蔬菜、豆粕、酱粕等植物性饲料。随泥鳅生长,在饵料中逐步增加配合饵料的比重。人工配合饵料可用豆饼、菜饼、鱼粉或蚕蛹粉和血粉配制成。

投饵应投在食台,切忌散投,否则到秋季难以集中捕捞。方法是将配合饵料搅拌成软块状,投放在离凼底3~5厘米的食台上,使泥鳅习惯集中摄食。平时注意清除杂草,调节水质,日常管理与前述相同。当泥鳅苗长成全长6厘米以上、体重5~6克时,便成为泥鳅种,可转为成鳅饲养。

(三)泥鳅人工养殖的技术管理

1. 放养前的准备工作

(1)养殖水域清整消毒:养殖泥鳅的水域预先应用生石灰、漂白粉等进行清整消毒,除野灭害。一般预先晒塘到塘底有裂缝后再在塘周挖小坑,将块状生石灰放入,浇水化灰并趁热全池泼洒。第二天用耙将石灰与泥拌和。用量一般为每100平方米用生石灰10~15千克。

(2)泥鳅种消毒防病:放养前预先用2%~3%食盐水浸浴泥鳅种5~10分钟或10毫克/千克漂白粉溶液浸浴10~20分钟。根据水温和鱼种耐受情况调整浸浴时间。

(3)野生泥鳅种驯养:野外捕捉来的泥鳅种规格不整齐,预先可用泥鳅筛按规格分选,做到同一池子放养规格基本一致。另外,野生泥鳅长期栖息在水田、河湖、沼泽及溪坑等水域中,白天极少到水面活动,夜间才到岸边分散摄食。为了让其适应人工饲养,使它们由分散觅食变为集中到食台摄食,由夜间觅食变为白天定时摄食,由习惯吃天然饵料变为吃人工配合饲料,必须加以驯化。具体做法是:在下塘的第三天晚上(20时左右),分几个食台投放少量人工饲料,以后每天逐步推迟2小时投喂,并逐步减少食台数目。经约10天驯养,使野生泥鳅适应池塘环境,并从夜间分散觅食转变为白天集中到食台摄食人工配合饲料。如果一个驯化周期效果不佳,可在第一周期的基础上,重复上述措施,直至达到目的。

(4)泥鳅饲料及投饲技术:在人工养殖条件下,为达到预期产量,就应准备充足的饲料。泥鳅食性广泛,饲料来源广,除了运用施肥培育水质,也可广泛收集农副产品加工下脚料,也可专门培养泥鳅喜食的活饵料。

泥鳅食欲与水温关系密切。当水温16～20℃时应以投喂植物性饲料为主,比例占60%～70%;水温21～23℃时,动、植物性饲料各占50%;水温24℃以上时应适当增加动物性饲料,植物性饲料减至30%～40%。

一般动物性饲料不宜单独投喂,否则容易使泥鳅贪食不消化,肠呼吸不正常,因"胀气"而死亡。最好是动、植物饲料配合投喂。可根据各地饲料源,调制泥鳅的配合饲料。以下两种配方可作参考:

①鱼粉15%,豆粕20%,菜籽饼20%,四号粉25%,米糠17%,添加剂3%。

②鱼粉或肉粉5%～10%,血粉20%,菜籽饼粕30%～40%,豆饼粕15%～20%,麦麸20%～30%,次粉5%～10%,磷酸氢钙1%～2%,食盐0.3%,并加入适量鱼用无机盐及维生素添加剂。

预先可沤制一定量的有机肥,放养后定期根据水色不断追肥,最后肥渣也可装袋堆置塘角起肥水作用,以不断产生水生活饵。

(5)野生泥鳅种采捕:要进行规模化养殖,就应开展泥鳅人工繁殖培育规格一致的泥鳅种;要是小规模养殖,也可采捕野生泥鳅种。

泥鳅苗种采捕比较容易,从春季到秋季任何时候都可从稻田、河沟等水域里捕到幼鳅,作为苗种进行成鳅养殖。往往在夏季雨后幼鳅比较集中,如河沟的跌水坑、稻田注水口等处。幼鳅的捕捞方法与成鳅捕捞大致相似。日本有人曾设计了一种在稻田中诱捕幼鳅的装置,捕捉效果很好。方法是采用一段直径约1.3米水泥短管,直立埋在稻田中,管的上口露出水面30厘米,并用铁皮设置成朝向内面的卷边倒檐,以防泥鳅从上逃出。在管壁与泥相接触的地方设置数个直径约10厘米的圆孔,在这些圆孔上设置向内部伸入的金属网漏斗,成倒须状,网目为3毫米。水泥管内放堆肥、豆饼、米糠、螺肉等饵料引诱幼鳅进入。据报道,用该装置在7～8月的一个月期间,投诱饵30余千克,在不到1400平方米的稻田内诱捕到幼鳅30～40千克。

2. 泥鳅池塘养殖的技术管理

池塘养殖泥鳅可以是土池、水泥池,可根据生产目的,放养不同规格的泥鳅种和稀放鳅苗,收获不同规格要求的商品泥鳅。

(1)苗种放养:一般在养殖池中每平方米可放养水花泥鳅苗(孵出2～4天苗)800～2000尾,放养体长1厘米(约10日龄)小苗500～1000尾,放养体长3～4厘米夏花100～150尾,体长为 5 厘米以上则放养 50~80 尾。有微流水条件的可增加放养量,条件差的则减量。

(2)投饵技术:放种前按常规要求清塘消毒后施足基肥,每 100 平方米可施 10~20 千克干鸡粪或 50 千克猪牛粪,2 周后放种。

泥鳅是杂食性鱼类,喜食水蚤、丝蚯蚓及其他浮游生物。在成鳅养殖期间抓好水质培育是降低养殖成本的有效措施,符合泥鳅生理生态要求,可弥补人工饲料营养不全和摄食不均匀的缺陷,还可减少病害发生,提高产量。放养后根据水质施用追肥,保持水质一定肥度,使水体始终处于活爽状态。也可在池的四周堆放发酵腐熟后的有机肥或泼洒肥汁。

在充分培养天然饵料的基础上还必须人工投喂,在投喂中应注意饵料质量,做到适口、新鲜。主要投喂当地数量充足、较便宜的饲料,这样不致使饲料经常变化,而造成泥鳅阶段性摄食量降低影响生长。不能投变质饲料。

在离池底 10~15 厘米处建食台,做到投饵上台。要按"四定"原则投喂饲料。即定时:每天 2 次(9:00 和 16:00~17:00)。定量:根据泥鳅生长不同阶段和水温变化,在一段时间内投喂量相对恒定。定位:在每 100 平方米池中设直径 30~50 厘米固定的圆形食台。定质:做到不喂变质饲料,饲料组成相对恒定。

每天投喂量应根据天气、温度、水质等情况随时调整。当水温高于 30℃和低于 12℃时少喂,甚至停喂。要抓紧开春后水温上升时期的喂食及秋后水温下降时期的喂食,做到早开食,晚停食。

一般 6 厘米规格(体重 2~3 克)的入塘泥鳅种,经一年养殖可达到 10～12 克。池塘养泥鳅各月饲料投喂量可参考表 3-15 比例确定。

表 3-15 成鳅各月投喂比率

月 份	7	8	9	10	11	4	5	6
水温(℃)	32	29	25	21	16	17	23	26
占年投饵量(%)	5	15	24	8	2	7	18	21

配合饲料应制成团块状软料投放在食台上。

(3)巡塘管理：防止浮头和泛池，特别在气压低、久雨不停或天气闷热时，如池水过肥极易造成泥鳅浮头泛池，应及时冲换新水。

平时要坚持巡塘检查，主要查水质，看水色，观察泥鳅活动及摄食情况等。

要注意防逃。泥鳅逃逸能力很强，尤其在暴雨、连日大雨时应特别注意防范。平时应注意检查防逃设施是否完整，塘埂有否渗漏，冲新水时是否有泥鳅沿水路逃跑等。

要定期检查泥鳅生长情况，随时调整喂食、施肥、冲注新水等。如果放养的泥鳅苗生长差异显著，应及时按规格分养，避免生长差异过大而互相影响，可使较小规格的泥鳅能获得充足的饲料，加快生长。

3. 泥鳅稻田养殖的技术管理

(1)养殖方式：稻田饲养商品泥鳅有半精养和粗养两种。半精养是以人工饵料为主，对泥鳅种、投饵、施肥、管理等均有较高的技术要求，单产较高。粗养主要是利用水域的天然饵料进行养殖,成本低、用劳力较少,但单产较低。

①稻田半精养:半精养一般在秋季水稻收割之后,选好田块,搞好稻鱼工程设施,整理好田面。来年水稻栽秧后待秧苗返青,排干田水,太阳曝晒3～4天。每100平方米田面撒米糠20～25千克,次日再施有机肥50千克,使其腐熟,然后蓄水。水深15～30厘米时,每100平方米放养体长5～6厘米泥鳅种10～15千克。放养后不能经常搅动。第一周不必投喂,1周后每隔3～4天投喂炒麦麸和少量蚕蛹粉。开始时均匀撒投田面,以后逐渐集中到食场,最后固定投喂在鱼凼中,以节省劳力和方便冬季聚捕。每隔1个月追施有机肥50千克,另加少量过磷酸钙,增加活饵料繁衍。泥鳅正常吃食后,主要喂麦麸、豆渣、蚯蚓和混合饲料。根据泥鳅在夜晚摄食特点,每天傍晚投饵1次。每天投饵量为在田泥鳅总体重的3%～5%。投饵做到"四定",并根据不同情况随时调整投喂量。一般水温22℃以下时以投植物性饵料为主;22～25℃时将动、植物饵料混合投喂;25～28℃时以动物性饵料为主。11月至翌年3月基本不投喂。夏季注意遮阴,可在鱼凼上搭棚,冬季盖稻草保暖防寒。注意经常换水,防止水质恶化。冬季收捕一般每100平方米可收规格10克以上泥鳅30～50千克。

②稻田粗养:实行粗养的稻田,同样应按要求做好稻田整修和建设必要的设施。当水稻栽插返青后,田面蓄水10～20厘米后投放泥鳅种。只是放养密度不能过大,由于不投饵,所以通常每亩投放体长3厘米泥鳅种1.5万～2万尾,或每100平方米稻田投放大规格泥鳅种5千克左右。虽不投饵,但依靠稻田追施有机肥,可有大量浮游生物和底栖生物及稻田昆虫供其摄食。

夏季高温时应尽量加深田水,以防烫死泥鳅。如为双季稻田,在早稻收割时,将泥鳅在鱼凼或网箱内暂养,待晚稻栽插后再放养。如防害防逃工作做得好,每亩稻田也可收获体长10厘米(尾鱼8克左右)泥鳅50千克以上。

另一种粗养方式是栽秧后,直接向田里放泥鳅亲鱼10~15千克,任其自然繁殖生长,只要加强施肥管理,效果也不错。

(3)施肥和用药:施肥对水稻和鱼类生长都有利,但施肥过量或方法不当,会对泥鳅产生有害作用。因此必须坚持以基肥为主,追肥为辅;以有机肥为主,化肥为辅的原则。稻田中施用的磷肥常以钙镁磷肥和过磷酸钙为主。钙镁磷肥施用前应先和有机肥料堆沤发酵后使用。堆沤过程靠微生物和有机酸作用,可促进钙镁磷肥溶解,提高肥效。堆沤时将钙镁磷肥拌在10倍以上有机肥料中,沤制1个月以上。过磷酸钙与有机肥混合施用或厩肥、人粪尿一起堆沤,不但可提高磷肥的肥效,而且过磷酸钙容易与粪尿中的氨化合,减少氮素挥发,对保肥有利。因此,采用氮肥结合磷钾肥作基肥深施既可提高利用率,也可减少对鱼类危害。

有机肥均需腐熟才能使用,防止有机肥在腐解过程中,产生大量有机酸和还原性物质而影响鱼类生长。

基肥占全年施肥量的70%~80%,追肥占20%~30%。注意施足基肥,适当多施磷钾肥,并严格控制用量,因为对泥鳅有影响的主要是化肥。施用过量,水中化肥浓度过大,就会影响水质,严重时会引起泥鳅死亡。几种常用化肥安全用量每亩分别为:硫酸铵10~15千克;尿素5~10千克;硝酸钾3~7千克;过磷酸钙5~10千克。如以碳酸氢铵代替硝酸铵作追肥,必须拌土制成球肥深施,每亩用量 15～20 千克。碳酸氢铵作基肥,每亩可施 25 千克,施后 5 天才能放苗。长效尿素作基肥,每亩用量 25 千克,施后 3～4 天放鱼。若用蚕粪作追肥,应经发酵后再使用。因为新鲜蚕粪含尿酸盐,对鱼有毒害。施用人畜粪作追肥时每亩每次以 500 千克以内为宜,作基肥时以 800～1 000 千克为宜。过磷酸钙不能与生石灰混合施用,以免起化学反应,降低肥效。

酸性土壤稻田宜常施石灰,中和酸性,提高过磷酸钙肥效,有利于提高水稻结实率,但过量有害。一般稻田水深 6 厘米,每亩每次施生石灰量不超过 10 千克。要想多施则应量少次多,分片撒施。

农药对鱼毒性分三类,其中一些已列为禁用药物,如呋喃丹、五氯酚钠等。

①高毒农药有:呋喃丹、1605、五氯酚钠、敌杀死(溴氯菊酯)、速灭杀丁(杀灭菊酯)、鱼藤精等。

②中毒农药有:敌百虫、敌敌畏、久效磷、稻丰散、马拉松(马拉硫磷)、杀螟松、稻瘟净、稻瘟灵等。

③低毒农药有:多菌灵、甲胺磷、杀虫双、速灭威、叶枯灵、杀虫脒、井冈霉素、稻瘟酞等。

据有关测试,甲胺磷对草鱼种安全浓度为常规用药量的 27 倍,乐果为 9.2 倍,马拉硫磷为 2.7 倍,敌敌畏为 39 倍,敌百虫为 46 倍,杀虫脒为 2.2 倍,稻瘟净为 3.1 倍,井冈霉素 458 倍。所以,以上农药如按常规用量施药,对养殖鱼类是安全的。中稻田在用杀虫双时,最好放在二化螟发生盛期,前期可用杀螟松、敌百虫、马拉松等易在稻田生态环境中消解的农药。若在水稻收割后进行冬水田养鱼的稻田,切忌在水稻后期使用杀虫双。

用药时尽量用低毒高效农药,事先加深田水,水层应保持6厘米以上。如水层少于2厘米,会对鱼类安全带来威胁。病虫害发生季节,往往气温较高,一般农药随气温上升会加速挥发,同时也加大了对鱼类毒性。喷撒农药时应尽量喷在水稻叶片上,以减少落入水中的机会。粉剂尽量在早晨稻株带露水时撒用;水剂宜晴天露水干后喷。下雨前不要施药。用喷雾器喷药时喷嘴应伸到叶下向上喷。养鱼稻田不提倡拌毒土撒施。使用毒性较大的农药时,可一边换水一边喷药,或先干田驱鱼入沟凼再施药,并向沟凼冲换新水。也可采用分片施药,第一天施一半,第二天再施另一半,可减轻对鱼的药害。

4. 泥鳅流水养殖的技术管理

以下几种方法均可利用流水条件进行泥鳅无公害养殖,供各地根据自身条件选用。

(1)塘、坑养殖:将溪流、沟渠水流引入庭院或用"借水还水"方式,即用支流引进塘、坑,再从塘、坑流出"还"入沟、渠,进行流水养泥鳅。例如在院内建2~10平方米的长方形池,深50~60厘米,上搭阴棚或用木板作盖,也可建瓜、豆棚遮阴。每平方米放养体长6厘米泥鳅种200~300尾。投喂米糠、麦麸和少量鱼粉,添加适量甘薯淀粉粘合成团块状饲料或加蚯蚓、蝇蛆等鲜活饲料。一年增重4~5倍,当年每平方米水面可收成泥鳅8~10千克。

(2)木箱养殖:木箱规格1米×1米×1.5米。设直径3~4厘米进排水孔,装网目2毫米金属网。箱底填粪肥、泥土,或一层稻草一层土,堆积2~3层,最上为泥土,保持箱内水深30~50厘米。木箱安放在流水处,使水从一口入,另一口出。也可用水管从上向下流水。几个木箱可并联。

选择向阳、水温较高处设箱,降雨时防溢水。箱上要盖网,防鸟兽危害。每箱可放养泥鳅种1~1.5千克。每天投喂米糠、蚕蛹或蚯蚓混合制成的团块状饵料。每天投饲量为泥鳅体总重的2%~3%,半年之后可收获,1个箱可产成品泥鳅8~15千克。

(3)网箱养殖:网箱养泥鳅具有放养密度大,网箱设置水域选择灵活,单产高,管理方便,捕捞容易等优点,是一种集约化养殖方式。

①网箱设置:箱体由聚乙烯机织网片制成,网目大小以泥鳅不能逃出为准。适于设置在池塘、湖泊、河边等浅水处。箱体底部必须着泥底,箱内铺填10~15厘米泥土。箱体面积以20~25平方米为宜,高度视养殖水体而定,使网箱上半部高出水面40厘米以上。要设箱盖等防逃设施。

②放养:一般每平方米放养6~10厘米泥鳅种800~1 200尾,并根据养殖水体条件适当增减。水质肥、水体交换条件好的水域可多放,反之则少放。

③饲养:箱内设一个2平方米食台,食台离底20~25厘米,饵料投在食台上,方法与池塘养殖泥鳅相同。

④管理:主要是勤刷网衣,保持箱体内外流通。经常检查网衣,有洞立即补上。网箱养殖密度大,要注意病害防治。平时要定期用生石灰泼洒,或用漂白粉挂袋,方法是每次用二层纱布包裹100克漂白粉挂于食台周围,一次挂2~3只袋。要及时清除

食台残饵。

(4)无土饲养法:国外泥鳅养殖多采用多孔材料代替泥土进行立体养殖,效果很好。无土养殖的泥鳅口味好。有的以细沙代替泥土,养殖密度可提高4倍,一年中泥鳅个体可长5厘米左右。无土养殖解决了捕捞不方便、劳动强度大、起捕率不高的问题,为大规模生产泥鳅开辟了广阔的前景。

例如,饲养池为水泥池,面积30平方米,水深0.45米。池中放置长25厘米、孔径16厘米的维尼纶多孔管10 800根。每20根为一排,每两排扎成一层,每三层垒成一堆,总共90堆。每池放养尾重0.4~0.5克的泥鳅苗7 000尾。日投饲2次,投饲量为鱼体重的3%~5%。池水以每分钟60升的量循环交换。共饲养90天,每平方米产量达2千克,折合亩产1 300千克。也有的把大小为40厘米×20厘米×15厘米的三孔水泥砖块竖立池底,饲养管理同上。饲养90天,每平方米产量可达3.75千克,折合亩产2 500千克。

(5)沟渠围栏饲养法:利用沟渠流水饲养泥鳅,在其上、下游处设拦网放种饲养。一般每平方米放养一龄泥鳅种2.5~3千克,饲养4~6个月后,每平方米产量达10~12千克。这种饲养方式需全部投喂高质量的人工配合饲料,成本较高。

(6)水槽饲养法:在有水源但不宜建池的地方可用此法饲养泥鳅。水槽长1.5米、宽和高各1米。在其一侧或两侧开设直径3~5厘米的进出水孔。孔口安装网目2~3毫米的密眼金属网。槽内堆放粪肥和泥土。槽内水深30厘米左右。注水可用水管由上向下注入,也可将槽放在流水处,任水自由注入、排出。水槽应置于向阳避风处,水温不能低于15℃。每只水槽可放养

3~5厘米的泥鳅苗1~1.5千克。投喂糠麸、糟渣、蚕蛹、螺蚌和禽畜内脏,每天投喂1次。一般4月份放种,到年底可增重8~10倍,每只水槽可收获泥鳅8~15千克。

5. 泥鳅庭院养殖的技术管理

(1)庭院泥鳅养殖的特点:养殖过程注意勤喂饲料,勤换水,喂料要少量多次。饲料除了鱼粉等动物性饲料外,还要投喂部分植物性饲料,如米饭、麸、酒糟、菜叶、水草、米糠、豆渣、饼粕等,也可喂些配合饲料。坑凼施肥以家畜肥为主。庭院养泥鳅可自繁、自育苗种。只要保留适量亲泥鳅便能获得足量的鱼种。在繁殖季节,成熟泥鳅不必注射激素,只要在饲养小水体中给予微流水刺激,就能产卵繁殖。在庭院式养殖中,可与黄鳝、革胡子鲶一起进行混养。

另外,泥鳅可以与常规家鱼、鳗鱼等混养,尤以与鳗鱼、鲢鳙、草鱼混养效果较好。泥鳅不与家鱼争食,且能疏松底质,促进有机物分解及微生物的繁衍,为鱼类创造良好的生活条件。但是,鲤鱼、鲫鱼、罗非鱼等与其争食厉害,互相影响大,故不宜混养。泥鳅和家鱼混养时,一般每平方米放养泥鳅100~200尾,约占总放养量的20%。

以下介绍庭院中砌砖池、混凝土池方式开展泥鳅无公害庭院养殖的技术操作要点。采用该方法每平方米可产体长10厘米以上泥鳅5千克。

(2)设施

①砖池:标准砖24厘米墙,M7.5水泥砂浆砌筑,池高1.2米。

②混凝土池:C20混凝土浇筑,墙厚12～15厘米。

③排灌设施:池底设有一距池底20～25厘米的排水孔,孔径5厘米,内置网目2毫米的网筛,距池壁顶部5厘米处建2个以上溢水孔,溢水孔直径5厘米,内置网目2毫米网筛。

④池面积和底质:每只池20～30平方米为宜,长方形,东西走向。

以水泥池底上覆20厘米壤土较佳,不渗漏,池底向排水孔一角倾斜,倾斜度为15°为宜。

⑤水源水质:井水、河水、泉水,水质符合无公害养殖要求。

⑥水深:成品泥鳅池水深30～80厘米,池壁高出水面20厘米以上。

(3)成品泥鳅养殖技术管理

1)准备工作

①清池消毒:新建池应用清水泡池15天以上,"试水"无害后才可放种。老池应预先更新铺设底质。放养前7～10天,每平方米用110克生石灰,彻底清池消毒。

②施肥进水:每平方米用腐熟有机肥300克培肥水质,池水深30厘米。

③水生植物栽培:池中栽培莲藕、慈姑、空心菜、水葫芦等。水生植物面积占总面积1/3。

2)泥鳅种放养

①放养时间:野生泥鳅苗11～12月放养。人工繁育苗5～6月放养。鳅种规格以每尾3～5厘米为宜。放养量以每平方米放200～300尾为宜。泥鳅种质量应作筛选,做到规格整齐、无畸形、品种纯、无病无伤、活泼健壮。放养前用10毫克/升高

三、家庭泥鳅养殖场的技术管理

锰酸钾药浴 15~20 分钟。

3）饲养管理

①投饲：可投喂蛋白质含量 98％以上的颗粒饲料，或自配饲料，用 10％鱼粉、30％豆饼、30％麸皮、20％玉米、5％酵母粉、5％复合矿物质混合而成。

②投喂方法：利用长 50 厘米、宽 30 厘米，高 10 厘米的塑料盒或类似材质箱体沉入水中 30 厘米，饲料成团状放置其上、投喂做到定位、定质、定量投喂。每天 2 次，时间为 9:00~10:00、17:00~18:00。

③日投饵量：日投饵量按池中泥鳅重的 3％~5％投喂，上午、傍晚投喂量占全天投喂量比例分别为 70％、30％，并根据季节、天气、水质、吃食情况适时增减，以投喂 1 小时以后无残饵为宜。

放养野生苗时，放养后半月内投饵量应为正常的 50％，驯化适应后再正常投喂。

④水质管理：春秋季每 15 天换一次水，夏季 10 天换一次水，每次换水量为池水的 1/4~1/3。

⑤巡塘检查：每天检查水质变化、残饵余留；雨天防池水外溢，雨季防溢水孔网堵塞或破坏，防止泥鳅顶水外逃，如发现泥鳅活动不活泼，应立即加注新水。

（4）病害防治

①实行泥鳅种、池塘、食场、饵料消毒。

②保持良好生态环境，每 20 天每平方米施生石灰 15 克。

③定期检查，预防为主，病泥鳅池及时隔离治疗。

（5）商品泥鳅捕捞

①置网捕捞:把网铺设在食饵底部,当投饵聚食时起网捕捞。

②干池捕捞:排干水,用小捞海直接捕捞。

庭院中砌砖池、混凝土池养殖泥鳅,还可采用以下3种养殖方式:

a. 浸秆养鳅法:可用砖(石)、水泥砌成,深度以1米为宜,池底铺一层15厘米厚的肥泥,肥泥上铺一层10厘米厚秸秆,上覆几排筒瓦,便成为泥鳅窝,然后放入40厘米深的清水。7天后,当水中出现许多幼小昆虫时,即可每平方米放养3厘米以上的泥鳅苗30~40尾。采用此法,可适当减少饵量。按常规管理,6个月即可捕捞上市,比全部人工饲养提前3个月,可节省饵料40%。

b. 遮荫养鳅法:在深1米的土池中,铺设一层无结节的尼龙网,网口高出池口30~40厘米,并向内倾斜,再用木柱固定。在池底网上铺一层40厘米厚的泥土,同时栽种慈菇等水生植物,并保持水深20~30厘米,而后将大规格泥鳅苗放入水中。用此法养殖泥鳅,由于池中生长的水生植物可吸收水中营养物质,防止水质过肥,夏季还可遮阳,并可净化水质,泥鳅生长快而肥壮。可比人工养法提前2个月上市获利。

c. 诱虫养鳅法:用砖(石)、水泥砌成深1米池子,池中用土堆成若干条宽1.3米、高20厘米、间距20厘米的土畦,保持水深10~15厘米。每平方米放5~6厘米泥鳅苗30~50尾。池上装若干只黑光灯诱虫,每晚7时至次日晨5时开灯,诱得昆虫即可满足泥鳅饵料的需要。

6. 泥鳅滩荡多品种混养的技术管理

据方云东(1999)报道:在100亩的荡滩中进行鱼、黄鳝、泥鳅混养,年底共收获鲢鱼8 750千克,银鲫鱼种15 000千克,黄鳝1 550千克,泥鳅2 000千克。具体做法如下。

(1)准备工作和苗种放养:荡滩面积100亩,平均水深1.2米,池埂修固坚实、不渗漏。配备柴油机2台,2套拖排泵,船2条。冬季干塘,用石灰消毒清整,暴晒半个月。

苗种来源:鲢、银鲫为专用塘培育,黄鳝、泥鳅为市场收购。放养情况见表3-16

表3-16 鱼、鳝、鳅放养情况

放养时间	品　种	规　格	总放养量	每亩放养量
1998年1月	鲢	13～14尾/千克	1 000千克	10千克
1998年1月	银鲫	夏花	40万尾	4 000尾
1998年4～6月	黄鳝	40～50尾/千克	200千克	2千克
1998年4～6月	泥鳅		200千克	2千克

(2)饲养管理:黄鳝种当天收捕当天放养,选腹部颜色黄且杂有斑点者,规格40～50尾/千克。苗种下塘先用3%～4%食盐水浸浴5分钟。

种植水草:在浅水区移植水花生,浮水区栽种荷藕,水生植物覆盖面积占15%左右。

投喂颗粒饵料,按鱼的存塘量的比例投喂,每10天调整投喂量比例。

高温季节勤换水,7~8月份2天加换新水1次,每次换水量为1/4~1/3。

加强防逃工作,进、排水口和较低易逃埂段加铁丝网或聚乙烯网,并深埋土中,防黄鳝、泥鳅逃逸。

从养殖中体会到,在大水面混养中,鱼产量宜设计在200~300千克/亩为宜,便于进行水质控制。黄鳝产量设计在10~15千克/亩,避免过密而互残。饲养泥鳅可利用残饵,繁殖的小泥鳅可作黄鳝活饵料。

从黄鳝、泥鳅经济效益分析:黄鳝苗种成本为3 200元,泥鳅苗种成本为2 000元;黄鳝、泥鳅销售收入91 000元,获利85 800元,每亩平均获利858元。

(四)泥鳅越冬的技术管理

我国除南方地区终年水温不低于15℃外,一般地区,一年中泥鳅的饲养期为7~10个月,其余时间为越冬期。当水温降至10℃左右时,泥鳅就会进入冬眠期。

在我国大部分地区,冬季泥鳅一般钻入泥土中15厘米深处越冬。由于其体表可分泌黏液,使体表及周围保持湿润,即使1个月不下雨也不会死亡。

泥鳅在越冬前和许多需要越冬的水生动物一样,必须积蓄营养和能量准备越冬。因此应加强越冬前饲养管理,多投喂一些营养丰富的饲料,让泥鳅吃饱吃好,以利越冬。泥鳅越冬育肥的饲料配比应为动物性和植物性饲料各占50%。

随着水温的下降,泥鳅的摄食量要开始下降,这时投饲量应逐渐减少。当水温降至15℃时,只需日投喂泥鳅体重的1%的饲料。当水温降至13℃以下时,则可停止投饲。当水温继续下降至5℃时,泥鳅就潜入淤泥深处越冬。

泥鳅越冬除了要有足够的营养和能量及良好的体质外,还要有良好的越冬环境。

(1)选好越冬场所:要选择背风向阳,保水性能好,池底淤泥厚的池塘作为越冬池。为便于越冬,越冬池蓄水要比一般池塘深,要保证越冬池有充足良好的水源条件。越冬前要对越冬池、食场等进行清整消毒处理,防止有毒有害物质危害泥鳅越冬。

(2)适当施肥:越冬池消毒清理后,泥鳅入池前,先施用适量有机肥料,可用经无公害处理的猪、牛、家禽等粪便撒铺于池底,增加淤泥层的厚度,发酵增温,为泥鳅越冬提供较为理想的"温床",以利于保温越冬。

(3)选好泥鳅种:选择规格大、体质健壮、无病无伤的泥鳅种作为来年繁殖用的亲本。这样的泥鳅抗寒、抗病能力较强,有利于越冬成活率的提高。越冬池泥鳅的放养密度一般可比常规饲养期高2～3倍。

(4)采取防寒措施:加强越冬期间的注、排水管理。越冬期间的水温应保持在2～10℃。池水水位应比平时略高,一般水深应控制在1.5～2米。加注新水时应尽可能用地下水,或在池塘或水田中开挖深度在30厘米以上的坑、溜,使底层温度有一定的保障。若在坑、溜上加盖稻草,保温效果更好。如果是农家庭院用小坑凼使泥鳅自然越冬,可将越冬泥鳅适当集中,上面加铺畜禽粪便保温,效果更好。

此外,还可采用越冬箱进行越冬。方法是:制做木质越冬箱,规格为(90～100)厘米×(25～35)厘米×(20～25)(H)厘米,箱内装细软泥土18～20厘米,每箱可放养6～8千克泥鳅。土和泥鳅要分层装箱。装箱时,要先放3～4厘米厚的细土,再放2千克左右泥鳅,如此装3～5层,最后装满细软泥土,钉好箱盖。箱盖上要事先打6～8个小孔,以便通气。箱盖钉牢后,选择背风向阳的越冬池,将越冬箱沉入1米以下的水中,以利于泥鳅安全越冬。

(五)泥鳅的捕捉、暂养和运输

1. 泥鳅的捕捞

(1)养殖泥鳅的捕捞:泥鳅的捕捞一般在秋末冬初进行,但是为了提高经济效益,可根据市场价格、池中密度和生产特点等多方面因素综合考虑,灵活掌握泥鳅捕捞上市时间。作为繁殖用的亲泥鳅则应在人工繁殖季节前捕捉,一般体重达到10克即可上市。泥鳅苗至10克左右的成鳅一般需要15个月左右,泥鳅苗饲养至20克左右的成鳅一般需要45个月。如果饲养条件适宜,还可缩短饲养时间。

1)池塘泥鳅的捕捞:池塘因面积大、水深,相对稻田捕捞难度大。但池塘捕捞不受农作物的限制,可根据需要随时捕捞上市,比稻田方便。池塘泥鳅捕捞主要有以下几种方法。

①食饵诱捕法:可用麻袋装炒香的米糠、蚕蛹粉与腐殖土混合做成的面团,敞开袋口,傍晚时沉入池底即可。一般选择在阴天或下雨前的傍晚下袋,这样经过一夜时间,袋内会钻入大量泥

鳅。诱捕受水温影响较大,一般水温在25~27℃时泥鳅摄食旺盛,诱捕效果最好;当水温低于15℃或高于30℃时,泥鳅的活动减弱,摄食减少,诱捕效果较差。也可用大口容器(如坛、脸盆、鱼笼等)改制成诱捕工具。

②冲水捕捞法:在靠近进水口处铺设好网具,网具长度可依据进水口的大小而定,一般为进水口宽度的3~4倍,网目为1.5~2厘米,4个网角结绑提纲,以便起捕。网具张好后向进水口冲注新水,给泥鳅以微流水刺激,泥鳅喜溯水会逐渐聚集在进水口附近,待泥鳅聚拢到一定程度时,即可提网捕获。同时,可在出水口处张网或设置鱼篓,捕获顺水逃逸的泥鳅。

③排水捕捞法:食饵诱捕、冲水捕捞一般适合水温在20℃以上时采用。当水温偏低时,泥鳅活动减弱,食欲下降,甚至钻入泥中,这时只能采取排干池水捕捞。这种方法是先将池水排干,同时把池底划分成若干小块,中间挖纵横排水沟若干条。沟宽40厘米、深30厘米左右,让泥鳅集中到排水沟内,这时可用手抄网捕捞。当水温低于10℃或高于30℃时,泥鳅会钻入底泥中越冬或避暑,只能采取挖泥捕捉。因此排水捕捞法一般在深秋、冬季或水温在10~20℃时采用。

此外,如遇急需,且水温较高时,可采用香饵诱捕的方法,即把预先炒制好的香饵撒在池中捕捞处,待30分钟左右后用网捕捞。

2)稻田泥鳅的捕捞:稻田养殖的泥鳅,一般在水稻即将黄熟之时捕捞,也可在水稻收割后进行。捕捞方法一般有以下5种。

①网捕法:在稻谷收割之前,先用三角网设置在稻田排水口,然后排放田水,泥鳅随水而下时被捕获。此法一次难以捕

尽，可重新灌水，反复捕捉。

②排干田水捕捉法：在深秋稻谷收割之后，把田中鱼沟、鱼溜疏通，将田水排干，使泥鳅随水流入沟、溜之中，先用抄网抄捕，然后用铁丝制成的网具连淤泥一并捞起，除掉淤泥，留下泥鳅。天气炎热时可在早晚进行。田中泥土内捕剩的部分泥鳅，长江以南地区可留在田中越冬，次年再养；长江以北地区要设法捕尽，可采用翻耕、用水翻挖或结合犁田进行捕捉。

③香饵诱捕法：在稻谷收割前后均可进行。于晴天傍晚时将田水慢慢放干，待第二天傍晚时再将水缓缓注入坑溜中，使泥鳅集中到鱼坑(溜)，然后将预先炒制好的香饵放入广口麻袋，沉入鱼坑(详见池塘捕捞中的食饵诱捕法)诱捕。此方法在5～7月期间以白天下袋较好，若在8月以后则应在傍晚下袋，第二天日出前取出效果较好。放袋前一天停食，可提高捕捞效果。如无麻袋，可用旧草席剪成长60厘米、宽30厘米，将炒香的米糠、蚕蛹粉与泥土混合做成面团放入草席内，中间放些树枝卷起，并将草席两端扎紧，使草席稍稍隆起。然后放置田中，上部稍露出水面，再铺放些杂草等，泥鳅会到草席内觅食。

④笼捕法：是采用须笼或鳝笼捕捞(具体内容见工具捕捞法)。

⑤药物驱捕法：通常使用的药物为茶粕(亦称茶枯、茶饼，是榨油后的残存物，存放时间不超过2年)，每亩稻田用量5～6千克。将药物烘烧3～5分钟后取出，趁热捣成粉末，再用清水浸泡透(手抓成团，松手散开)，3～5小时后方可使用。

将稻田的水放浅至3厘米左右，然后在田的四角设置鱼巢(鱼巢用淤泥堆集而成，巢面堆成斜坡形，由低到高逐渐高出水面3～10厘米),鱼巢大小视泥鳅的多少而定,巢面一般为脚盆大小,面积0.5～1平方米。面积大的稻田中央也应设置鱼巢。

施药宜在傍晚进行。除鱼巢巢面不施药外,稻田各处须均匀地泼洒药液。施药后至捕捉前不能注水、排水,也不宜在田中走动。泥鳅一般会在茶粕的作用下纷纷钻进鱼巢。

施药后的第二天清晨,用田泥围一圈拦鱼巢,将鱼巢围圈中的水排干,即可挖巢捕捉泥鳅。达到商品规格的泥鳅可直接上市,未达到商品规格的小鳅继续留田养殖。若留田养殖需注入5厘米左右深的新水,有条件的可移至他处暂养,7天左右待田中药性消失后,再转入稻田中饲养。

此法简便易行,捕捞速度快,成本低,效率高,且无污染(必须控制用药量)。在水温10～25℃时,起捕率可达90%以上,并且可捕大留小,均衡上市。但操作时应注意以下事项:首先是用茶粕配制的药液要随配随用;其次是用量必须严格控制,施药一定要均匀地全田泼洒(鱼巢除外);此外鱼巢巢面必须高于水面,并且不能再有高出水面的草、泥堆物。此法捕鳅时间最好在收割水稻之后,且稻田中无集鱼坑、溜的;若稻田中有集鱼坑、溜,则可不在集鱼坑、溜中施药,并用木板将坑、溜围住,以防泥鳅进入。

(2)野生泥鳅的捕捞:我国江河、沟渠、池塘和水田等水域蕴藏着丰富的天然泥鳅资源,虽然由于化学农药和肥料的大量使用及水域污染等原因,使这一资源逐渐减少,但泥鳅生产仍以捕捉野生泥鳅为主。一般野生泥鳅的捕捉方法有工具捕捞、药物聚捕、灯光照捕等,多数与养殖泥鳅捕捉方法相似。

①工具捕捞法:一般是利用捕捉黄鳝用的鳝笼或须笼(俗称

鱼笼)来捕捉,有的也用张网等渔具捕捉。须笼和鳝笼均为竹篾编制,两者形状相似。一般长30厘米、直径9厘米(图3-5),末端锥形(漏斗部),占全长的1/3,漏斗口的直径2厘米。须笼的里面用聚乙烯布做成与须笼同样形状的袋子。使用时,在须笼中放入炒香的米糠、小麦粉、鱼粉或蚕蛹粉做成的饵料团子,或投放蚯蚓、螺蚌肉、蚕蛹等饵料,傍晚放置于池底(5~7月可白天中午放置)。须笼应多处设置,一般每个池塘可在池四周各放1~3只须笼。放笼后定时检查,1小时左右拉上来检查一次。拉时先收拢袋口,以防泥鳅逃逸。放置须笼的时间不宜过长,否则进入的泥鳅过多,会造成窒息死亡。捕捉到的泥鳅应集中在盛水的容器中,泥鳅的盛放密度不宜太大。此法适宜于人工养殖的池塘、沟渠或天然坑塘、湖泊等水域使用,亦可用于繁殖期间的亲泥鳅捕捉。须笼闲置时,白天应放在阴凉通风处。

也可在须笼内不放诱饵进行捕捉,即在4~5月,特别是涨

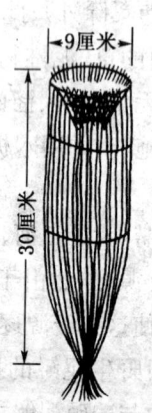

图3-5 捕捉泥鳅的须笼

水季节的夜间,于河道、沟渠、水田等流水处,设置须笼或鳝笼,笼口向着下游,利用泥鳅的溯水习性,让其游进笼中而捕获。9～11月时,笼口要朝上游,因为此时泥鳅是顺水而下的。

②药物聚捕法:此法与稻田驱捕法所用的药物和操作方法相同,在非养鳅稻田中亦可使用。

③灯光照捕法:此法是人们利用泥鳅夜间活动的习性,用手电筒等光源照明,结合使用网等渔具或徒手捕捉的方法,一般在泥鳅资源丰富的坑塘、沟渠和水田采用。

此外,在野生泥鳅资源较多的天然水域中,也可采用改制的麻布袋或广口布袋,装入香饵诱捕。

2. 泥鳅的存养

(1)暂养:泥鳅起捕后,无论是销售或食用,都必须经过几天时间的清水暂养,方能运输出售或食用。暂养的作用,一是使泥鳅体内的污物和肠中的粪便排除,降低运输途中的耗氧量,提高运输成活率;二是去掉泥鳅肉的泥腥味,改善口味,提高食用价值;三是将零星捕捞的泥鳅集中起来,便于批量运输销售。泥鳅暂养的方法有许多种,现摘要介绍以下几种。

①水泥池暂养:水泥池暂养适用于较大规模的出口中转基地或需暂养较长时间的场合。应选择在水源充足、水质清新、排灌方便的场所建池,并配备增氧、进水、排污等设施。水泥池的大小一般为8米×4米×0.8米,蓄水量为20～25立方米。一般每平方米面积可暂养泥鳅5～7千克,有流水、有增氧设施、暂养时间较短的,每平方米面积可放40～50千克。若为水槽型水泥池,每平方米可放100千克。

泥鳅进入水泥池暂养前,最好先在木桶中暂养1~2天,待粪便或污泥消除后再移至水泥池中。在水泥池中暂养时,对刚起捕或刚入池的泥鳅,应每隔7小时换水1次,待其粪便和污泥排除干净后转入正常管理。夏季暂养每天换水不能少于2次;春秋季暂养每天换水1次;冬季暂养隔日换水1次即可。

据有关资料报道,在泥鳅暂养期间,投喂生大豆和辣椒可明显提高泥鳅暂养的成活率。按每30千克泥鳅每天投喂0.2千克生大豆即可。此外,辣椒有刺激泥鳅兴奋的作用,每30千克泥鳅每天投喂辣椒0.1千克即可。

水泥池暂养是目前较先进的方法,适用于暂养时间长、数量多的场合,具有成活率高(95%左右)、规模效益好等优点。但这种方法要求较高,暂养期间不能发生断水、缺氧泛池等现象,必须有严格的岗位责任制度。

②网箱暂养:网箱暂养泥鳅被许多地方普遍采用。暂养泥鳅的网箱规格一般为2米×1米×1.5米。网眼大小视暂养泥鳅的规格而定,暂养小规格泥鳅可用11~12目的聚乙烯网布,暂养成品泥鳅可用网目较大的网布。网箱宜选择放置在水面开阔、水质良好的池塘或河道。暂养的密度视水温高低和网箱大小而定,一般每平方米暂养30千克左右较适宜。网箱暂养泥鳅要加强日常管理,防止逃逸和发生病害,平时要勤检查、勤刷网箱、勤捞残渣和死泥鳅等,一般暂养成活率可达90%以上。

③木桶暂养:各类容积较大的木桶均可用于泥鳅暂养。一般用72升容积的木桶可暂养泥鳅10千克。暂养开始时每天换水4~5次,第3天以后每天换水2~3次。每次换水量控制在1/3左右。

④鱼篓暂养：鱼篓的规格一般为口径24厘米、底径65厘米、高24厘米，竹制。篓内铺放聚乙烯网布，篓口要加盖（盖上不铺聚乙烯网布等，防止泥鳅呼吸困难），防止泥鳅逃逸。将泥鳅放入竹篓后置于水中，竹篓应有1/3部分露出水面，以利于泥鳅呼吸。若将鱼篓置于静水中，一篓可暂养7~8千克；置于微流水中，一篓可暂养15~20千克。置于流水状态中暂养时，应避免水流过激，否则泥鳅易患细菌性疾病。

⑤布斗暂养：布斗一般规格为口径24厘米、底径65厘米、长24厘米，装有泥鳅的布斗置于水域中时应有约1/3部分露出水面。布斗暂养泥鳅须选择在水质清新的江河、湖库等水域，一般置于流水水域中，每斗可暂养15~20千克；置于静水水域中，每斗可暂养7~8千克。

建池暂养可参考下述方法操作：

a. 泥鳅池建造：泥鳅池建造时要特别注意防逃、排水、捕捉三个方面的问题。泥鳅池面积以20~100平方米，池深70~100厘米为宜，池的四周应高出水面40厘米，池底要铺上20~30厘米的软泥（如能保持微流水，可不铺泥）。在近排水口处设一鱼溜，鱼溜比池底深30厘米，用水泥结构或砖石砌成。进排水管的管口须用金属丝网或尼龙丝网护住，以防泥鳅逃逸。

b. 泥鳅放养：泥鳅放养前，一般先对暂养池进行消毒，通常使用生石灰，若是新建水泥池，还需先进行脱碱处理。待消毒药物毒性消失后（10天左右），便可放养泥鳅。泥鳅可随收（或捕）随放，但放养前一定要先浸浴消毒，以防传染病的发生。方法是：在水缸或消毒专用池中，用1‰~3‰食盐溶液或0.4%食盐溶液加0.4%小苏打溶液制成消毒液，将泥鳅投入。在整个浸浴过程中,要随时观察泥鳅的反应,发现泥鳅不安、上浮等不正常反应,要立即捞出,一般需浸浴5~20分钟。放养密度需根据暂养时间、泥鳅池条件而定。若暂养时间长、泥鳅池条件差,密度就要小,每平方米可放 5~10 千克,但要注意常换新水;若暂养时间短、泥鳅池条件好,则每平方米可放泥鳅 40~50 千克。另外,泥鳅入暂养池前,最好先在水桶或水缸内暂养 1~2 天,放养时最好能按规格大小分池暂养。

c. 加强管理

管理好水质:暂养泥鳅,对水质的要求很高。无微流水条件的泥鳅池,要注意经常加注新水,一般每 2~4 天换水一次,每次换水量为总量的 1/3。有流水条件的,流速大小要根据放养泥鳅重量而定,同时每隔 3~5 天,要加大进、排水量一次,以使淤积于池底的粪便、残饵冲出池外。

饵料投喂:暂养泥鳅可适量投饵,饲料有米糠、马铃薯、果皮、瓜皮、蚕蛹粉及家禽内脏等。一般按 3 份动物性饲料、7 份植物性饲料的比例均匀混合在一起投喂。投喂时撒料要慢,待泥鳅吃完一遍,再撒一遍。若配制细颗粒饲料,投喂效果会更好。

(2)长期蓄养:我国大部分地区水产品都有一定的季节差、地区差,所以人们往往将秋季捕获的泥鳅蓄养至泥鳅价格较高的冬季出售。蓄养的方式方法和暂养基本相同。时间较长、规模较大的蓄养,一般是采用水槽或水泥池进行。长期蓄养一般须采取低温蓄养,水温要保持在 5~10℃ 范围。若水温低于5℃时,泥鳅会被冻死;高于 10℃ 时,泥鳅会浮出水面呼吸,此时应采取措施降温、增氧。蓄养于室外的,要注意控温,如在水槽等容器上加盖,防止夜间水温突变。蓄养的泥鳅在蓄养前要促使泥鳅肠内粪便排出,并用1‰～3‰食盐溶液或0.4%食盐加0.4%小苏打合剂浸洗泥鳅体消毒,以提高蓄养成活率。

3. 泥鳅的运输

泥鳅的皮肤和肠均有呼吸功能,因而泥鳅的运输比较方便。泥鳅的运输按运输距离分有近程运输、中程运输、远程运输;按泥鳅规格分有苗种运输、成鳅运输、亲鳅运输;按运输工具分有鱼篓鱼袋运输、箱体运输等;按运输方式分有干法运输、带水运输、降温运输等。泥鳅的苗种运输相对要求较高,一般选用鱼篓和尼龙袋装水运输较好;成鳅对运输的要求低些,除远程运输需要尼龙袋装运外,其他均可因地制宜地选用其他方式方法。

不论采用哪一种方法,泥鳅运输前均需暂养1～3天后才能启运。通过暂养,一方面可除去泥鳅的土腥味,提高其商品质量;另一方面,可使鱼体预先排出粪便,提高运输成活率。运输途中要注意泥鳅和水温的变化,及时捞除病伤死泥鳅,去除黏液,调节水温,防止阳光直射和风雨吹淋引起水温变化。在运输途中,尤其是到达目的地时,应尽可能使运输泥鳅的水温与准备放养的环境水温相近,两者最大温差不能超过5℃,否则会造成泥鳅死亡。

(1)干法运输:干法运输就是采取无水湿法运输的方法,俗称"干运",一般适用于成品泥鳅短程运输。运输时,在泥鳅体表泼些水,或用水草包裹泥鳅,使泥鳅皮肤保持湿润,再置于袋、桶、筐等容器中,就可进行短距离运输。

①筐运法:装运泥鳅的筐用竹篾编织而成,为长方形,规格

为(80～90)厘米×(45～50)厘米×(20～30)厘米。筐内壁铺上麻布,避免泥鳅受伤,一筐可装成品泥鳅15～20千克,筐内盖些水草或瓜(荷)叶即可运输。此法适用于水温15℃左右、运输时间为3～5小时的短途运输。

②袋运法:即将泥鳅装入麻袋、草包或编织袋内,洒些水,或预先放些水草等在袋内,使泥鳅体表保持湿润,即可运输。此法适用于温度在20℃以下,运输时间在半天以内的短途运输。

(2)降温运输:运输时间需半天或更长时间的,尤其在天气炎热和中程运输时,必须采用降温运输方法。

①带水降温运输:一般用鱼桶装水加冰块装运,6千克水可装运泥鳅8千克。运输时将冰块放入网袋内,再将其吊在桶盖上,使冰水慢慢滴入容器内,以达到降温之目的。此法运输成活率较高,鱼体也不易受伤,一般在12小时内可保证安全。水温在15℃左右,运输时间在5～6小时效果较好。

②鱼筐降温运输:鱼筐的材料、形状和规格前面已述。每筐装成品泥鳅15～20千克。装好的鱼筐套叠4～5个,最上面一筐装少一些,其中盛放用麻布包好的碎冰块10～20千克。将几个鱼筐叠齐捆紧即可装运。注意避免鱼筐之间互相挤压。

③箱运法:箱用木板制做,木箱的结构有三层,上层放冰,中层装泥鳅,下层为底盘。箱体规格为50厘米×35厘米×8厘米,箱底和四周钉铺20目的聚乙烯网布。如水温在20℃以上时,先在上层的冰箱里装满冰块,让融化后的冰水慢慢滴入泥鳅箱。每层泥鳅箱装泥鳅10～15千克。再将这两个箱子与底盘一道扎紧,即可运输。这种运输方法适合于中、短途运输,运输时间在30小时以内的,成活率在90%以上。

④低温休眠法运输:是把鲜活的泥鳅置于5℃左右的低温环境中,使之保持休眠状态的运送方法。一般采用冷藏车控温保温运输,适合于长距离的远程运输。

(3)鱼篓(桶)装水运输:是采用鱼篓、桶装入适量的水和泥鳅,采用火车、汽车或轮船等交通工具的运输方法,此法较适合于泥鳅苗种运输。鱼篓一般用竹篾编制,内壁粘贴柿油纸或薄膜,也有用镀锌铁皮制。鱼篓的规格不一,常用的规格为:口径70厘米,底部边长90厘米,高77厘米,正方体。也可用木桶(或帆布桶)运输。木桶一般规格为:口径70厘米,底径90厘米,桶高100厘米。有桶盖,盖中心开有一直径为35厘米的圆孔,并配有击水板,其一端由"十"字交叉板组成,交叉板长40厘米,宽10厘米,柄长80厘米。

鱼篓(桶)运输泥鳅苗种要选择好天气,水温以15～25℃为宜。已开食的泥鳅苗起运前最好喂一次咸鸭蛋。方法是将煮熟的咸鸭蛋黄用纱布包好,放入盛水的搪瓷盘内,滤掉渣,将蛋黄汁均匀地泼在装泥鳅苗的鱼篓(桶)中,每10万尾泥鳅苗投喂蛋黄1个。喂食后2～3小时,更换新水后即可起运。运输途中要防止泥鳅苗缺氧和残饵、粪便、死鳅等污染水质,要及时换注新水,每次换水量为1/3左右,换水时水温温差不能超过3℃。若换水困难,可用击水板在鱼篓(桶)的水面上轻轻地上下推动击水,起增氧效果。为避免苗种集结成团而窒息,可放入几条规格稍大的泥鳅一道运输。

路途较近的亦可用挑篓运输,挑篓由竹篾制成,篓内壁糊贴柿油纸或薄膜。篓的口径约50厘米,高33厘米。装水量为篓容积的1/2～1/3(约25升)。装苗种数量依泥鳅规格而定:1.3

厘米以下的装6万~7万尾;1.5~2厘米的装1万~1.4万尾;2.5厘米的装0.6万~0.7万尾;3.5厘米的装0.35万~0.4万尾;5厘米的装0.25万~0.3万尾;6.5~8厘米的装600~700尾;10厘米的装400~500尾。

(4)尼龙袋充氧运输:此法是用运输家鱼苗种用的尼龙袋(双层塑料薄膜袋),装少量水,充氧后运输,这是目前较先进的一种运输方法。可装载于车、船、飞机上进行远程运输。

尼龙袋规格一般为30厘米×28厘米×65厘米的双层袋,每袋装泥鳅10千克。加少量水,亦可添加些碎冰,充氧后扎紧袋口,再装入32厘米×35厘米×65厘米规格的硬纸箱内,每箱装2袋。气温高时,在箱内四角处各放一小冰袋降温,然后打包运输。如在7~9月运输,装袋前应对泥鳅采取"三级降温法"处理:即从水温20℃以上的暂养容器中放入水温18~20℃的容器中暂养20~40分钟后,放入14~15℃的容器中暂养5~10分钟,再放入8~12℃的容器中暂养3~5分钟,然后装袋充氧运输。

(六)泥鳅的烹调方法

1. 泥鳅钻豆腐

(1)原料:活泥鳅200克〈约10条〉,生姜3克,小葱3克,鸡油50克,豆腐500克,味精5克,细盐5克,胡椒0.5克,红萝卜1个,鸡蛋1个。

(2)制作

①取冷水一盆,将泥鳅放入,然后把鸡蛋打开取出蛋清用筷子搅匀后倒入盆内,用手将泥锹身上的脏物擦洗干净。生姜去皮,切成细末,小葱切成葱花,红萝卜切成花瓣样4片备用。

②大沙锅1个放在微火上,加汤汁,把整块的豆腐和泥鳅同时放在沙锅内,加盖,慢慢烧热,汤热后泥鳅便会往豆腐里钻,至汤烧沸后泥锹即全死在豆腐中,再约炖30分钟,至豆腐起孔时,放入细盐、味精,再炖1~2分钟,即将沙锅端离火眼。然后将葱花、生姜末撒在豆腐上,把红萝卜花摆在沙锅中两旁,盖上盖,再炖一下,撒上胡椒即成。

此菜特点:汤清如镜,味鲜可口,别具一格。

2. 花生烧泥鳅

(1)原料:泥鳅250克,瘦猪肉50克,花生仁100克,姜片2片,精盐10克,胡椒粉0.5克,味精7.5克,熟油25克,清水2000克。

(2)制作

①将活泥鳅放入竹箩里浸入开水中,死后用冷水洗去黏液,并剖去肠、脏及鳃,洗净。

②将猪肉洗净切成2块。

③用70℃的热水浸花生仁约5分钟后就可去衣。

④将熟油26克放入锅里猛火烧热,把洗净的泥鳅放入略煎,随后加清水。

⑤把姜片、花生仁、瘦肉都放入,用旺火沸10分钟后用慢火烧烂,汤约存1 500克,再把所有味料放入,上瓷锅便成。

3. 泥鳅糊

(1)原料:活的大泥鳅约1000克〈起熟鱼肉4成半〉,叉烧15克,熟鸡丝15克,鸭丝15克,生姜丝5克,青椒丝10克,蒜泥10克,胡椒粉适量,绍酒15克,酱油75克,白糖30克,味精15克,芝麻油10克,湿淀粉25克,汤50克,熟油100克。

(2)制作

①将活泥鳅放入竹箩里,浸入沸水锅中,鱼口开后,捞起放入冷水盆中,洗去黏液,去头、肚、内脏及骨,取出鱼肉切成长5厘米的鱼丝,用凉水洗净沥干候用。

②将锅烧热放入油25克,把叉烧、火鸭、鸡丝过锅后用碟盛好候用。

③青椒丝用开水烫过,候用。

④将炒锅加热用油滑锅后下油25克,烧至七成沸时,把泥鳅丝放入略煸,加上绍酒、酱油、糖、汤,煮1分钟后加入味精,用湿淀粉调稀芡,起锅放入汤盆中,然后将炒勺背在泥锹糊中间撤一个凹潭,撒上胡椒粉、芝麻油,并将鸭丝、鸡丝、叉烧丝、青椒丝、姜丝放在凹潭周围,把大蒜泥放在凹潭中心,再将猪油50克下锅烧至有青烟,倒入糊潭中,立即上桌,吃时可以拌匀。

4. 豆豉姜炖泥鳅

(1)原料:活泥鳅500克,姜片10克,豆豉15克,精盐5克,蒜茸5克,酱油25克,清水适量,猪油15克。

(2)制作

①将泥鳅放入竹箩里盖好,用热水烫死,冷水洗去黏液并去

鳃及肠肚,洗净,切成5厘米长的鱼段。

②旺火起锅落猪油,爆过蒜茸后加入清水。

③再将姜片、豆豉、精盐、酱油放入锅内,沸后再将洗净的泥鳅鱼段放入锅中,水上至刚好浸过鱼面,不能太多。

④旺火煮开后,再用慢火熬至水汁起胶状,即可起锅。

★泥鳅人工养殖经营管理实例

例1 戴海平(2001—2002年)选择2龄以上、体重100克以上的雌泥鳅和体重在30克以上的雄泥鳅作亲本,进行强化培育、人工催产、人工授精、人工孵化。试验结果:平均催产率为81.3%,平均受精率为77.8%;共获泥鳅卵570万粒,平均孵化率为70.4%;下塘鱼苗为305万尾,经50天左右的精心培育,共获体长5~6厘米的泥鳅种117万尾,平均成活率为38.4%。

(1)亲鳅来源:从人工养殖池塘中选择品种优良(背黑肚白)、体型端正、色泽正常、无病无伤、2龄以上的泥鳅作亲本。要求雌泥鳅体重在100克以上,雄泥鳅体重在30克以上。

(2)亲鳅强化培育:选择2口池塘(面积共250平方米),用生石灰(22.5千克/100平方米)彻底清塘消毒;并搭建塑料大棚,配备增氧设施,每2平方米设置一个气头。雌、雄亲泥鳅分池饲养,在大棚内进行强化培育,雌泥鳅、雄泥鳅放养量分别为100尾/平方米和150尾/平方米。培育过程中以投喂高蛋白的人工配合饲料为主,适当配以浮萍、切碎的菜叶等植物饲料。日投饲量为亲泥鳅体重的4%~6%,每天分3次投喂,分别为早上7:00、傍晚17:00、夜间21:00。白天的投饲量占日投饲量的

25%～30%,夜间占70%～75%。投饲量根据水质、水温、容氧等具体情况适当增减。每隔3～5天加水5～10厘米。连续晴天、大棚内水温超过28℃时,必须通风、注水,以防亲泥鳅钻泥"夏眠"。在催产前7～10天每天注水10～15厘米,刺激性腺加快发育。

(3)人工催产:采用背部肌肉注射法,用 LRH-A_2＋HCG＋DOM 混合注射,注射量为雌泥鳅每尾0.1毫升,雄泥鳅计量减半。

(4)人工授精:因雄泥鳅精巢发育同步性差,往往很难挤出足量的精液,必须杀雄取精。注射催产剂一定时间后检查雌泥鳅,轻压腹部,如有卵粒呈线状流出,比例达到70%以上,即可进行人工授精。授精完毕后,用泥浆或滑石粉跟受精卵脱粘,放入孵化桶内进行流水孵化。结果见表3-17。

(5)人工孵化:采用流水孵化法,孵化桶内卵的密度尾500～1 000粒/升,开始时将流速控制在0.1米/秒;完全出膜后将流速控制在0.2米/秒;开始出现腰点时减缓流速;泥鳅苗能平游时将流速减到最小。卵黄完全消失前下塘,转入泥鳅苗培育。

(6)苗种的培育

①放苗前的准备:彻底清塘消毒,在放苗前5～7天,每千平方米施发酵熟化有机肥300～450千克以培育天然饵料。选择塘内的轮虫繁殖处于高峰期时下塘,以保证泥鳅苗有适口、充足的天然饵料。

②放养密度为2 000～3 000尾/平方米。

③日常管理:泥鳅苗下塘时将水位控制在20～30厘米,下塘后3天内不加水,以后视泥鳅苗生长情况每隔一天加水3～5厘米。若发现泥鳅苗浮上水面呼吸时,应及时加注新水。根据

培育池中水色等具体情况适当追肥,以少量多次为原则。同时每天分3~4次全池均匀泼洒豆浆(干黄豆2~3千克/10万尾苗)。经25~30天培育,待泥鳅苗长至3厘米时即可改投粉状人工配合饲料。再经半个月饲养,泥鳅苗长至5厘米以上,此时可出售或转入成泥鳅饲养。具体结果见表3-18。

(7)人工催产孵化:经50天左右的精心培育,共获体长5~6厘米的泥鳅种117万尾,平均成活率为38.4%,具体结果见表3-19。

(8)几点体会

①亲泥鳅的强化培育:人工繁殖用的亲泥鳅必须经强化培育,在培育过程中应提供营养丰富的优质饵料和适宜的环境条件,以满足亲泥鳅卵子发育所需要的营养积累。雄泥鳅的促熟培育工作也是泥鳅人工繁育的技术关键。

②人工催产:采用不用计量的催产剂,取得的结果相差不大。2001年曾采用PG作催产剂,也取得较好的效果。由此可见,泥鳅人工繁殖在催产剂选择上要求不高。

③人工孵化:在2001年的人工孵化过程中,曾出现明显的溶膜或早出膜现象,导致大量畸形苗的出现,以后采用5毫克/升高锰酸钾处理孵化水才得到控制,原因有待进一步探讨。

④亲泥鳅产后的强化培育:人工授精结束后,将体表无伤、活力正常的亲泥鳅放回培育池;后备亲泥鳅池中规格达到50克以上的,也同时放入培育池进行强化培育。第一批用的大部分雌亲泥鳅在第二批繁殖时仍可用。

⑤寄生虫病的防治:泥鳅苗长至1~3厘米阶段极易受车轮虫、舌杯虫及肠袋虫的侵害,尤其是鳃部寄生后严重影响呼吸。而目前用常规的硫酸铜和硫酸亚铁合剂、福尔马林、敌百虫、面

碱合剂都没有明显效果。改使用"优而净"效果较为明显,但对泥鳅苗生长不利,会影响成活率。

⑥肠呼吸功能的出现:泥鳅苗长至2厘米左右,肠呼吸功能开始发挥作用,此时若投饲量过多,会影响肠呼吸,加上此阶段寄生虫侵袭较多,大大影响成活率。2号池塘成活率仅14.5%即属此例。怎样把握泥鳅苗呼吸系统功能调整的转换关,有待进一步探讨。

表3-17 泥鳅5次人工催产的结果

日期（月/日）	催产亲鱼（尾）雌 雄	催产药物 LRH-A$_2$+HCG+DOM	催产水温（℃）	效应时间（小时）	催产率（%）	受精率（%）
5/10	440 460	10微克+100国际单位+5毫克	21	14	89.8	68.7
5/11	580 500	10微克+100国际单位+5毫克	22	13	70	75
5/12	250 260	5毫克+200国际单位+4毫克	23	12	75	72
7/21	420 260	5毫克+200国际单位+5毫克	30	8	87	81
7/22	320 260	5毫克+200国际单位+5毫克	30	8	88	95

表3-18 泥鳅受精卵人工孵化的结果

日期(月/日)	产卵量(万粒)	孵化平均水温(°C)	孵化时间(小时)	孵化率(%)	出苗率(%)	下塘量(万尾)
5/10	130	19	48	60	70	54.6
5/11	160	20	45	68	75.8	82.5
5/12	69	22	36	75	80.2	36
7/21	120	32	28	78	85	80
7/22	100	32	28	76	82	62

表3-19 泥鳅苗种培育的结果

池塘号	面积(平方米)	下塘数(万尾)	成活率(%)	出塘数(万尾)
1	214	54.6	36.6	20
2	300	82.5	14.5	12
3	202	36	33.3	12
4	283	80	50	40
5	262	62	56.5	35

例2 宋学宏等2000年对泥鳅进行了较大规模的人工繁殖试验。

(1)亲鱼来源:亲鱼购自苏州市游墅关镇农贸市场。

(2)亲鱼配组及催产:亲鱼按雌雄比为1:(1~1.24)配组,催产药物为促排卵素2号($LRH-A_2$)及绒毛膜促性腺激素(HCG),雌、雄鱼等量,注射部位为背部基部肌肉,0.5毫升/尾。注射后亲鱼放入100厘米×70厘米×50厘米的水族箱中,并设鱼巢(用棕榈皮制作,洗净灭菌),充气增氧,让其自然产卵,第2天对未产的亲鱼进行人工授精。杀雄取精巢,精液用0.7%的生理盐水稀释。

(3)鱼苗孵化:泥鳅的受精卵呈圆形半透明状,颗粒圆,金黄色有光泽,未受精的卵呈白色、浑浊、体积膨大。待亲鱼自产结束后,及时将其捞出,以防亲鱼吞吃鱼卵。鱼卵留在箱中充气孵化。出膜后第2天开始投喂蛋黄,每2万尾苗投1只蛋黄,出膜后第3天下塘。

(4)苗种饲养:鱼苗出膜后第3天,分别在水族箱、土池、室内泥池中发塘,放养密度均为1 000尾/平方米。开口饵料分别为鸡蛋黄、天然浮游生物。在土池中放置风眼莲、浮萍等植物遮荫。定期观察其成活率及生长速度。

(5)怀卵量及成熟度鉴定:对30尾亲鱼解剖鉴定,发现泥鳅的怀卵量因个体大小不同而异,体长10厘米以下的雌泥鳅怀卵量为0.6万~0.8万粒,12~15厘米者为1.0万~1.2万粒,15~20厘米者为1.5万~2.0万粒。解剖过程中还发现泥鳅卵巢中存在着几种不同规格的卵,有的呈金黄色半透明,几乎游离在体腔中;有的是白色不透明,卵粒较小,紧包在卵巢腔中,还没成熟。雄鱼的精巢为长带形、白色,呈薄带状的不成熟个体居多,呈串状的成熟个体为少。

(6)催产:本次试验共催产5批,第1批作为催产前的试验,催产率很低,只有10%,从第2批开始调整激素剂量,催产率、受精率明显上升。影响催产率高低的因素较多,如激素的剂量、亲鱼的健康状况、雌雄配比、天气的变化以及亲鱼产卵环境等,均会直接或间接地影响泥鳅的产卵。

(7)受精率与孵化率:除了第1批以外,每批催产的受精率较稳定,达75%～85%,在成熟较好、有鱼巢、充气的良好条件下,影响受精率的因素主要是雌雄比例;第2～3批的雌雄比为1:1,其受精率为75%～78%;第4～5批随着雌鱼比例的升高,其受精率有上升的趋势,最高达85%。泥鳅卵为沉性卵,静水孵化效果较好,在第2批鱼苗孵化过程中发现,凡是水族箱增氧气泡大者,出苗率反而低,而气泡较少的水族箱出苗率较高。因而从第3批开始调整气头数量,提高了出苗率。总的催产情况见表3-20。

表3-20 泥鳅催产情况统计

批次	日期(月/日)	水温(℃)	组数	总重(千克)	雌雄比	催产剂量(LRH-A_2+HCG)(尾)	效应时间(小时)	催产率(%)	产卵量(万粒)	受精率%	出苗数(万尾)
1	6/19	26	10	0.3	1:1	10毫克+100国际单位	25～27	10	0.05	30	0.02
2	6/20	26	10	0.3	1:1	12.5毫克+100国际单位	17～19	75	3.0	75	0.38
3	7/4	28	50	1.6	1:1	12.5毫克+100国际单位	15～18	78	3.0	80	1.00
4	7/7	28	85	3.3	1:16	12.5毫克+100国际单位	15～16	92	5.5	80	3.50
5	7/17	29	144	5.2	1:14	7.5毫克+100国际单位	14～15	85	11.0	85	9.00
合计			299	10.7					20.45		13.90

(8)苗种饲养:当泥鳅苗能平游,体色转黑后应及时发塘。本试验的5批苗中,只有在土池中发塘(第4批)成功。在土池中饲养到30天就长达3~4厘米,至9日下旬测得泥鳅的平均体长为10~12厘米,最大的为16厘米,成活率为86%。在水族箱及水泥池中发塘,以蛋黄为开口饵料的泥鳅苗均在5~10天内全部死亡。

(9)几点体会

①泥鳅繁殖季节:在4月下旬开始解剖泥鳅,发现泥鳅性腺大多没有成熟,到5月中旬以后就有较多的泥鳅性成熟,本试验从6月中旬开始,取得较好的结果,尤其在天气变化较大、雷雨交加的天气,泥鳅的催产效果特别好;8月上旬再次检查亲鱼发现,此时的泥鳅绝大多数已产空,卵巢腔中只有少量的过熟卵。可见,在长江中下游地区泥鳅的繁殖季节为5~7月,6月为产卵盛期,并且外界天气变化会对泥鳅的繁殖产生很大的影响。

②雌雄配比:从解剖亲鱼的结果看出,雄鱼个体较小,且成熟度较差,因而在雌雄配比时,应加大雄泥鳅数量;从5批催产结果同样也看出,随亲鱼雌雄比由1:1增加到1:1.34,受精率、出苗率也相应提高,因而进行规模生产时,亲鱼雌雄比以1:1.5~2为好。

③催产剂剂量:据资料介绍,泥鳅的催产激素一般采用LRH-A_2、HCG、PG等,雌泥鳅剂量为HCG100~150国际单位/尾或LRH-A5~10微克/尾或PG0.5~1.0个/尾,雄泥鳅剂量减半。本实验开始采用剂量为:雌鳅LRH-$A_2$10微克/尾+HCG100国际单位/尾,雄泥鳅减半,但催产效果很差,催产率仅为10%,后经调整剂量,催产率明显提高。当剂量调整为

三、家庭泥鳅养殖场的技术管理

雌泥鳅均为 LRH-A_2 7.5 微克/尾＋HCG500 国际单位/尾时，催产率高达 85%。表明当亲鱼成熟度较好时，催产剂量以 LRH-A_2 7.5 微克/尾＋HCG500 国际单位/尾比较适宜，若亲鱼成熟度较差，则可适当增加剂量。

④授精方法：大规模泥鳅的生产不宜采用人工授精的方法，原因一是泥鳅亲本个体较小，人工授精必须杀死雄鱼取出精巢后再行授精，劳动强度特别大，在大规模生产中行不通；二是人工授精的技术要求高，成功率较小，本试验中每批亲鱼自产结束后，再将未产的亲鱼进行人工授精，但受精率很低，在 0～60% 之间。因此，在大规模生产时，给予良好的环境，调整雌雄比例，适时催产，让其自产，是切实可行的方法。

⑤苗种培育：泥鳅为杂食性鱼类，体长 5 厘米以下时，食小型浮游甲壳类、轮虫、浮游植物；体长 5～8 厘米时，除食小型甲壳类外，还食水蚯蚓、摇蚊幼虫；体长 8～9 厘米时，摄食硅藻和植物的茎、根、叶等；体长 10 厘米以上时食植物性饵料。本试验发现，刚孵化出的幼苗虽能吃蛋黄，但其最适口的食物为浮游植物、轮虫等天然饵料。5 批鱼苗中，第 1～3 批水花就在水族箱中投喂蛋黄，鱼苗均从第 5 天开始死亡，7～8 天全部死光；第 5 批苗，由于当时室外气温很高，达 33～35℃，因而在室内水泥池中发塘，并投喂豆浆与奶粉，但到第 19 天早晨，9 万苗只剩下几百尾。而第 4 批的 3 万～5 万苗进行土池发塘，1/3 的水面覆盖浮萍、凤眼莲，水呈绿色，并投喂少量豆浆，生长速度快、成活率高。因此，根据泥鳅的生态特点，认为泥鳅发塘以土池最为适合。

例3 2005 年何杰报道在湖北进行泥鳅秋季人工繁殖及苗

种培育试验,具体情况如下。

(1)亲泥鳅的强化培育:8月中旬从成鱼池拉网起捕,挑选体长12厘米以上、体型端正、体质健壮、体色鲜亮、无病无伤、性腺发育较好(腹部白色且无斑点)的个体作亲泥鳅,而产过的雌泥鳅腹鳍上方身体两侧有直径为2~3毫米的凹陷白斑,不可用。共计挑选出亲泥鳅25.3千克,放入水泥亲鱼池进行强化培育。亲鱼池面积为10平方米,水深50厘米,微流水,放养量0.85千克/平方米,池内栽植约占水面积1/4的水浮莲。每天投喂2次,上午投喂水蚤、鱼粉等动物性饲料,下午投喂自制配合饲料,总投喂量占鱼体重的7%左右。每2天在投饵前抽吸池中粪便残饵1次。连续培育25天左右,绝大部分亲泥鳅的性腺发育程度达到了催产要求。

(2)亲鱼的挑选:要求雌泥鳅腹部丰满圆润,富有弹性,生殖孔呈圆形、外翻、粉红色;从背部向下看,可见腹部两侧明显膨大凸出,呈白色并且无斑点。要求雄泥鳅腹部柔软,生殖孔狭长凹陷,呈粉红色,有的能挤出乳白色精液。共计挑选出亲鳅22.1千克,其中雌泥鳅19.3千克,雄泥鳅2.83千克,雌、雄比为6.8:1。

(3)人工催产:催产药物用绒毛膜促性腺激素(HCG),一次性背部肌肉注射,雌泥鳅剂量为15~20国际单位/克,雄泥鳅减半。注射时间20:00~22:00,雌雄分开,以防自然交配影响人工授精,注射后将亲泥鳅放入水族箱内,并放入少量水浮莲,将水温控制在25~27℃。温度达不到要求时用加热棒加温。效应期在8~12小时,当轻轻挤压雌泥鳅腹部有卵子流出时即可进行人工授精。杀雄泥鳅取精巢后,放在干燥洁净的培育皿内,在低温下(4℃)避光充分剪碎,用冷藏的Hank's液(或0.75%

NaCl溶液)稀释备用。将卵挤于干燥洁净的玻璃缸或面盆等容器内,迅速浇注精液,用羽毛轻轻搅拌,使精卵充分混合授精,静置15秒后撒在盆内浸在水里的鱼巢上(鳅卵为半黏性卵,较易脱落),把少量未黏附的卵子收集起来,然后单独放入孵化桶内进行孵化。

(4)孵化:将黏附有受精卵的鱼巢置于温室水泥池和孵化环道内进行微流水孵化,水深30厘米,孵化用水为增氧、曝过气的地下水,水温27℃左右,pH值为7.0。孵化池内每天进行2~4次水交换,换水量可根据卵的密度和水质情况作适当调整。水温在25℃左右,32小时即可出苗。待泥鳅苗全部孵出后,取出鱼巢,约过2天,泥鳅苗已能平游,此时即可投喂开口饵料。

(5)仔鱼培育:泥鳅苗开口摄食时体长只有5毫米左右,一开口就贪食,游动迅速,争食激烈。以丰年虫无节幼体作为开口饵料,每天投喂2次,上午(9:00~10:00)、下午(4:00~6:00)各1次,日投喂量为每万尾泥鳅苗孵6克丰年虫卵,无节幼体孵出后即行投喂,连续投喂3天;以后改投熟的鱼肉糜,用80目筛绢过滤,稀释后均匀泼洒。连续投喂3~4天,以1~2小时内吃完、可看到泥鳅苗肠管内充满白色食物为准。此时泥鳅体色金黄,体格较强壮,如果密度超过3 000尾/平方米,应分池或加大水流,然后投喂豆浆并添加少量鱼粉,豆浆按每100平方米水面0.75千克干黄豆汁,上午、下午各1次,连续投喂7天。此时正值9月下旬,平均水温在23℃以上,可收苗计数,转池进行稚鱼培育。

(6)稚鱼培育:在室外苗种(土)池内培育,面积300平方米,淤泥厚20厘米。放苗8天前进行消毒,施底肥,注水深40厘米,繁殖浮游生物,以保证小型水蚤数量达到高峰,泥鳅苗下塘后有充足的适口饵料,每日3次,日投喂量占鱼体总重的4%,池水透明度保持在15cm左右。投饵施肥与调节水位相结合,施肥仅施无机速效氮肥(硝酸铵2克/立方米),经过20多天的饲养,平均水温仍应在18℃以上。随着天气转凉,合理投喂,进行泥鳅苗越冬的后继管理。

(7)病害防治

①在操作中防止泥鳅苗或成鱼受伤,诱发水霉病。受伤鱼体用4%的食盐水浸洗5~10分钟。

②每15天用1克/立方米的漂白粉全池泼洒。

③每10千克泥鳅用大蒜50克捣烂拌入饲料投喂,以防止肠炎病。

(8)繁殖结果:经过1个月的强化培育,90%以上的亲泥鳅发育良好,有86%的雌泥鳅产卵,受精率83%,孵化率96%,共获得仔鱼约340万尾。秋季,泥鳅的性腺发育良好,催产效应期为8~12小时(与上半年5、6月相同)。在试验中发现,如果亲泥鳅发育较差或催产水温在24℃以下,效应期达20小时以上,且卵子受精率偏低。

(9)苗种培育结果:以丰年虫无节幼体作为开口饵料,泥鳅苗生长迅速,体格强壮,转色快,3天后平均体长达0.8厘米,比投喂蛋黄长0.2厘米以上,成活率高达99%;半个月后平均体长达2厘米左右;到10月中旬体长达5.0厘米左右,体重3~4克,成活率达60%,共计获得泥鳅苗约200多万尾。

(10)使用微流水的结果:同以往相比,注射催产素的亲泥鳅,采用微流水刺激能促进排卵,效应时间相应缩短,催产率提高了10%左右;采用微流水孵化,水流太大,会影响胚胎发育并冲伤泥鳅苗,影响成活率。

(11)孵化环道的使用结果

初孵泥鳅苗有贴在池壁上的习性,孵化环道单位水体的水-固介面面积大,增大了泥鳅苗的活动空间,相对提高了单位水体的存苗容量。

(12)体会

①为了保证提供大批优质泥鳅苗,亲泥鳅的强化培育十分重要。

②采用人工授精方法,所用雄泥鳅量少,减少了亲本用量,所得泥鳅苗的雌性率也高达85%左右,由于雌泥鳅的生长速度比雄泥鳅快1倍以上,可达到增产目的。

③秋季繁殖的泥鳅苗,经过1年时间的饲养可长成商品泥鳅,养殖周期缩短了近半年,能加速资金周转,提高经济效益。

④进行秋季繁殖能充分利用闲置的孵化设备、苗种池和人力资源。

⑤采用丰年虫无节幼体等优质饵料可加速泥鳅苗生长,相对延长了生长期,使泥鳅苗种能达到所需的规格,增强了体质,提高了成活率,并有利于越冬。

⑥在注射催产药物后,雌、雄亲泥鳅应严格分开,以防止自然产卵。由于人工授精所需雌雄比例较大,用排过精的雄鱼的精巢进行人工授精,总受精率明显降低。

⑦泥鳅在仔鱼期生命力较弱,这一阶段是决定成活率的关键时期,特别是当水温降低时容易发生水霉病,水霉菌着生于泥鳅苗外鳃上严重影响其生长,并造成泥鳅苗大批死亡。解决好

这一阶段的鱼病问题,可大幅度提高苗种的成活率。

例4 2007年福建肖建平报导泥鳅池塘养殖。

(1)池塘条件:选择避风向阳、进排水方便、弱碱性底质、水质无污染的池塘6口,每口面积400～667平方米,共3 335平方米,池深80～120厘米。池塘经修整改造,利用池岸四周底泥加高加固池埂,开挖一环形周宽60～80厘米、深50厘米的鱼沟,便于抓捕泥鳅。池塘做到坚固耐用无漏洞,清除过多淤泥,保持池底淤泥20～25厘米。进出水口用聚乙烯网片拦住,池底向排水口倾斜,便于排水和捕捞。

(2)清塘消毒与水质培育:泥鳅苗下池前10天,每亩用生石灰100千克带水清塘消毒,消毒后第3天引进池水30～50厘米,施入鸡、鸭粪便等有机肥培育水质,用量为120～130千克/亩,待水色变绿,池水透明度20厘米左右时,即投放泥鳅苗种。

(3)苗种放养:待药性消失、池水转肥后,于2006年2月7日放养,泥鳅苗种系上年度本地人工繁殖培育的苗种,放养时规格400尾/千克,数量19.2万尾,共计480千克,放养密度3.84万尾/亩。同时放养规格13～15厘米的鲢鳙春片鱼种1 000尾,以便调节池塘水质。苗种放养时均用5%食盐浸浴鱼种10分钟后再下池。

(4)饲养管理:在培肥水质、提供天然饵料的基础上,增加投喂用豆粕、菜粕、鱼粉、次粉、盐、磷酸二氢钙等原料组成的粉状配合饲料,饲料粗蛋白32%,一般每天上、下午各投喂1次,时间分别为8:00～9:00、17:00～18:00,日投饲量为泥鳅体重的4%～8%。在每口池塘距池底20厘米处设一个用塑料密眼网片和木条钉成面积为2平方米的饵料台,饲料用水拌成团状,投放饵料台上。投饲视水质、天气、摄食情况灵活掌握。此外,根据水质肥度进行合理施肥,池水透明度保持在30～40厘米,水色为黄绿色为好。在7～8月份水温达30℃以上时经常更换池水,保持池塘有微流水,并增加水深;当泥鳅常游到水面浮头"吞气"时,表明水中缺氧,应停止施肥,及时加大进水量。

(5)病害防治:在整个养殖周期,泥鳅未出现大的病害。发现少数个体发生烂鳍病,其症状表现为:病泥鳅的鳍、腹部皮肤及肛门周围充血、溃烂,尾鳍、胸鳍发白并溃烂,鱼体两侧自头部至尾部浮肿,并有红斑。通过使用1克/米^{3}漂白粉全池泼洒,连续用药3天,且在饲料中按0.5%添加中药"三黄粉"拌入饲料连喂6天,病情得到控制。平时做好清除水蛇、蛙、水蜈蚣、水鸟、水禽等敌害生物的工作。

(6)捕捞:2006年11月22～31日,对成泥鳅进行捕捞收获。先将池中的鲢鳙鱼捕捞上市,然后在排水中安装好网箱,将池水逐渐排干,有部分泥鳅会随排水进入到网箱中,其他大部分泥鳅会集中到鱼沟中,在鱼沟中捕捞,捕捞后的泥鳅放入水泥池中暂养过秤计算产量。

(7)产量与效益:共收获泥鳅3 320千克,平均亩产644千克,养殖成活率62.25%。平均规格36尾/千克,其中最大个体45克,最小个体仅15克。收获鲢鳙鱼860千克,平均规格1.05千克/尾。

本试验成本支出共3.32万元。其中:泥鳅苗种以20元/千克的价格购得,计0.96万元;使用饲料6 000千克,支出1.68万元;塘租0.12万元;人工费0.5万元;药物等其他费用0.06万元。单位成本0.664万元/亩,饵料系数2.11。

泥鳅销售价格13～15元/千克,平均价格13.6元/千克,鲢平均4.2元/千克,实际销售收入4.876万元,单位产值0.975万元/亩。获得效益1.556万元,单位效益3 112元/亩,投入产出比1:1.47。

(8)体会

①试验表明,在闽西北山区池塘养殖泥鳅是可行的,利用池塘或中低产稻田改造成专池养殖泥鳅对调整水产养殖品种结构、增加农民收入具有现实意义。

②试验所用的泥鳅种是当地购买的,由于泥鳅苗种规格参差不齐,放养时没有分筛,泥鳅的活动和抢食能力不一,造成泥鳅养殖成活率较低,且商品泥鳅规格不一致,影响了销售价格和养殖效益。

③试验所用的配合饲料为当地饲料加工厂配制的,对泥鳅的适口性较差,且饲料营养配比未达到泥鳅营养需求,饲料营养配比与加工等有待进一步试验完善。

④通过试验观察,水温14℃以上时泥鳅开始摄食,5～6月和9～10月水温25～27℃时泥鳅食欲旺盛,7～8月水温超过33℃以上,泥鳅摄食量减少,此阶段仅在每日傍晚适量投饲一次,建议可采取加大池水交换量和加深水位来降低高温季节池水的水温。

例5 2007年徐亚超报道稻田养殖泥鳅。

2006年4～11月,在盘锦市盘山县的3 553平方米(5.33亩)试验田中,进行了生态养殖泥鳅试验。实验证明,泥鳅在盘锦地区是适宜进行生态养殖的优良品种。这种养殖方式不仅能改良土质、节肥增产,而且所产稻谷和泥鳅品质好、无污染、市场畅销,正好适应了现代社会人们对于绿色食品的需求。

(1)稻田工程:当地稻田水源丰富,注、排水方便,田埂坚实不渗漏,适于进行稻谷栽培和泥鳅养殖。4月16日开始稻田工程建设:将稻田人工分成5块,分别记为1~5号,其中5号为对照田栽培稻谷,1~4号稻田由环沟、田间沟和暂养沟三部分组成。环沟在稻田内侧的四周开挖,沟宽80~90厘米,深50~60厘米;田间沟是中央挖"十"字沟和"十"中央挖的鱼溜;暂养沟可在稻田的一端开挖,沟宽120~140厘米,深80~100厘米,也可将田头的蓄水沟、丰产沟、进排水渠利用起来作为稻田的暂养沟,以增加养殖面积。稻田中挖出的土全部用于加高、加固1~4号的大池堤并夯实到30~50厘米,池壁用塑料薄膜或网片等贴于田埂内侧,下端要求埋入硬泥中20厘米以上,防止泥鳅跳跃和钻洞逃逸。进、排水口设置在稻田的斜对角并加上双层拦鱼网,用以防止敌害生物和野杂鱼等进出。其中鱼沟和鱼溜面积约占总面积的22.5%。具体情况见附表3-21。

表3-21 稻田面积情况

编号	总面积(平方米)	稻田面积(平方米)	鱼沟和鱼溜面积(平方米)
1	713	1 927	560
2	533		
3	707		
4	533		
5	1 067	1 067	0

(2)水稻栽培:5月21日,在施足基肥后开始水稻插秧,插

秧时适当增加沟内侧的栽培密度,以发挥边际优势,同时又为泥鳅提供了一个遮荫避暑的良好场所。

(3)泥鳅种放养:放养前在鱼沟和鱼溜内施足基肥和泼洒石灰水,在杀灭细菌和敌害生物的同时,培养泥鳅的天然饵料生物。6月3日稻种成活返青后,加注新水至稻田水位10~15厘米,从鑫安源生态养殖厂购进苗种76.5千克,分规格进行放养。规格3~5厘米的鱼种,放入1号稻田;规格5~8厘米的放入2~4号稻田。注意鱼种下塘时,要用3‰~5‰的食盐水浸泡5~10分钟消毒后方可放入稻田。

(4)投喂和饲养:由于天然饵料充足,泥鳅在放养的第1星期不必投饵,第2星期每隔3~4天投喂1次饵料。开始时采用遍撒方式,将饵料均匀洒在田面上,以后逐渐缩小食场,最后将饵料投放在固定的鱼溜上,以利于泥鳅的集中摄食和秋季捕捞。等到泥鳅正常吃食的时候,坚持定时、定位、定质、定量的"四定"原则。7~8月是泥鳅的生长旺季,颗粒饲料蛋白质含量应达到32%以上。人工饲料条件下,还可投喂一些豆饼、麦麸、动物内脏及蚕蛹粉。每天投喂要看天气、看水色、看鱼的活动情况灵活掌握。投喂时间固定在每天上午9:00~10:00和下午3:00~4:00,日投喂量占鱼体重的3%~7%。或者以泥鳅在1小时左右吃完饵料为准。另外,每隔1个月左右,看水质肥瘦追施有机肥50千克/亩左右,并加入少量过磷酸钙,以培养泥鳅的天然活饵。

(5)日常管理

①掌握水质、水位:饲养期间,要注意观察水色和鱼沟、鱼溜内泥鳅的活动情况。田面水深保持在10~20厘米,夏季高温季

节应加深水位,依据水温和水质情况要经常换水,防止水质恶化。为防止换水时温差过大,每次可以换掉鱼溜内水量的1/3~1/2。

②稻田防害:养殖泥鳅的稻田,病虫害一般很少发生。在预防稻田病虫害时,绝对禁止使用敌百虫、甲胺磷等有机磷剧毒农药,要选用高效、低毒、降解快、无残留的农药。施用时,将泥鳅集中到暂养沟,放干稻田水按规定用量和浓度喷施,喷施时喷嘴必须朝上,让药液尽量喷在稻叶上,千万不要泼洒或撒施。施药后对泥鳅勤观察,勤巡池,发生意外要立即加注新水,或将泥鳅集中捕放到活水中,待恢复正常后再放回稻田。

③防逃除害:在下大雨时,要特别注意田水的疏导和检查网栏,防止泥鳅漫过田埂随水逃走。日常勤巡池,注意检查田中、环沟和鱼溜等处有无蛇、鼠、水蜈蚣和凶猛鱼类等敌害生物,以便及时清除和驱捕。

(6)收获:从11月3日起陆续起捕出售,鱼种起捕率达80%,18日经核算养成泥鳅产量256.5千克,售价15元/千克,产值3 847.5元;2 994平方米(4.49亩)稻田共产稻谷2 534千克,售价2.0元/千克,产值5 068元。共获产值8 915.5元,纯利4 044.5元。

(7)体会

①加强养殖期间的日常管理工作,做到科学投饵、适时换水和防止敌害生物的侵袭等。

②在温度适宜时,尽量提早放养,以延长泥鳅生长期。另外,通过分规格饲养,在同一生长期内,放养较大规格的鱼种,养成较大规格泥鳅经济效益更高。

③稻田生态养殖泥鳅中稻谷产量达 600 千克/亩,比普通稻田增产 100 千克/亩。1 927 平方米(2.89 亩)多收入 578 元;560 平方米(0.84 亩)稻田泥鳅产值 3 847.5 元,除去泥鳅种、饵料、起捕等费用,比普通稻田多收入 1 316.5 元;另外,减少农药和化肥适用量,节省 120 元,总计比普通稻田增收 1 436.5 元。

四、黄鳝养殖生物学知识

(一)黄鳝的生物学特征

1. 浅栖、穴居

黄鳝体呈鳗形,前端管状,横断面近于圆形,尾部侧扁,尾端则尖细。体表无鳞,呈全裸状态,体表软滑,黏液丰富。虽属鱼类,但无胸鳍、腹鳍,背鳍和臀鳍退化。侧线发达,略凹于体表,体内无鳔,仅适陆上扭动前进,水中作短游。

视觉退化,眼极小,为皮膜所覆盖,鳃严重退化。嗅觉和感觉灵敏,这些身体结构和功能特点都表明黄鳝适于浅水穴居。

黄鳝喜栖于河道、湖泊、水库、沟渠的浅水水域和稻田中,白天栖于池埂边的洞穴中,或堤岸的石隙中,也栖于浅水水域腐殖质较多的泥穴中,夜晚则离开洞穴觅食。黄鳝洞穴一般借助于天然的洞穴,也能选择松软的土层用头掘筑。一般洞穴较深隧,洞长为鱼体长的3倍左右。穴里弯曲多叉,结构复杂,一般有2个洞口,水位变化大的水体有时有3个以上的洞口。由于黄鳝的鳃严重退化,即使在溶氧充足的水体中也要把头伸出水面呼吸空气,因此黄鳝喜欢栖息在离水面较近的洞中,以便在身体不离开洞穴时挺起觅食和把头部露出水面吸取空气。因而在任何水域中黄鳝总是分布在沿岸浅水区域,在水稻田中黄鳝90%以上在田埂边作穴,栖息在稻田中间的极少。所以在黄鳝人工养殖时,水体不宜过深,一般不超过20厘米。黄鳝浅水穴居只是在自然界有利生存而形成的习性。人工养殖中,利用布置浅水,保护环境,如在较深水体中的茂密水草等,便可改变其穴居习性为窝居生活,例如人工养殖中工厂化水泥池养殖、网箱养殖等,都是成功的方法。

2. 呼吸

黄鳝能通过多种途径进行呼吸,因鳃退化,只有3对,无鳃耙,鳃丝极短,呈羽状,仅21~25条,所以主要直接由口腔和皮肤进行呼吸。另外喉腔内壁表层组织具辅助呼吸作用,冬眠期其皮肤(侧线孔)和泄殖孔也能承担微呼吸。一般状态下黄鳝以前鼻呼吸,一旦水质恶化、混浊或外界惊扰,前鼻只吸而不呼,后鼻则呼而不吸。所以在生长季节即使在溶氧充足的水体中,也需要把头伸出来呼吸空气。如果黄鳝的头部无法伸出水面,即使水体溶氧再丰富,黄鳝也有发生窒息的可能。要求养殖水体的水深要适宜,过深则会影响黄鳝出水呼吸。

黄鳝池底泥中有机物及生物耗氧也较多,一般可达每天每平方米1克左右。水中溶氧在每升3毫克以上时,黄鳝活动正常。水中溶氧低于每升2毫克时,黄鳝活动异常,经常浮出水面吸取空气中的氧气。经测定,黄鳝的窒息点是0.17毫克/升。黄鳝的辅助呼吸器官发达,能直接利用空气中的氧气。因此,养殖水体中短期缺氧,一般不会导致泛池死亡。

3. 昼伏夜出

由于黄鳝穴居、昼伏夜出的习性,致使黄鳝视觉退化,导致视神经功能减弱而趋喜暗,即使是白天黄鳝也极喜阴暗处,如草丛、砖石下,岩缝中,树洞树根中。黄鳝虽喜暗,但不耐长期绝对黑暗的环境。

将黄鳝短时间(数天内)置于日光照射同时保持水温不变的条件下,观察到黄鳝生存和摄食活动并无异常,但长时间(超过10天以上)的无遮蔽光照,会降低黄鳝体表的屏障功能和机体免疫力,发病率很快上升,这说明黄鳝在长期的进化过程中,已不适宜在强烈光照下生存。

4. 偏食、消化、生长

黄鳝为偏肉食性鱼类。尤其在人工养殖中,一旦习惯于摄食某种动物性饲料后,要让其改变往往较难。在食物缺乏和人工驯化的条件下,也会摄取植物性饲料和配合饲料。但是如规格较大时驯化,即使迫使摄食一般的人工饲料,也往往会造成体重不增长,甚至减轻。幼苗期,主要摄食丝蚯蚓、摇蚊幼虫、轮虫、枝角类,成鳝主要摄食河蚌、螺蛳、蚬子、小鱼、虾、蝌蚪、幼蛙、蚯蚓、飞蛾、蟋蟀、小蟾蜍等。若在饵料奇缺、群鳝个体悬殊时,也常发生大吃小的现象。

黄鳝摄食活动依赖于嗅觉和触觉,并用味觉加以选择是否吞咽。实验表明,黄鳝拒绝吞咽无味、苦味、过咸、刺激性异味食物,尤其是对饲料中添加药品极为敏感,并且拒食。当黄鳝摄食时,味觉选择错误,吞咽后,前肠会出现反刍现象,将吃进的食物吐出。在有效驯养条件下,能达到黄鳝稳定摄食人工饵料的条件是:全价的营养组成、特效引诱剂、原料超微粉碎、加工后柔韧性强、耐水性高。

黄鳝群居中当个体大小差异达到1倍以上,小个体的摄食活动就会被抑制,即使饵料极为充分,小黄鳝也不敢摄食,这一情况若持续发生,将导致同一池的个体差异进一步加大,这样会影响小个体的生长。因此,人工养殖时要大小分级。

黄鳝的消化系统中作为主要消化器官的肠道无盘曲,中间有一结节将肠道分为前肠和后肠,前肠柔韧性强,可充分扩张。这一结构与肉食性鱼类的肠道类似。其消化特点是:对动物蛋白、淀粉和脂肪能有效消化,对植物蛋白和纤维素几乎完全不能消化,因此使用植物性饲料饲养黄鳝往往效果很差。但另一方面,添加适度植物性饲料可促进肠道的蠕动和提高摄食强度。黄鳝的新陈代谢缓慢,反映在消化系统消化液分泌量少,吸收速率低,这一特征作为种的特性实际上是一种自我保护的功能,可防止食物匮乏时机体的过度消耗。但这一特性对养殖是极为不利的,会严重抑制增重速度。不过这一特性并非不可改变,在定期投喂和消化促进剂的激发下,消化系统可很快变得极为活跃,同时在人为增强黄鳝活动量后,就可以稳定这种改善了的消化机能。

自然栖息的黄鳝生长速度与环境中饵料丰欠相关,一般生活于池塘、沟渠的黄鳝生长速度快一些,丰满度高,而栖息于田间的黄鳝则生长速度较慢。但总体上来说,自然栖息的黄鳝生长速度较慢。2冬龄黄鳝一般体长30.3~40.0厘米,体重20~

49克,年增重1～2倍。自然栖息的黄鳝活动范围小,摄食能力有限,长期处于半饥饿状态,代谢缓慢则能实现自我保护。目前大部分黄鳝养殖均采用投喂鲜活饵料,总体增重极低,以致于造成黄鳝生长速度缓慢的普遍错觉,但在营造良好的养殖环境,有效地驯养和全价的饵料投喂情况下,20～30克的鳝种经3～4个月的强化投喂一般增重可达5倍,养殖效果就比较理想。

一般来说野生黄鳝当年生的越冬幼鳝体长12.2～13.5厘米,体重6～7.5克;1冬龄黄鳝体长28.0～33.0厘米,体重11～17.5克;2冬龄黄鳝体长30.3～40.0厘米,体重20～49克;3冬龄黄鳝体长35.0～49.0厘米,体重58～101.0克,4冬龄黄鳝体长47.0～59.0厘米,体重83.0～248.0克;5冬龄黄鳝体长56.5～71.0厘米,体重199.0～304.0克;6冬龄黄鳝体长68.5～75.0厘米,体重245.0～400.0克;7冬龄黄鳝体长71.0～79.8厘米,体重392.0～752.0克。人工养殖条件下,只要饵料充足、饵料质量好、饲养管理得当,黄鳝的生长速度要比天然条件下快得多,甚至可达到1冬龄体长为27～44厘米,体重为19～96克;2冬龄体长为45～66厘米,体重为74～270克。黄鳝的生长期各地不同,一般南方的生长期较长,北方较短。如江苏、浙江一带,生长期为5～10月,大约170天;湖南、湖北、广东、广西、四川等地生长期更长些。黄鳝在6～8月份生长最快。

多种饵料的诱食试验证明,黄鳝对各种饵料的嗅觉敏感程度由高到低的顺序为:蚯蚓、蚌、螺、蛙、鸡、鸭、猪肠等。笔者分别用鳙鱼肉、鲢鱼肉、鸭肝、蚯蚓喂黄鳝进行其摄食量的比较,结果表明黄鳝摄食量以蚯蚓为最大,鸭肝最小。若对鳙鱼肉摄食量为1的话,鲢鱼肉则为1.03;鸭肝为0.83;蚯蚓为1.13。进一步试验,即提取蚯蚓酶、鱼油等进行同样的试验证明,黄鳝对蚯蚓酶敏感程度远远高于一般鱼类。在相距25米的同一水面两端,同时分别放入蚯蚓和黄鳝,半小时之内,便有56%的黄鳝钻入放有蚯蚓的笼子。该特性有利于顺利完成需要投喂人工配合饲料的训饲和快速定点饲喂。

5. 耐饥

黄鳝耐饥饿的能力非常强,即使是刚孵出的黄鳝苗,放在水缸中用自来水饲养,不另外喂食,2个月也不会死亡。成鳝在湿润的土壤中,过一年也不会饿死。周天元等对20多千克两种鳝进行专题试验:整整3年未投入任何食物,结果没有一尾饿死,只是体重减少56.9%。笔者也在塑料桶内用自来水养30尾体长25厘米的黄鳝,未喂食至今已超过一年半,也没有一尾黄鳝因饥饿而死。这可能是由于其长期生活在浅水水域,经常发生干枯的环境适应的结果。人工养殖中可利用黄鳝耐饥特性进行改革食性过程的驯食。

6. 水温与摄食

一般在水温为23℃左右时,每千克黄鳝每小时耗氧为30毫克左右。在冬季5℃的水中,黄鳝不摄食,也不生长。笔者在进行人工加温达到25℃条件下,用鲢鱼肉投喂,黄鳝摄食生长,40天内平均增重7克/尾。证明黄鳝"冬眠"停止摄食生长,不是其生理的必需过程,只要水温适宜,通过人工加温养殖,可使其常年摄食生长。

7. 体表黏液

黄鳝体表无鳞,但能分泌大量黏液包裹全身。黏液的分泌一方面具有代谢功能,可将体内的氨、尿素、尿酸等排出体外,同时更具有保护功能,可有效防止有害病菌的侵入。黏液内含有大量的溶菌酶,所以黄鳝对细菌性传染病具有极强的抵抗力。但溶菌酶只有依附于黄鳝体表,才具有活性,脱离机体,其活性很快消失,同时溶菌酶的活性还与机体的健康状况有关,当黄鳝体质衰竭,溶菌酶的活性也随之下降。另外,体表的湿度对皮肤正常的黏液分泌和溶菌酶的产生极为重要,皮肤干燥会导致分泌黏液的腺细胞坏死。有害物质或高温和高密度引起的"发烧"会直接损伤皮肤黏液的屏障功能。一旦黄鳝体表的保护层被破坏,有害病菌就会迅速侵入机体。如果创伤较小,同时黄鳝抵抗力较强,此时进行药物治疗则具有一定的疗效。但创面较大,则有害病菌会迅速传染到局部或整个全身。所以在鳝种收集和人工养殖过程中,应注意保护黄鳝体表及其黏液,避免黄鳝遭受机械伤害、体表干燥、阳光直射、有害物质刺激等,以免其黏液不正常过度分泌或失去黏液。

8. 体滑善逃

黄鳝体滑善逃,特别是在缺乏饲料,或雷雨天或水质恶化时,都易引起大量逃逸。逃逸时,头向上沿水浅处迅速游动,或整个身体窜出,若周围有砖墙或水泥块时,则能用尾向上钩住然后跃出,若池堤有洞或排水道、排水孔,则黄鳝更易逃逸,严重时,饲养的黄鳝可逃得一尾不剩,往往成为养殖失败的重要原因。因此养殖黄鳝时,自始至终要十分重视防逃工作。为防止黄鳝缺饵逃跑,饲料的准备工作也很重要,要预先准备固定饲料源,同时人工收集或培育足够量的饵料并根据饲料量来确定养殖量。

9. 产卵期长

黄鳝产卵周期较长。在长江中、下游地区,黄鳝的生殖季节是5～9月,盛期是6～7月。繁殖季节随气温高低而有所提前或推迟。

10. 怀卵量少

黄鳝的生殖腺不对称,左侧发达(长达13～14厘米),右侧退化(仅为两端封闭的一根细管)。卵巢充分成熟时,雌鳝下腹部膨大,几乎充满整个腹腔,腹部柔软,呈淡橘黄色,透过腹腔,肉眼可见卵巢轮廓与卵粒。

黄鳝成熟卵卵径大,为2.5～4毫米,卵内充满卵黄。体长18～25厘米的单体全部是雌性,并有一定的排卵能力,产卵量一般在100粒左右;体长25～30厘米的,有5%转为雄性,处于逆转过程之间占3%,产卵量一般有100～200粒。1990年7月当阳地区的解剖测定结果,见表4-1。

11. 雌性转雄现象

黄鳝具有独特的性逆转现象,即第一次性成熟时均为雌性,以后逐步逆转为雄性,其中间转变过渡阶段叫雌雄间体,所以在达到性成熟的黄鳝群体中,较小的个体一般为雌性,较大的一般是雄性,两者间的个体一般为雌雄间体。实际上,这种呈雌雄间体的性腺组织,从生理变化的角度看,是一个处于动态的性腺组织,是从有功能的典型雌性转变为有功能的典型雄性过程中的一个中间过渡体。它不同于其他生物的雌雄同体,它在同一性腺中,肉眼可观察到明显的卵子,而在显微镜下则又能看到活动的精子,所以这一现象较为特殊。

表4-1　黄鳝怀卵量与体长的关系测定

体长(厘米)	标本数(尾)	绝对怀卵量(粒/尾)	
		变动范围	平均值
18.0~25.0	100	25~129	92
25.5~30.0	100	87~325	178
30.6~40.0	100	106~367	291
40.5~49.6	100	124~1 390	367
52.7~70.0	100	167~498	135

一般认为,黄鳝长至2龄,开始进入雌雄过渡阶段,3龄以上即完成雄化转变过程。体长20厘米以下的成鳝均为雌性,体长22厘米左右的成鳝开始性逆转,体长20~35厘米时,绝大多数是雌鳝,体长36~38厘米时,雌、雄个体数相等;体长38厘米以上时,雄性占多数。目前许多资料认为,黄鳝体长在50厘米以上时都是雄性。但我们曾多次观察到另外一种情况,即从池塘中捕捞的体长在50~60厘米以上的黄鳝都是雌性,橙黄色的卵粒发育正常,粒粒可数,并能正常产卵孵化。对于这一情况,根据我们多年来的科研和生产实践,认为有两种可能:一是由于池塘与水稻田生态环境有差异,也就是说,池塘中环境稳定,饵

料丰富,黄鳝生长快,而性逆转又需要较长的时间,所以黄鳝个体虽大,但尚未逆转为雄性。二是黄鳝很可能像海洋中某些性逆转鱼类一样,它的性逆转受群体性比的调节。也就是说,在群体中当雄性个体数量足够时,雌性就不逆转,当雄性数量不足时,一部分雌性才逆转为雄性。

对四川地区黄鳝自然生殖群体性比调查结果表明,黄鳝生殖群体在整个生殖时期是雌多于雄。7月份之前雌鳝占多数,其中2月份雌鳝最多,占91.3%;8月份雌鳝逐渐减少到38.3%,雌雄比例为0.6∶1。8月份之后多数雌鳝产过卵后,性腺逐渐逆转,至9~12月,雌、雄鳝各占50%。

由于黄鳝这种特殊的性变现象,使黄鳝在不同年龄不同体长时形成不同的雌雄性比。在一般情况下,2冬龄,体长30~40厘米的鳝鱼均为雌性;3冬龄,体长35~50厘米的鳝鱼,雌性约占60%,余者已转为雄性;4冬龄,体长47~59厘米,雌鳝降至30%左右;5冬龄,体长50~70厘米,雌鳝降至12%;6冬龄,体长68~75厘米,已全部转化为雄鳝。

12. 繁殖洞和泡沫巢

繁殖之前,亲鳝先打洞,称为繁殖洞,繁殖洞与居住洞有区别。繁殖洞一般在埂堤边。如稻田的繁殖洞一般在田埂的隐蔽处,洞口的下缘2/3浸于水中。繁殖洞分前洞和后洞,前洞产卵,后洞较细长,洞口进去约10厘米处较宽广,洞的上下距离约5厘米,左右距离约10厘米。

当雌鳝性成熟时,卵子发育很快,临产前雌鱼成熟系数为20%左右,腹部呈纺锤形,并有一紫红色透明带,能在自然环境中进行自然繁殖。亲鳝常在穴居的洞口附近或水生植物丛中、乱石块间、杂草堆中产卵。产卵前,亲鳝先吐泡沫为巢,然后产卵于巢内,在洞口等处堆成浮巢。由于卵粒无黏性,比重大于水,故亲鳝必须将卵产生在浮巢的泡沫中,以借助泡沫的浮力托住受精卵。一般亲鳝排卵和射精基本同时,精液的浮力也有助于卵粒的飘浮。

刚产出的卵呈橙黄色或浅黄色,卵径为 3.5 毫米左右,吸水膨胀后,可扩大至 4.5 毫米左右。亲鳝吐泡沫作巢估计有两个作用,一是使受精卵不易被敌害发觉;二是使受精卵托浮于水面。因为水面一般溶氧高、水温高(鳝卵孵化的适宜水温为21~28℃),有利于提高孵化率。

13. 密度和产卵

黄鳝在高密度群栖状态下,一般不会产卵。实验证明"高密度"因素起着主导作用。当密度一旦降到每 10 平方米 10 尾左右时,就会大量吐出泡沫或迅速产卵。其原因需进一步研究。

14. 护卵护幼

黄鳝有护卵习性。雌鳝产卵后即离开洞穴,由雄鳝护卵。其他鱼类或蛙类接近鱼卵时,雄鳝会迅速出击,赶走它们。在遇到环境恶劣时,雄鳝则将卵吸入口中,转移至安全地方。幼鳝出膜后,亲鳝会继续保护,遇到恶劣环境如水中严重缺氧时,幼鳝会绞成一团,由亲鳝将它们吸入口中来吸取空气中的氧气,或转移到其他地方,我们曾多次观察到这一护卵行为,一般要等到幼鳝开食后能自由游动时,亲鳝才离开。

(二)黄鳝人工繁殖的设施条件

繁殖池和饲养池一样,用水泥池和土池均可,在繁殖中要建一个面积较小的仔鳝保护池。该池和繁殖池相隔的池壁上要多留些圆形或长形孔洞,孔洞处用铁丝网与繁殖池隔开,仔鳝可以通过铁丝网进入保护池而亲鳝则不能进入。在繁殖池及保护池中投入丝瓜筋、水浮莲、水葫芦或其他柔软多孔的物品,用绳、网、竹等将这些水草等隔离成块、片,以便亲鳝筑巢、仔鳝隐居栖息。为了减少占地,可以在饲养池中分出一块面积,建立繁殖池,再在繁殖池中作一个仔鳝保护池。

此外,还可以模拟黄鳝在田野产卵的自然环境,人工创造一些适宜于黄鳝繁殖的环境条件。繁殖季节将野生亲鳝转移到稻田的田埂旁,任其打洞穴居,让其口味泡沫,筑巢产卵。根据黄鳝这种繁殖习性,还可以在繁殖池外四周(离池壁一定距离)和池中堆筑土埂,埂宽20厘米,每隔70~100厘米堆筑一条土埂,在土埂上种植一些杂草或水稻,到了繁殖季节,亲鳝就可以在土埂的草丛中活动,打洞吐沫,筑巢产卵。这时便可小心收集这些含有受精鳝卵的泡沫巢,进行人工孵化。

(三)黄鳝人工养殖的设施条件

1. 黄鳝苗种池

苗池的地址要求环境安静,避风向阳,水源充足、便利,水质良好,进排方便。新建的水泥池必须经脱碱处理,待酸碱度近中性时再放鳝苗。

鳝苗宜采用苗种池微流水培育,鳝苗培育池宜选用小型水泥池,池深30~40厘米,上沿要高出地面20厘米以上,以防雨水漫池造成逃苗。池设进、排水口,用塑料网布叠加密眼金属网罩住,排水口位于池的最低处。培育池面积一般不超过10平方米,池底加土5厘米左右。每平方米加已发酵过的牛粪或猪粪0.5千克,水深10~20厘米。最后引种部分丝蚯蚓入池,约2/3的池面放养根须丰富的水葫芦。

2. 黄鳝苗种采集设施

捕鳝笼、装鳝容器、运输工具、养殖池等。

(1)运输工具

车辆:微型车,三轮车或手扶、四轮拖拉机均可。

容器:采用可容水100千克的铁箱或内衬塑料膜的篾框。

(2)聚氯乙烯网片,井水、清洁的河道水(井水应提前10小时置大容器)。

(3)称量工具、密眼网袋、编织带制篓框。

(4)暂养池:要求与苗种池同。

3. 黄鳝养殖池塘

土池宜选建在土质坚硬的地方。从地面下挖30~40厘米,取出的土在池周围打埂。埂高40~60厘米,埂宽80~100厘米。埂分层夯实,池底也要夯实。池底及池周铺设一层无结节经编网,网口高出池口50~60厘米,并向内侧倾斜,用木桩固定。池底网上铺一层30厘米厚的泥土。

水泥池为全砖石水泥结构,内壁光滑,四角修成弧形,池壁顶部修成"T"字型。如有若干个水泥池可连成一片。池底为厚5厘米混凝土,表面水泥抹光,并整体水平。鳝池两侧放养水葫芦,中间留出1米宽空置区,作为投为饲料场所。池面积一般为5~20平方米,池深40~50厘米,水面离池上沿大于20厘米。进水口高出水面20厘米,排水口位于池的最低处,进排水分开。

土池在放养前10~15天,清整鳝池,修补漏洞,疏通进排水口,用生石灰150~200克/平方米消毒,再注入新水至水深10~20厘米,池内放养占池面积2/3的凤眼莲或喜旱莲子草。新建水泥池在放养前,应灌满水浸泡15天以上,然后彻底换水。5月上旬,水泥池内引种移入水葫芦,并保持水质一定的肥力,大约经1个月,水葫芦繁殖足够多后,可将所有鳝池按要求置满水葫芦,要求放置紧密,没有空隙。

4. 网箱养殖黄鳝

网箱养殖黄鳝与利用常规的水泥池、小土池等饲养方法相比,具有固定投资小、劳动强度轻、规模可大可小、易操作管理、便于利用各类优良水域以及黄鳝生长快、疾病少、起捕灵活方便等优点,近年来已在江苏、浙江、湖北、湖南等省展开。国内许多养殖者通过多年的养殖,认为黄鳝网箱养殖切实可行,是一项高产高效、应用潜力大的新兴养鳝方式,具有广阔的发展前景,是今后黄鳝集约化和规模化养殖的主要发展方向。在进行网箱养鳝时,关键是选择优良鳝种和水质清新的水域。合适的水域主要有河沟、水库、湖泊、池塘等。这里重点介绍目前生产上常用的池塘内设置网箱进行网箱养鳝的技术要点。

(1)网箱设置的水域要求:选择网箱养殖黄鳝一般要求网箱设置水域不宜过小,合适面积在667~6667平方米以内,水深1~1.5米。面积过小或水体过浅不能发挥网箱养殖的优势,面积过大或水体过深会造成管理难度加大。选定的水域应坐北朝南,避免北风劲吹,平原地区北向应密植树林。

选定作为网箱养殖黄鳝的水体,一般要求底泥尤其是富营养性底泥不宜太厚,最好底泥厚度低于15厘米。因为特定水域设定了一定规模的网箱后,底质的曝气效果、光合作用及水层对流均受到严重抑制,使底层缺氧状况加剧,促进了厌氧硫化菌的硫化过程,硫化氢浓度快速上升,极易达到有害浓度,从而对黄鳝的生长发生影响,严重时黄鳝会出现中毒死亡。如果水域条件选择受限,在设置网箱时,应对底质进行处理。

在网箱养殖黄鳝的水域可以放入一些耐低氧和控制水质的鱼类,一方面可以活跃水体,促进水体流动,另一方面可以清理养殖黄鳝形成的残剩饵料和有机质。可选用的品种以鲫鱼、鲤鱼、鲢鱼、鳙鱼较好,数量25~50千克/亩左右,具体数量可根据放养规格来决定。由于网箱养殖的水体溶氧会经常降至2~3毫克/升以下,虽然缺氧对黄鳝没影响,但放养的鱼类会缺氧死亡,影响水质,因此要做好增氧工作。

对于有条件的黄鳝养殖单位,如能将设置网箱的水池进行水泥护坡,并增设防护板,将更有利于网箱黄鳝养殖的管理和增大养殖成功的概率。从调查情况看,网箱养殖黄鳝由于鼠害等事故造成黄鳝穿箱逃逸的情况时有发生,采用上述改造措施后将有利于避免这些情况的发生。

(2)网箱的制作与设置

①网箱的制作:材料选用网质好、网眼密、网条紧的聚乙烯(PP)无结节网片。网目大小视养殖黄鳝的规格而定,以不逃黄鳝且利于箱内水体交换为原则。生产上一般选用网目为10~36目,网箱上、下纲绳直径为6~8毫米。将网片拼接成长方形网箱,规格为3米×2米×1米(或10米×3米×1.2米),在网箱口上方一周伸出6厘米的宽檐。

②网箱的设置:网箱的设置有两种方式,即固定式和自动升降式。网箱成排排列,两排之间架设投饲管理的人行"桥"。

a. 固定式:采用长木桩打入池底,每个网箱4个桩,木桩要求粗而牢,入泥深而稳,高出正常水面60~80厘米。桩排列整齐,在同一直线上,桩与桩间还可用尼龙绳相连,并向网箱外端拉纤,使桩更加稳固。网箱四角绳头各稳系于木桩,拉紧张开网箱,并使网箱上缘出水50厘米。

b. 自动升降式:是以油桶等浮力大的物体代替木桩,并且按网箱大小用钢筋、角铁或竹木材料水平固定框架,网箱四角绳头系于架上的竖桩,网箱能够随水位自动升降。自动升降式相比固定式而言,管理方便,但造价较高。

网箱一般设置于池塘避风向阳处,箱体入水50~70厘米,箱底距池底50厘米。网箱在黄鳝入箱前5~7天下水,以利于鳝种进箱前在箱的网片上形成一道由丝状藻类组成的生物膜,可避免鳝种摩擦受伤。待网箱固定后,在网箱内投放水花生(喜旱莲子草),其覆盖面占网箱面积的80%左右。这样既能起到净化水质的作用,又能为黄鳝提供隐蔽歇息场所,有利于黄鳝的生长。移植水花生时最好去根洗净后放在5%的食盐水中浸泡

10分钟左右,以防止蚂蟥等有害生物随草带入箱中。

③池塘设置网箱的数量:具体数量视池塘大小、养鱼密度、机械配备、饵料配套及养殖管理水平而定,一般而言,网箱设置总面积以不超过水域总面积的50%为宜(图4-1)。

④制作食台:用高10厘米、边长40~60厘米的方木框制作,框底用聚乙烯绳编织围成,食台固定在箱内水面下10厘米

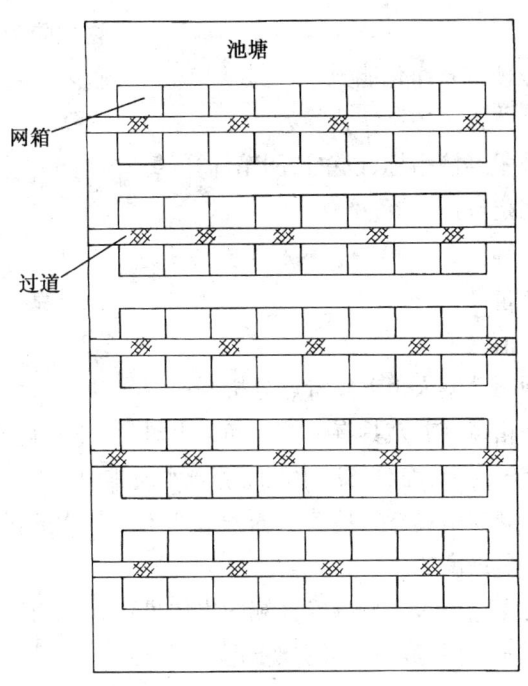

图4-1 网箱设界布局图

处，每箱1~2个食台。

(3)网箱黄鳝人工养殖的技术指标及特点分析

1)技术性能指标

①鳝苗入箱成活率　　　　　　　　95%
②饲料系数(黄鳝专用全价饲料)　　1.5
③单位放养量(平方米)　　　　　　0.7~0.8千克
④防病措施　　　　　　　　　　　生态预防为主、药物预防为辅
⑤载体自身净化能力　　　　　　　强
⑥载体人为控制净化能力　　　　　一般

2)技术经济指标(以单口网箱计算，每口箱15平方米)

①固定资产投资　　　　　　　　　120元
②流动资金　　　　　　　　　　　1 100元
③产量　　　　　　　　　　　　　45千克
④产值　　　　　　　　　　　　　2 200元

3)网箱黄鳝人工养殖特点分析

①网箱黄鳝养殖具有网箱养鱼的共性，由于箱内水体与设置大水体的对流，充分解决了黄鳝养殖水质难控制这一难题，因此网箱黄鳝养殖具有其他黄鳝养殖方式不可替代的优越性，养殖单产也是最高的。

②由于箱内水体与设置水域的水体可进行自由交换，载体水质得到充分保障，因而可实现高强度投喂。

③使用网箱黄鳝养殖专用饲料。

④单位水面防病药物相对费用较低。

⑤越冬管理及捕捞均较为方便。

⑥由于鼠害及黄鳝穿箱的潜在隐患,所以必须严控,定期检查网箱安全性。

⑦网箱养殖黄鳝主要覆盖物是水花生,而水花生根须发达,生长纵横交错,日常管理及检查难度较大,尤其是出现病情时,残次及死亡黄鳝苗很难清理。

⑧箱体由密眼网片组成,养殖期内极易附着藻类植物,养殖期间必须频繁洗刷箱体。

⑨适于中小规模投资,如管理能跟上,养殖面积可扩大。

⑩由于有大水体自身净化能力的支撑作用,加上人工的水质控制、药物调整,网箱黄鳝养殖的水质可以得到充分保障。

5. 稻田养殖黄鳝

稻田养殖的黄鳝可摄食水生昆虫及水稻害虫幼虫,既有利于水稻生长,提高水稻产量,又可收获一定数量的黄鳝,提高了稻田的产出率和综合经济效益。入冬除留幼鳝越冬到次年春季继续饲养外,一般每667平方米产成鳝100千克以上,纯收入在1 500元以上。

(1)田块选择:田块应选择在水源充足,水质良好无污染,排灌自如,安全可靠,旱涝保收,且具有通风、透光、土壤保水性能好的弱酸性土质的田块。

(2)工程建设:一是田埂加高、加宽、加固,使田埂高出田面0.5米,埂宽0.4米以上,加高时田埂要夯实,不漏水,并在田块进、排水口用密眼铁丝网罩好。二是平整田块,四周开挖宽、深各40~50厘米的排水沟,田内开数条纵横沟,宽、深各30~40厘米,沟沟相通,形成"井"字状,沟系面积占稻田面积的8%~

10%。三是翻耕、暴晒、粉碎泥土后,每 667 平方米施腐熟发酵的猪牛粪 800~1 200 千克作基肥,均匀撒于田块中,3 月底 4 月初,进、排水沟施 50~100 千克鸡粪,注水深 0.3 米,繁殖大型浮游动物供黄鳝摄食。

(3)水稻栽培:选择高产、优质、耐肥、抗倒伏的杂交一季稻种,株行距为 20 厘米×26 厘米,保证水稻的基本苗,同时充分发挥边际稻行优势。

6. 工厂化养殖黄鳝

工厂化无土微流水养殖黄鳝是近年来发展的一种新的集约化养鳝方式,与静水有土饲养法相比,因有流水,改善了水质,增加了水中的溶氧,具有养殖密度大、生长快,产量高,成本低,起捕方便等特点。工厂化养殖投资较大、技术要求较高,鳝种、鳝苗和饲养配套应密切配合,规模化配套才能有较好的效益,一般不适合初养者。

(1)水源:依靠水体持续不断地更新来保持养殖环境正常的理化特性,是本技术的最主要特点。一般每 100 平方米日需水量要保证 15 立方米,因此要求水源丰富,同时水质无污染、有机质含量低、水温昼夜差异不大。

①水库水:一般水库水的水体都很清澈,溶氧丰富,有机质含量低,且有害病菌和寄生虫类少,是极佳的养殖用水。取水采用表层 1 米以下左右的水层,该水层水温恒定,基本无昼夜温差变化。

②井水:地下水是作为黄鳝养殖用水的较佳选择途径。其水质清新,杂质少,几乎没有有害病菌和寄生虫,但使用必须充

分考虑三点:一是水量渗出能否满足养殖需求。二是用前须经蓄水池充分曝气,平衡温度。三是使用前需作检测,井水中不得含有无公害养殖所禁止的有毒物质。

③河道水、湖泊水:由于自然流经和养殖开发的原因,该水源虽然溶氧丰富,但一般都含有较多的杂质和有机质,有一定的浑浊度,并且含有一定的病害生物。如果选作黄鳝养殖用水,应该建蓄水池,以便于对水体进行过滤沉淀或必要的消毒。

④池塘水:此种水源有机质和浮游生物浓度极大,尽量不选用。

(2)交通:交通基本要求是便利,机动车能到达。

(3)地理:一是地势平坦、开阔,硬土基,排水方便。二是建池坐北朝南,避免北风直向处;如果在平原地区,养殖池北向尽量密植树林。

(4)工厂化黄鳝养殖池的规划设计:建黄鳝养殖池应达到以下几点要求:一是鳝池全砖石水泥结构,内壁光滑,四角修成弧形。池底铺设5厘米混凝土,表面水泥抹光,并整体水平。施工应确保不开裂、不漏水。二是池壁顶部修成"T"字形,既可防止黄鳝逃逸,又可避免鼠蛇的侵入。三是鳝池两侧放养大量水葫芦,不仅可提供鳝苗潜伏、夏季遮阳降温和冬季保温,同时更具有极强的水质净化作用。四是鳝池中间留出1米宽无水葫芦的空置区,作为投喂饲料场所,同时由于鳝苗在水葫芦下活动,可将污物集中于中间,排污极为方便。五是鳝池水体溶存量大,约3立方米,有害溶存因子难以达到危害浓度。六是进水排水方便、快捷(图4-2)。

(5)工厂化黄鳝人工养殖的技术指标及特点

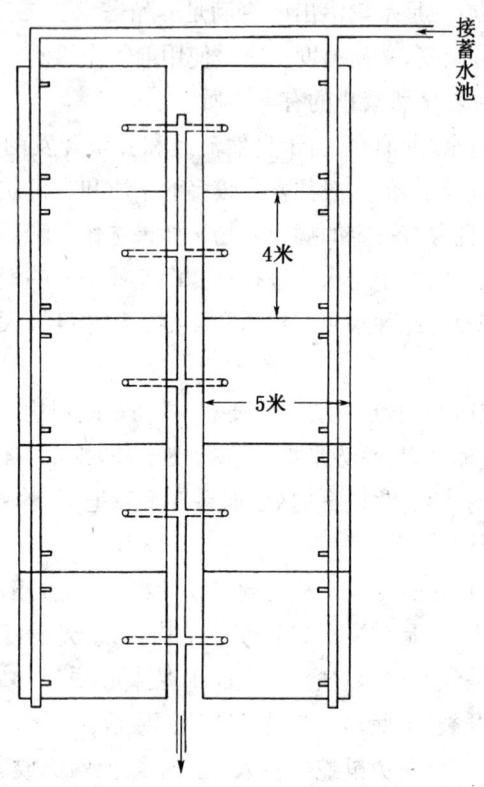

图 4-2 黄鳝工厂化养殖总体规划布局图

①技术性能指标

鳝苗入池成活率	95%
饲料系数(黄鳝专用全价饲料)	1.5
单位放养量(平方米)	0.5千克
防病措施	生态预防为主、药

	物预防为辅
载体自身净化能力	较强
载体人为控制净化能力	较强

②技术经济指标(以每100平方米计算)

固定资产投资	供水系统	0.3万元
	建池及辅助设施	0.4万元
流动资金		0.5万元
产量		250千克
产值		1.5万元

③工厂化黄鳝人工养殖特点分析:工厂化养殖又称为室外无土水泥池微流水养殖,池内覆盖水葫芦以提供黄鳝潜伏和遮阳的环境。由于改善了载体的自身净化能力和人为调控的作用,高密度养殖的安全性得到进一步提高。

其特点为:一是养殖池为砖石水泥结构,无土,载体为水体及水生植物。二是由于日常管理和排污的有效进行,强化投喂得到充分实现。三是使用黄鳝专用人工饵料进行定时投喂。四是越冬管理及捕捞均较为方便。五是适于成片管理。六是载体水溶存量大,需大量水源保障供应。七是由于水葫芦覆盖是工厂化养殖的必要环节,但水葫芦不能自然越冬,因此必须同时设置水葫芦保种设施。八是适于大规模养殖,养殖面积宜在1 000平方米以上,以形成规模效益。

7. 使用竹制鳝巢养殖

在养鳝实践中发现,黄鳝喜欢藏于竹子中空间,据此,吴日杰专门以竹做巢,进行了使用竹制鳝巢养鳝试验,取得了较好的效果。其主要做法如下。

(1)鳝巢制作:用旧楠竹将其用锯子锯成 2 米左右一段,然后将每段两头节隔打穿,中间是长节的在其一端锯 1 洞口;是短节的两节锯 1 洞口,要正好锯在竹节上,使两节各有 1 个洞口,整段竹子洞口要锯在同一条线上。洞口大小视竹子粗细、鳝体大小而定,以黄鳝能自由进出为宜。

(2)竹巢的设置:竹巢排的竹竿顺水流方向,每两段竹子相靠而置,洞口方向向相反的两边或都朝上,池周各留 25 厘米宽的人行道。全池共设 5 排,每排间距 20 厘米左右。每排竹巢两端下各垫一根长 1.55 米竹竿。竹竿两端用砖 1～2 块平搁,使竹巢下面成较大空间,便于流水排污。为了固定竹巢位置,每排竹巢的两端相邻的竹竿上用砖压住,压砖多少以竹竿不漂浮滚动为准,压砖最好压在竹巢洞口上方,以起到遮光荫蔽作用。

(3)鳝池的建造:鳝池用红砖水泥浆砌成,为 12.5 米×2 米的长方形。池底自南向北略倾斜,以便排污。池壁高 70 厘米,厚 25 厘米,上有用砖砌成的防逃盖檐,向池内伸出 10 厘米,内壁用水泥砂浆粉面。池底用混凝土倒底,厚度 3 厘米。要求池壁面、底面尽量光滑。

(4)使用竹制鳝巢养鳝优点

①黄鳝体能消耗少,相对生长快。鳝苗一入养殖池,不分个体大小,可很快自由进入竹洞之中,然后将头伸出洞外,自由呼吸水中溶氧或有时将头伸出水面。一有响动,可很快将全身缩入洞中,黄鳝在竹洞中会感到十分安全。3 天之后,黄鳝苗自由地进行了疏密调整,全池鳝苗分布均匀,各得其所。因为无需自己挖洞,体能消耗少,弱鳝也可不费劲地找到合适的栖身之处。

所以摄食很快转入正常,体质自然恢复也快,相对生长快。而普通鳝池则不然,鳝苗入池后首先是选位挖洞,反复选,反复挖,需消耗大量的体能。加之生物个体间的生存斗争,大者、强者抢占小者、弱者之洞,死亡率相对高。

②便于水质管理,排污可彻底。竹子本身很干净,加上竹巢的竹杆顺水流方向,下面除搁竹巢的砖与池底接触外,其余部分都腾空而置。只要从池高端向低端方向放水,污物自然顺流而下。同时只要控制好进水阀,换水量可任意调节,排污自然可彻底。这就克服了普通鳝池放水水浑、排污时泥砂俱下以及水流形成的死角排污无法彻底,还要经常修补泥埂等弊端。

③便于观察检查、防治鳝病。初放鳝苗,便于发现死鳝、弱鳝,可及时捞出,以减少污染源。在养殖过程中,若有鳝病发生,巡塘时一目了然,便于及时发现、及时诊断、及时治疗。用药后也便于观察鳝苗对药物的反应,便于采取应急措施。

④实行科学投饵,提高饵料利用率。观察摄食情况清楚,容易做到以需定量,减少浪费,提高饵料利用率。普通鳝池则不然,投饵后鳝的吃食活动很快把水搅浑,看不清摄食情况,饵料往往被拖出食台混入泥中,造成浪费。残饵不易清除,还败坏了水质。

⑤起捕方便,减轻了体力劳动。起捕时适当降低池水,安装好囤箱,按需取巢,拿掉竹竿上的压砖,2个人同时用双手,一手捂住竹竿上的洞口,一手拿起竹竿,在囤箱上面把捂住洞口的手放开,黄鳝立即从洞内钻出,落入囤箱中。少数窜入池中者最后集中捉取,大大节省了将泥土从池外搬进池中做泥埂巢,又从泥埂巢中挖泥捕鳝的繁重体力劳动。

8. 利用秸秆养鳝

养鳝池中秸秆有两个优点：一是为黄鳝提供较理想的栖息场所，并可避免黄鳝之间互相缠绕，使底质疏松保温、透气。二是为黄鳝的各种饵料生物提供自然繁殖的良好场所，解决黄鳝饲养中的部分饲料。试养结果表明，秸秆养鳝成本低、饲养技术简单、效益较好。具体方法为：选择用砖头、水泥砌成的水深1米、面积20平方米左右的养鳝池（秸秆对养鳝池底质为土质的更有利），在池底铺上一层厚15厘米的肥泥，在肥泥上铺一层10厘米的禾秆或麦秆等，大、小秸秆搭配，粗大秆50%；中型秆30%；碎料20%，例如：玉米、高粱秆50%，油菜秆30%，酿酒后的废谷壳20%。上覆几排筒瓦等材料，作为黄鳝栖息的鳝窝，然后注入40厘米深的水。1周后，水中生出许多小虫，可放养黄鳝，每平方米放养规格为10尾/千克的黄鳝5千克左右。以后的饲养管理参照常规黄鳝养殖。鳝种放养6个月后，即可捕捞上市。应注意如下几点：

(1)对垫层料要进行较彻底的消毒和防止堆积料产生高温，必要时在池底及越冬的槽内撒上一层生石灰，以防止pH过低，生石灰用量以每10平方米撒0.5千克计。

(2)向越冬槽内插入打穿节膜的竹筒，竹筒周围打出气孔，竹筒粗为3～6厘米，长约80厘米，下端削成斜口，每相距2～3米一根，要求用手能转动即可。

五、黄鳝人工繁殖技术管理

黄鳝人工繁殖一般有人工催产人工授精和人工催产自然受精两种方式,前者也称全人工繁殖。

(一)黄鳝人工催产人工授精技术管理

由于黄鳝具有性逆转、怀卵量少、催产剂用量大、孵化时间长、出膜时间不整齐、生长缓慢等特性,人工繁殖难度大、成本较高。同时在自然水域中能够捕到大量的黄鳝苗种和大量天然幼鳝,可以满足黄鳝养殖的苗种需求,因而黄鳝人工繁殖起步较晚,至今尚未普及。但是随着黄鳝养殖业的发展和扩大,单靠捕捉天然苗种势必不能满足日益发展的养鳝业的需求,进行人工繁殖势在必行。

黄鳝的人工催产、人工授精操作要点是指在人工控制条件下,使其达到性腺成熟、排卵、受精和孵化出鳝苗的一系列过程。江苏省淡水水产研究所于1985年首次在国内取得人工繁殖黄鳝成功,后经不断的探索,初步掌握了黄鳝人工繁殖的规律。现将黄鳝人工繁殖技术要点介绍如下。

(1)亲鳝的选择:用作繁殖的黄鳝叫亲鳝。亲鳝可从野生或人工养鳝池中选留。最好在鳝笼捕捉的黄鳝中,选择优良的个体作亲鳝。选择的标准是:健壮无病,游动迅速,体色最好为黄褐色。

(2)雌、雄鳝鉴别:非产卵期雌、雄鳝外观上较难鉴别,一般可凭体长来选留。黄鳝在体长20~35厘米时绝大多数是雌鳝,体长在45厘米以上时,多数为雄鳝。除个体大小以外,还可以从形态和色泽两方面来加以鉴别。雄性黄鳝体背一般有由褐色素斑点组成的3条平行带,体两侧沿中线分别有1行色素带,其余色素斑点均匀分布如豹皮状。腹部黄色,大型个体呈橘红色,腹壁较厚而不透明。手握雄性黄鳝挣扎有力,使腹面朝上,膨胀不明显,腹腔内的组织器官不突显。雌性黄鳝体背青褐色,无色斑或微显3条平行褐色素斑,体侧颜色向腹部逐渐变浅,褐色斑点色素细密,分布均匀。腹部浅黄色或淡青色,腹壁较薄。繁殖季节内,手握黄鳝时比较温顺,使腹面朝上,可见到肛门前端膨胀,微透明,显出腹腔内有一条7~10厘米长的橘红色(或青色)卵巢,卵巢前端可见紫色脾脏,这也是鉴别雌雄的主要特征。

(3)亲鳝的培育:一般情况下,可按雌雄比3∶1选留。选留好的亲鳝放入繁殖池中饲养,繁殖池的结构同黄鳝饲养池(黄鳝饲养池结构见后文)。每平方米繁殖池中,放养体长20~35厘米的亲鳝7~8条,45厘米以上的亲鳝2~3条。亲鳝经过人工培育,使其性腺达到成熟,才能进行催产。培育好坏直接影响催产结果。亲鳝池中最好投喂蚯蚓、小鱼等优质活饵料,并在水体中栽植水葫芦等水生植物。池中经常加注新鲜水,水深控制在10~20厘米,经常观察亲鳝的性腺发育情况。

(4)催产

①催产亲鳝的选择:人工繁殖的催产亲鳝,可以从繁殖池中选择。在实际应用上,也可到市场上直接选购。6月下旬到7月上旬正是黄鳝大量上市的季节。自然环境下,只要选得恰当,人工繁殖也能成功,但从市场选购的亲鳝暂养时间不宜过长,一般在一周内就应进行催产。

雌鳝选择体重在200~250克的为好,成熟雌鳝腹部膨大呈纺锤形,个体较小的成熟雌鳝腹部有一明显透明带,体外可见卵粒轮廓。用手轻摸腹部柔软而有弹性,生殖孔红肿。雄鳝体重宜选200~500克的为好,雄鳝腹部较小,腹面有血丝状斑纹,生殖孔红肿。用手挤压腹部,能挤出少量透明状液体,在高倍显微镜下可见到活动的精子。

②催产操作

a. 催产期和催产适温:催产期视亲鳝成熟度而定,一般在6月下旬和7月上旬。催产水温以22~28℃为宜。

b. 催产剂:选用促黄体素释放激素类似物(LRH-A)或绒毛膜促性腺激素均可。LRH-A和HCG均为白色结晶,用生理盐水溶液将其充分溶解,精确计算催产剂量,吸入注射器内备用。

c. 注射剂量:视亲鳝大小而定,20~50克的雌鳝,每尾注射LRH-A 5~10微克;50~250克的雌鳝,每尾注射10~30微克。如用绒毛膜促性腺激素,则可按鲤科鱼类用量加倍进行。

d. 注射部位及方法:将选好的亲鳝用干毛巾或纱布包好,防止其滑动,然后在其胸腔注射,注射深度不超过0.5厘米,注射量不超过1毫升。雄鳝在雌鳝注射后24小时注射,剂量减半。

注射后的亲鳝放在水族箱或网箱中暂养。水族箱中存水不宜过深,一般20～30厘米,每天换水一次。水温在25℃以下时,注射后40小时开始检查,每隔3小时检查一次。同批注射的亲鳝,效应时间很不一致,从开始至结束长达24小时,一般需连续检查到注射后75小时。时间过长,排卵、人工授精都很难获得成功。检查方法是用手捉住亲鳝,摸其腹部,并由前向后移动,如感到鳝卵已经游离,则表明已经排卵,应立即取出进行人工授精。

(5)人工授精:将检查选出的雌鳝取出,一手用干毛巾握住雌鳝前部,另一手由前向后挤压腹部,部分亲鳝即可顺利挤出卵,但是多数亲鳝会出现泄殖腔堵塞现象。此时,可用小剪刀在泄殖腔处向里剪开0.5～1厘米,然后再进行挤压,排出的卵一般可挤出,连续挤3～5次,使其产空为止。盛卵容器可用玻璃缸或瓷盆,待卵挤入容器内,立即把雄鳝杀死,取出精巢,剪下一小部分在400倍以上的显微镜下观察,如精子活动正常,即把精巢剪碎,倒入卵中,用羽毛充分搅拌,雌雄配比视产卵量的多少而定,一般按(3～5):1搭配。在搅拌好的卵中,注入任氏液200毫升,放置5分钟后,再加清水洗去精巢碎片和血污,将受精卵放入孵化器中,在静水或微流水里孵化。

鱼用任氏液配方:

NaCl	0.75克	KCl	0.02克
NaHCO$_3$	0.0021克	CaCl$_2$	0.021克
蒸馏水	100毫升		

(6)人工孵化:孵化器可根据产卵数量的多寡因地制宜地选用。数量少的可选用玻璃缸、瓷盘、水族箱,数量多的则可在网

箱中孵化。

(7)孵化过程应注意的事项

①无论放入哪种容器孵化,水均不宜太深,一般应控制在10厘米左右。

②人工授精时受精率往往较低,未受精的卵崩解时很容易恶化水质,应及时剔除。

③在封闭型水体中孵化,应注意经常换水,换水水温温差不能超过5℃。鳝卵孵化时,胚胎发育的不同阶段耗氧量不同。在水温24℃条件下,测定每100粒鳝卵每小时的耗氧量,细胞分裂期为0.29毫克,囊胚期为0.46毫克,原肠期为0.53毫克。胚胎发育过程中,越向后期,耗氧量越大。因此,在缸、盆中静水孵化时,要增加换水次数。一般开始每天换水1次,第二天起每天换水2次,有条件时用微流水孵化效果更好(表5-1)。

④人工催产所得鳝卵的成熟度、受精卵的鉴别。刚产出的卵,呈淡黄色或橙黄色,比重大于水,无黏性。吸水膨胀后的卵,径长为3.8~5.2毫米,每粒卵重35毫克左右。成熟度较好的卵,吸水后呈正圆形,形成明显的卵间隙,卵黄与卵膜界限清楚,卵黄集中在卵的底部,受精吸水后40分钟胚胎清晰可见。成熟度不好的卵,吸水后不呈圆形,或形成比正常卵大2~3倍的巨形卵,卵黄与卵膜界限不清,卵内可见到不透明的雾状物。

⑤确定受精卵的指标是鳝卵胚胎发育进入原肠期。鳝卵卵黄丰富,未经处理的卵用肉眼或用光镜很难看清内部情况,一般要用透明液透明后,再在光镜下观察才能清晰地看到。

透明液配方:福尔马林5毫升,冰醋酸4毫升,甘油6毫升,蒸馏水85毫升。

表 5-1 黄鳝人工催产及孵化情况

催产日期(月/日)	平均水温(℃)	效应时间(小时)	产卵数(粒)	受精率(%)	出膜时间*(小时)	出苗数(尾)	孵化率(%)
6/16	23	77.8	410	15.4	192→240	34	54.0
6/16	23	56	200	20.0	312→336	27	67.0
6/22	23	66.1	251	25.0	112→288	57	95.0
6/23	22	87	230	16.5	288→336	32	83.0
6/23	22.1	76.7	240	44.5	264→286	93	87.5
7/3	25.5	53.7	300	53.3	240→264	142	88.7
7/4	24	48.5	601	88.5	216	58	10.9
7/7	26	72	550	36.0	134→254	175	88.4

* 前面的数字是开始出膜所需的小时数,后面的数字是出膜全部结束所需小时数。

孵化水温在25℃左右时,受精后18～22小时即可进行观察。此时取出鳝卵,在透明液中浸泡3分钟后,在光镜下观察,如见到囊胚向下延伸,原肠形成,则是卵子已经受精。用此法判断得到的结论是十分可靠的。

⑥同批鳝卵的出膜时间往往不一,通常出膜是在受精后的5～7天。出膜时大部分鳝头部先出膜,小部分尾部先出膜。刚出膜的仔鳝,卵黄囊较大,出膜鳝苗的体长依卵的大小而异,一般为1.2～2厘米。出膜鳝苗一般要经4～7天,卵黄囊才基本消失,幼鳝体长一般达3～3.1厘米。

⑦出膜时卵黄囊相当大,直径在3毫米左右(图5-1)。此时仔鳝侧卧于水底,能做挣扎状游动。出膜后72小时,仔鳝体长可达到19～24毫米;出膜后144小时,仔鳝体长达23～33毫米。此时卵黄囊已基本消失,色素细胞布满头背部,仔鳝能在水中做快速弯曲游动,并开始摄食水中的浮游生物,此时即可转入苗种培育阶段。

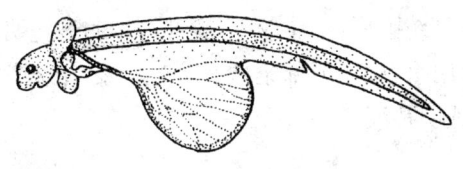

图5-1　刚孵出膜仔鳝

(二)黄鳝人工催产自然受精的技术管理

该方法是在繁殖季节,将天然水域中捕获到的性腺成熟的黄鳝,按一定的雌、雄比例,注射催产剂催产,成熟度好的也可不注射,让其较同步地、较多数量自行产卵、受精、孵化,然后捕出仔鳝,单独培育鳝种,也可以小心取出鳝卵进行人工孵化。这种繁殖方法,一般养殖户均能掌握。

黄鳝人工繁殖的设施建设见前面的叙述,在此不再重复。

1. 亲鳝选择

亲鳝可从市场上选购,或在黄鳝生长较多的稻田沟渠内捕捉,也可在养殖池中挑选。要注意挑选体健无病、游泳迅速、体色鲜艳的个体作亲鳝。特别要注意的是,如从市场选购亲鳝,身体上一定不能有伤痕,口腔内不能有钓钩及钓钩伤痕。雌鳝选择体长在25～40厘米,体重在150～250克的个体。成熟的雌鳝腹部膨大,呈纺锤形,个体较小,腹部有一明显透明带,体外可见卵粒轮廓,用手触摸,腹部柔软有弹性。雄亲鳝挤压其腹部,能挤出少量透明精液。

2. 雌雄亲鳝搭配

在一般情况下,雌雄亲鳝搭配比例为2:1或3:1,因为雌鳝产卵量不大,为了加快成熟产卵,也可以采取雌雄各半的搭配比例。在1立方米的繁殖池内放入7～8尾雌鳝,3～4尾雄鳝,根据繁殖池的面积,按上述比例,一次放足。

3. 亲鳝培育

下池的亲鳝要精心培育,繁殖的好坏,关键在于亲鳝的培育。在繁殖季节前,投喂饵料以动物性饵料为主,如水蚯蚓、螺蛳和河蚌肉等,以增强营养。在繁殖季节,特别是5～7月份,要精心饲养管理,喂足蚯蚓等优质饵料,以促进发育。雌鳝从性成熟后经过产卵时期,就开始性逆转慢慢变成雄性,根据这一特性,雌鳝经过产卵繁殖期后,必须捕起,重新调整雌雄亲鳝搭配比例,以有利于翌年繁殖鳝苗。

4. 催产、受精和孵化

(1)人工催产：繁殖季节，在繁殖池中选择成熟的亲鳝注射激素催产，其催产剂的种类和剂量与全人工繁殖的相同。一般情况下，采用 LRH-A，以 0.3 微克/克体重一次性注射效果较好，雄性剂量减半。如果采用 HCG，其剂量以 2～3 单位/克体重为佳。15～50 克的雌亲鳝，一般注意 LRH-A 的剂量每尾为 5～10 微克，用 HCG 每尾为 30～100 单位；50～250 克重的雌亲鳝，用 LRH-A 每尾剂量 10～30 微克，用 HCG 每尾为 100～500 单位，雄亲鳝一般为雌亲鳝用量的一半。催产剂配制和注射方法如前文所述。如果在繁殖盛期，亲鳝性腺成熟度好，亲鳝数量有保证的情况下，也可不用催产，让其自然产卵受精。

(2)产卵、受精和孵化：经激素注射后的亲鳝放入由铁丝网等围建、放养密集的水生植物的繁殖池中，让其自行产卵、受精和孵化。亲鳝在产卵之前会吐泡沫，在杂草丛中或在放在繁殖池中的水葫芦、水浮莲、稻草捆上筑巢。对产卵和排精于泡沫巢上受精卵可让其自然孵化。也可将受精卵收集起来，在室内孵化。经半个月到 1 个月，在繁殖池中即能出现稚鳝。这些稚鳝可以通过铁丝网进入鳝苗池，进行鳝苗培育；也可将鳝巢内出现有黑点的鳝卵移入孵化池，培育成幼鳝，这时还可用密网兜捞出繁殖池中孵化出的仔鳝，投入苗种培育池中喂养培育。

(3)产卵及孵化的管理：黄鳝产卵期间，力求环境安静，尽量减少惊扰。繁殖池换水时切忌猛烈地灌水和冲水，而要通过细微的缓流或经常不断地掺水，以保持良好的水质。缓流水应首先通过鳝苗保护池,再缓慢地流入繁殖池,通过缓流的刺激,可以诱导鳝苗溯水而上进入保护池。若在饲养池中发现有新孵出的黄鳝苗,要把它诱集或捕捞起来,投入鳝苗种培育池精心饲养。

六、黄鳝苗种培育技术管理

(一)黄鳝苗种来源

目前黄鳝人工养成所用的鳝种来源大多是两方面,一是人工繁殖培育获得;二是人工野外经不同渠道采集。前者由于目前规模化人工繁殖尚不普及,所以来源数量受到限制,因此大多是采用后者,通过对野生鳝苗、鳝种甚至成鳝人工养殖或暂养后供应市场。如何提高野生黄鳝苗种放养的成活率,是黄鳝养殖成败关键因素之一。目前许多养殖者存在许多误解,例如:(1)一般认为鳝鱼选择标准是:鳝苗体表色泽正常、无损伤、活动力正常,更有甚者认为只要是活动正常的即可。这一非理性的经验标准是从其他普通水产养殖标准中得来的,极不适合鳝苗这一具有特殊习性的水生动物选购。(2)人们往往以为黄鳝生命力强,因此采用了不正确的采集暂养,养殖这一开始便存在失败隐患。所以野生鳝苗种养殖技术关键是采集过程中提高鳝种成活率。

1. 野外捕捉鳝种

每年4～10月可在稻田和浅水沟渠中用鳝笼捕捉,特别是闷热天或雷雨后,出来活动的黄鳝最多,晚间多于白天。一人一次可带200只鳝笼,晚间或雷雨后放入沟田,数小时后即可捕到黄鳝。用鳝笼捕捉黄鳝时,要注意两点:一是用蚯蚓作诱饵为佳,每只笼一晚上取鳝2～3次;二是捕鳝笼放入水中时一定要将笼尾稍露水面,以使黄鳝在笼中呼吸空气,否则会闷死或患上缺氧症。黎明时将鳝笼收回,将个体大的出售,小的作为鳝种。用这种方法捕到的鳝种,体健无伤,饲养成活率高。也可以晚上点灯照明,沿田埂渠沟边巡视,发现出来觅食的鳝鱼,用捕鳝夹捕捉或徒手捕捉(中指、食指和无名指配合)。捕捉时,尽可能不损伤作鳝种的个体。捕到的鳝种应尽快放入养殖池立即分不同规格放养。

2. 市场采购鳝种

在市场上采购鳝种,要选择健壮无伤的黄鳝。用钩钓来的黄鳝,咽喉部有内伤或体表有损伤,易生水霉病或体表溃疡,有的不吃食,成活率低,均不能作为鳝种。体色发白、无光泽、瘦弱的或活力不佳的,也不能作为鳝种。另外,市场上的商品鳝苗多数经历过不规范的运输过程,易患上"发烧"病。因此,养殖者应选购一直处于换水暂养状态的笼捕鳝种作饲养对象。凡是受农药中毒的黄鳝和药捕的黄鳝也不能养(药捕的黄鳝腹部多有小红点,时间越长红点越明显,活力也欠佳)。患有各种鳝病的,如常见的毛细线虫病、水霉病、梅花斑病,也不宜选用。一般可将黄鳝品种分为3种:第一种体色黄并杂有大斑点,这种鳝种生长较快;第二种体色青黄,这种鳝种生长一般;第3种体色灰,斑点细密,生长不快。三种鳝种应分开饲养。每千克鳝种生产成鳝的增肉倍数是:第一种为1:(5~6);第二种为1:(3~4);第三种为1:(1~2)。鳝种大小最好是每千克20~50尾,规格太小,成活率低,当年不能上市;规格太大,增肉倍数低,单位净产量不高,经济效益低。不过放养何种规格的鳝种还得考虑市场因素。如果春节前后市场上规格大的商品鳝价格很高,养殖者也可适当考虑放养大规格的鳝种,甚至成鳝。

3. 野外收集黄鳝受精卵人工孵化成鳝苗

每年盛夏期,有些湖岸沼泽地区,农村的水沟和水稻田,常可见到一些泡沫团状物漂浮在水面上,这有可能是黄鳝的孵化巢。当发现这种现象时,应及时用瓢或盛饭的勺子轻轻将它捞起,放在已盛入新水的面盆或水桶中。而后将鳝卵小心地放在鳝卵孵化器中孵化。孵化期间管理与人工繁殖孵化期间管理相同。

4. 野外收集野生鳝苗

在黄鳝经常出没的水沟中放养水葫芦,6月下旬至7月上旬就可去收集野生鳝苗。方法是先在地上铺一塑料密网布,用捞海把水葫芦捞至网布上,原来藏于水葫芦根中的鳝苗会自动钻出来,落在网布上。收集到的野生鳝苗可放入鳝苗池中培育。另一种方法是6月中旬,可在黄鳝生活水域中预先用马粪、牛粪、猪粪拌和泥土,在水中做成块状分布的肥水区,肥水区可长出许多丝蚯蚓,开食后的幼鳝会自动钻入这些肥水区觅食,此时可用小抄网捕捉,放入幼鳝培育池中培育。

5. 黄鳝苗种采集时应注意的问题

(1)捕捞方式:笼捕最佳,电捕可适量选用。

(2)订户收购,要求捕捞户每天捕捉的黄鳝按1份黄鳝4份水的比例贮存,起笼到贮存时间尽量控制在1小时内。

(3)养殖户必须在每天上午将当天捕捉的黄鳝收购回来,途中时间不得超过4小时。

(4)收购时,容器盛水至2/3处,内置0.5千克聚氯乙烯网片。

(5)鳝苗运回后立即彻底换水,黄鳝量与换水量的比例达1∶4以上。

(6)浸洗过程中剔除受伤和体质衰弱的鳝苗。

(7)1小时后,对黄鳝进行分选,规格分25克以下和25~50克两类,然后放入鳝池。

(8)整个操作过程中水的更换应避免温差过大(±2℃以下)。

(9)鳝种放养之初,在池中会不断游动,寻找安身之处,最后大部分黄鳝会躲入水草丛等"窝"中,但也往往会有一些黄鳝总是游离在"窝"外,在池底独处或长久地在水面"打桩",活动力渐弱,很容易被徒手捕到。这类黄鳝往往是"问题"黄鳝,在养殖过程中会陆续死亡,所以管理中应密切注意这类黄鳝,一旦不行要及时捕起卖掉或趁早用专池单独治疗性饲养,待活力增强后,再返回原池,以避免放种阶段鳝种死亡或疫病传播而造成经济损失。

(10)应注意保护黄鳝的野生资源,例如:采取隔年采捕方式,在地域内留存一定数量种鳝以及保护野生黄鳝的繁殖生态环境等,一方面保护了种质资源,另一方面也是为人工养殖留有足够的种苗来源。

(二)黄鳝的苗种培育技术管理

1. 黄鳝苗种的驯饲

依据黄鳝天然食性,国内养殖者普遍采用投喂鲜活饵料进行人工养殖,这些鲜活饵料包括蚯蚓、小杂鱼、河蚌、螺类或灯火诱虫。其优点是黄鳝能很快形成摄食习惯,缺点是增重倍数低、鲜活饵料无法长期稳定供应,尤其是大规模养殖时,这一局限性更加难以克服。

能否使用人工配合饵料饲养黄鳝是实施黄鳝规模养殖必须解决的问题。也有一些养殖户自己配制一些人工饵料进行饲喂,但由于对黄鳝的食性转变过程、人工饵料配制的营养全面性及制备方法等认识不足,黄鳝摄食率和增重情况均不理想。

2. 驯养前的准备工作

河蚌:收购若干鲜活河蚌,置于池塘暂养贮存。
饲料:黄鳝专用人工饲料。
冷柜:河蚌肉使用前,先进行冷冻处理。
绞肉机:绞肉机(大号),配2个模孔(3~4毫米、6~7毫米)。
电机:1.5千瓦单相电机1台。

机架:安装绞肉机和电机。

3. 驯养方法

本技术是以建立黄鳝饥饿感和制作合适的饲料形状来提高黄鳝驯养的成功率。例如,驯养饵料选用新鲜蚌肉,经冷冻处理后,用6～7毫米模孔绞肉机加工成肉糜,蚌肉不能被黄鳝有效消化,但却是黄鳝喜食的饵料之一。每天下午5～7时投喂,每天1次,投喂量控制在鳝苗总重1%的范围之内。这一数量远在黄鳝饱食量5%～6%以下,因而黄鳝始终处于饥饿状态,为建立群体集中摄食条件反射创造条件。这样的河蚌肉糜加适量清水均匀泼洒3天左右,过渡到定点投喂,例如每池设4～6个点,定点两天后则以3～4毫米模孔加工肉糜按8%量添加到人工配合饲料中,再用绞肉机加工成长3～4厘米长形软颗粒,略风干后按黄鳝重2%定点,每天投喂一次,宜下午5～7时喂,以15分钟能吃完为度。也可按下面的方法驯饲。

(1)鳝苗的驯饲

①投饲驯饲过程:鳝苗的开口饲料最好是水蚯蚓,天然饲料还有大型轮虫、枝角类、桡足类、摇蚊幼虫和微囊饲料等。经过10～15天培育,当鳝苗长5厘米以上时可开始驯饲配合饲料。驯饲时,将粉状饲料加水揉成团状定点投放池边,经1～2天鳝苗会自行摄食团状饲料。对于体长15厘米以上野生苗种则需在鲜鱼浆或蚌肉中加入10%配合饲料,并逐渐增加配合饲料的比例进行驯饲,驯饲时间一般为5～7天,鲜活饲料预处理按无公害养殖要求进行。

②投饲量:鲜活饲料的日投饲量为鳝苗体重的8%～12%,

配合饲料的日投饲量(干重)为鳝苗体重的3‰～4‰。

③培育管理要点:根据鳝苗的生长和个体差异及时分级饲养,同一培育池的鳝苗规格尽可能保持一致。当黄鳝种达到个体重20克时转入食用鳝的养殖。

应做到水质清洁,勤换水,保持水中溶氧量不低于3毫克/升。流水饲养池在生长季节水流量应控制在每小时0.01～0.1立方米,一般每周彻底清除池内污物一次。

换水时水温温差应控制在±3℃以内。生长水温以20～28℃为宜。当水温高于30℃,应采取加注新水、搭建遮阳棚、提高凤眼莲或喜旱莲子草的覆盖面积等防暑措施;水温低于5℃时,应采取提高水位确保水面不结冰,搭建塑料棚或放干池水后在泥土上铺盖稻草等防寒措施。

每天早、中、晚巡池检查,投饲前检查防逃设施、网箱是否完好、黄鳝吃食情况,调整投饲量;观察鳝苗的活动情况,如发现异常,应及时处理;勤除杂草、敌害、污物;洗刷网箱四壁,防止网孔堵塞,及时清除剩余饲料;清除死亡和体质衰竭的鳝苗;保持进排水系统畅通;暴雨季节严防溢池事故发生;查看水色、测量水温、闻有无异味,做好巡池日志。

(2)野生鳝种的驯饲

①投饲驯饲过程:野生鳝种入池宜投饲蚯蚓、小鱼、小虾和蚌肉等鲜活饲料,摄食正常一周后每100千克鳝用0.2～0.3克左旋咪唑或甲苯咪唑拌饲驱虫一次,3天后再驱虫一次,然后开始用配合饲料驯饲。驯饲开始时,将鱼浆、蚯蚓或蚌肉与10%配合饲料揉成团状饲料或加工成软颗粒饲料或直接拌入膨化颗粒饲料,然后逐渐减少活饲料用量。经5～7天驯饲,鳝种一般

能摄食配合饲料。鲜活饲料消毒按无公害养殖要求进行。

②管理要点:参见"鳝苗驯饲"中的管理。

4. 黄鳝苗种培育

苗种培育是将体长25～30毫米、开口摄食的鳝苗,培育到体长150～250毫米、体重5～10克的鳝种,一般培育期为4～5个月。也有只培育到3克以上体重便进行成鳝养殖的。

(1)鳝苗种培育池准备:见本书第四章相关内容。

(2)鳝苗放养:出膜后5～7天的鳝苗即可入池培育,每平方米放鳝苗500尾。开口饵料最好用丝蚯蚓,也可喂浮游动物,或用碎鱼肉、鲜蚯蚓的碎浆等动物性饵料,做到饱食下塘和肥水下塘。黄鳝具有自相残杀习性,放养时切忌大小混养。

放养鳝苗注意以下四点:

①鳝苗卵黄囊消失后,先用煮熟的蛋黄在原孵化器中喂养2～3天,再放入鳝苗培育池中。

②鳝苗下池前,要进行抽样记数,以便准确控制放养密度和总量。

③鳝苗下池时,盛苗容器里的水温与苗种池的水温相差不能超过±3℃,如温差过大,应进行调节。调节的方法是将苗池内的水慢慢舀入盛苗容器中,直至池中水温与容器水温相当时,再倾斜容器口,让鳝苗随水流入池中。

④鳝苗下池的时间,以施肥后7天左右下池为宜,此时正是天然浮游动物出现的高峰时期。下池时,要避开正午阳光猛烈的时间,以上午8～9时和下午4～5时下池为佳。

(3)鳝苗饲养管理:当池中水温15℃以上时,要加强对鳝苗的投饵喂养。预先培育丝蚯蚓、水蚤等活饵料,应充分满足鳝苗摄食需要,加快生长。同时培育池内可先用鸡粪等有机肥培育出浮游动物,然后将鳝苗放入,让鳝苗靠吃浮游动物生长。如浮游动物不足,则可辅助投喂一些煮熟的蛋黄浆。平时注意水质管理,经常加注新水。经过1个月饲养,幼鳝一般可长至51~53毫米。到年底,每平方米可出幼鳝100尾左右(已分级稀养),每尾体长可达15厘米,体重3克以上,这时可转入成鳝池饲养。鳝苗的生长速度见表6-1、表6-2。

表6-1 鳝苗的体长增长情况(1个月内)

饲养天数	刚孵出	第3天	第5天	第6天	第10天	第15天	第20天	第25天	第30天
体长(毫米)	17.4±1.2	19.0±1.0	20.6±0.9	22.1±0.4	25.4±0.3	28.4±0.3	36.4±0.8	44.7±0.6	52.7±0.6

表6-2 鳝苗体长和体重增长情况

标本日期	饲养天数(天)	采样数量(条)	体长(毫米)	平均体长(毫米)	体重(克)	平均体重(克)	递增体重(克)
6月30日	15	9	27~30	28.4	0.018 1~0.024	0.021 37	
7月30日	45	20	48~86	74.3	0.119 5~0.398 8	0.245 3	0.223 9
9月1日	78	15	95~125	105	0.536 9~1.408	0.825 4	0.580 1
10月9日	116	20	105~195	141.3	0.899 1~7.467 2	2.359	1.533
11月14日	151	35	150~245	161.8	1.630~11.74	3.776	1.417

具体投饲方面,鳝苗须肥水下池,下池的头几天,最好能散喂丝蚯蚓碎片使鳝苗能吃到充足的开口食料,并训练鳝苗养成集群摄食的习惯。如没有丝蚯蚓,也可采集生蚯蚓打成浆投喂。投喂须定点,形成固定的食场。这样经过半个月饲养,鳝苗体长可达30毫米左右,进行第一次分养后,即可投喂整条的蚯蚓、蝇蛆、杂鱼肉浆,辅以少量麦麸、米饭、瓜果、菜屑等。日投饲量为鳝苗体重的8%~10%,每天投喂2次,分别为上午8~9时和下午4~5时。待第二次分养后,可投喂大型的蚯蚓、蝇蛆及其他动物性饲料。鲜活饲料的日投量占鳝苗体重的6%~8%。

在人工饲养黄鳝过程中,各地培育鳝苗的方法很多,现介绍如下:

①肥料培苗法:是采用人畜粪尿经过无公害消毒沤熟施肥,以肥水来培育鳝苗。具体做法是:每天施经上述处理过的粪肥一次,每平方米施畜粪200克或人粪尿100克左右。用时要滤去粪渣,加水稀释,全池均匀泼洒。这个方法的优点是肥料来源广,成本低,操作方便,鳝苗入池后就有天然活饵料,有利于生长。但水质肥度不容易掌握。应注意每次施肥量,调节水质。

②黄豆培苗法:是用黄豆浆来喂养鳝苗,具体做法是:用黄豆或黄豆饼磨成浆喂苗,先将黄豆用水浸泡到豆瓣之间的凹隙胀平为宜,浸泡时间过长或过短都会降低出浆率。一般用黄豆1.25千克或1.5千克,浸泡后加水20~22.5千克。磨好的浆汁,用榨浆袋榨去豆渣,尽快泼浆喂鳝苗,时间不能搁得太长,以防产生沉淀和变质。投喂时间应在早晚,采取少量多餐的方法,不宜一次过量而影响水质。黄豆的用量,在鳝苗下池的头几天内,每平方米每次用黄豆45~50克,以后视水质肥瘦和鳝苗生

长情况,灵活掌握投饵量。如一旦遇到暴雨,一定要待雨停后再喂;鳝苗缺氧浮头时,待恢复正常后再喂,如浮头持续,就应停喂,并适当加入新水。此法的优点是豆浆营养丰富,能满足鳝苗生长发育的需要。鳝苗吃剩下的豆浆又可肥水,产生鳝苗喜食的活饵料,池水肥而稳定,容易掌握,并且培育的鳝种体质健壮。但其缺点是成本高,花工多,加之鳝苗入池的头几天缺少天然的饵料,致使生长差。

③施肥和投料两者相结合的培苗法:即是在鳝苗下池前5天左右,每平方米施粪肥料10~15克,培养供给鳝苗摄食的天然饵料。鳝苗下池的头几天,鳝池饵料是否充足是决定鳝苗成活率高低的关键。这时最好兼喂些人工饵料,如每平方米每日喂黄豆浆5~10克,投喂预先准备的浮游动物、蚯蚓浆等,以补充天然饵料的不足。以后每隔3~5天,每平方米施肥料10克左右。当鳝苗培育10天后,因食量增加又需投喂饲料。两者混合使用可灵活掌握,如鳝苗下池而水质不肥时,宜多泼些豆浆,使鳝苗吃饱吃好;当池水肥沃时,就不必再多泼豆浆;当池水变瘦,或在阴天,气温低肥料分解缓慢,应多投饲料。

鳝苗培育到11月中下旬,一般均能达到15厘米以上的鳝种规格,此时既可分池进入成鳝养殖池越冬,也可让鳝种在原池越冬。一般当水温达12℃左右时,鳝鱼即停止摄食,钻入泥中越冬。

日常管理要点为:

①适时换水:通过定期加注新水和适量换水来调节水质,春秋季每7天换水1次,夏天3天换水1次,每次换水量为池水总量的1/3~1/2。换水时采取先排后进的方法,换水时间安排在

傍晚前后进行。

②调控水温:鳝苗培育池中的水温最好能调控在25～28℃。夏季高温季节,必须采取降温措施,主要的措施为在池面上空搭设荫棚、水面种植一定数量的浮叶植物,也可采取换水降温的方法,即向池内不断加注清凉水。有条件的地方,最好能将上述两条措施结合进行。

③勤巡塘,每天早、中、晚巡塘3次,检查防逃设施,观察鳝苗动态,及时捞除污物。

④做好防止病害工作,及时驱除池中敌害生物。定期使用有益微生物制剂,以改善水质,维持良性藻相菌相。

(4)鳝苗分养:在饲养过程中,要注意适时分养。方法是在鳝苗集中摄食时,用"密眼捞海"将身体健壮、抢食能力强、规格较大的鳝苗捞出,放入新培育池内。

一般在苗种培育过程中,进行2次分养。鳝苗下池经半个月饲养后,体长达30毫米以上时,进行第一次分养,具体的操作方法为:在鳝苗集群摄食时,用密网布制作的小抄网将身体健壮、摄食活动力强的鳝苗捞出,放入新的培育池中,使鳝苗的密度从放养时的每平方米500尾降到每平方米200～250尾。鳝苗经1个多月的饲养,体长达到5.0～5.5厘米时依照上法进行第二次分养,使池内的密度下降到每平方米100～150尾。以后可根据具体情况确定是否进行第三次分养。

七、黄鳝养成技术管理

黄鳝养成有各种方式,如池塘、网箱、稻田等养殖方式,其中以网箱养殖较为灵活方便。

(一)土池或水泥池养殖的技术管理

养殖池场地、水源、水质应符合无公害养殖的要求,地址应选环境安静、水源充足、进排水方便的地方,池面积根据养殖规模可大可小,一般为2~30平方米(池塘准备见第四章)。

1. 鳝种放养

(1)放养时间:放养鳝种的时间应选择在晴天,水温宜为15~25℃。

(2)放养密度:放养规格以20~50克/尾为宜,按规格分池饲养。面积20平方米左右的流水饲养池,放养鳝种以1.0~1.5千克/平方米为宜,面积2~4平方米的流水饲养池,放养鳝种以3~5千克/平方米为宜。静水饲养池的放养量约为流水饲养池的1/2。

2. 投饲技术及管理

(1)投喂：食用鳝养殖用饲料有：配合饲料；动物性饲料：鲜活鱼、虾、螺、蚌、蚬、蚯蚓、蝇蛆等。

投饲方法应注意"四定"：

①定质：配合饲料安全卫生应符合无公害配合饲料的要求；动物性饲料和植物性饲料应新鲜、无污染、无腐败变质，投饲前应洗净后用沸水浸泡3～5分钟，或高锰酸钾20毫克/升浸泡15～20分钟，或食盐5%浸泡5～10分钟，再用淡水漂洗后投饲。

②定量：水温20～28℃时，配合饲料的日投饲量（干重）为鳝体重的1.5%～3%，鲜活饲料的日投饲量为鳝体重的5%～12%；水温在20℃以下或28℃以上时，配合饲料的日投饲量（干重）为鳝体重的1%～2%，鲜活饲料的日投饲量为鳝体重的4%～6%。实际生产中投饲量的多少应根据季节、天气、水质和鳝的摄食强度进行适当调整，所投的饲料宜控制在2小时内吃完。

③定时：水温20～28℃时，每天2次，分别为上午8时前和下午5时后；水温在20℃以下或28℃以上时，每天下午5～6时投饲一次。

④定点：投饲点应固定，宜设置在阴凉暗处，并靠近池的上水口。

(2)管理：巡池、水温、水质管理参见鳝苗培育部分内容。

(3)混放泥鳅和螺蛳：在鳝池中可以混养一些泥鳅（0.5～1千克/平方米），螺蛳（0.5～1千克/平方米），泥鳅可吃掉黄鳝的残饵,并能上下不停窜游,防止黄鳝互相缠绕所导致的损伤或死亡。螺蛳能起净化水体作用。

(4)应注意的一些问题

①池埂上可种些爬架作物,如丝瓜、南瓜、豇豆等,在池的四周搭架,使茎蔓在池顶架上对爬。架高视栽培作物的需要而定。

②土池在放水前,将底泥翻过来,在烈日下暴晒几天则更好。

③水体短期缺氧时,黄鳝会把头伸出水面呼吸空气中的氧气,因此水体短期缺氧时黄鳝不会因泛塘致死。但缺氧会影响黄鳝对饵料的摄取,影响生长速度。鳝池水浅,投饵量多,又是动物性饵料,水质很容易恶化,应重视防止水质恶化,除了在池中放养水葫芦,再投放些绿萍,则净化水质效果会更好。

④防敌害,水老鼠、飞鸟、蛇及家鸭等均可入池捕食黄鳝。一般采用捕捉或驱赶的办法将其清除。

⑤雨天和闷热天气时应注意溢水口是否畅通,拦鱼栅是否牢固,防止黄鳝外逃。

3. 越冬

水温降至10℃以下的11月至次年3月是黄鳝的越冬期,应对黄鳝严加保护,使其顺利越冬。将黄鳝池保留一定水位,以保证池底不结冰。或将池水排干,保持池内土壤湿润,在池面上盖一层稻草、草包等进行保暖防冻。

4. 收获

11月下旬后,水温降至10℃时,黄鳝停止摄食,可进行黄鳝起捕,可采用冲水方法捕捞黄鳝或干池挖捕。

(二)网箱养殖的技术管理

网箱制作和设置见第四章;鳝种准备与土池养殖同。

1. 鳝种的放养

目前网箱养殖鳝苗来源有两种,分别为人工繁殖苗种和野生苗种。人工繁殖苗种养殖成活率高,增重快,但苗种成本较高;野生苗种成本低,但养殖成活率相对较低,增重较慢。鳝种投放规格一般在尾重20克以上。投放前应用10~20毫克/升的高锰酸钾溶液浸洗10~30分钟,或用3%的食盐水浸洗10分钟,也可采用其他抗生素等进行药浴。在浸泡过程中,剔除受伤、体质衰弱的鳝苗,并进行大小分级。一般分为50克/尾以下和50克/尾以上两级饲养。放养时间每年4月至5月或7月下旬至8月份。放养量为1.5~2.5千克/平方米(人工繁殖苗种取下限,野生苗种取上限)。如只是为了换取季节差价,不图增重,最大放养量可达4~5千克/平方米。网箱中可同时放入少量泥鳅。

2. 饲料投喂

养成阶段的饲料主要以小杂鱼、蚯蚓、螺蚬、蚌肉等为主,也可驯养后投喂人工配合饲料。苗种刚放入网箱时,投饵范围要大些,然后逐步驯化到定质、定位、定时、定量。

(1)定质、定位:饲料必须新鲜,且营养丰富,投喂时其大小以黄鳝张口即可吞入为宜,大块料必须切碎或用绞肉机绞碎。另外,投喂黄鳝的饲料需做成条状投在食台上。

(2)定时:黄鳝喂食,每天1次即可,一般在每天日落前1小时左右进行投喂。10月份后水温渐低,黄鳝投饵时间可逐步提前到温度较高的下午。

(3)定量:养殖期鲜饵日投喂量占黄鳝体重的5%～10%,11月份后为3%;干饵投喂量占黄鳝体重的2%～4%,11月份后为1%。具体日投饵量主要是根据天气、水温、水质、黄鳝的活动情况灵活掌握,原则上一般以投喂后2小时左右吃完为度,尽量做到让黄鳝吃匀、吃饱、吃好。

3. 饲养管理

做好日常观察和检查,坚持早晚巡塘。要经常检查、清洗网箱,一般在生长季节隔天清扫一次网箱,清扫时可用扫帚或高压水枪。要经常仔细检查箱体,看是否被水老鼠咬破,如有漏洞应及时修补,有条件的养殖户可在网箱养殖区外侧拦设围网防逃。要定期捞取网箱内过多的水花生,防止水花生生长过旺,长出箱体,在雨天出现逃鳝现象。要注意池塘水位变化,特别是夏季下暴雨或高温干旱时,应及时调整网箱位置。随着黄鳝个体长大,应及时筛选分养,调整密度,防止黄鳝以大吃小,根据鳝鱼大小分养于不同网箱,约30天分养1次。

4. 鳝病防治

一是在5～9月份每半月用漂白粉或二氧化氯挂篓(袋)1次,每只网箱挂2个袋,每袋放药150克,并定期在箱内水体中浸泅苦楝树皮等中草药。

二是对收集的饵料严格挑选,防止病从口入。定期投喂添加0.5%土霉素药渣的配合饲料。每半个月清洗1次箱底,以防残饵腐败水质。

三是选用对黄鳝无副作用的药物进行水体消毒。外用药有漂白粉、强氯精等,内服药用土霉素、中草药等防病药物。

(三)稻田养殖的技术管理

稻田准备见第四章;鳝种准备与土池养殖同。

1. 鳝苗放养

选择的鳝苗应无伤无病,游动活泼,规格整齐,体色为黄色或棕红色。一般每亩放规格为30～50克/尾的鳝苗800～1 000尾,并套养5%的泥鳅于田间。泥鳅上下窜动可增加水中溶氧,并可防止黄鳝相互缠绕。苗种放养时温差不能过大,切勿用冷水冲洗鳝苗,以防鳝苗患"感冒病"。

2. 饲养管理

保持水质清新、肥活和溶氧丰富。动物性饲料一次不宜投喂太多,以免败坏水质。夏季要检查食场,捞掉剩饵,剔除病鳝。高温季节加深水位15厘米左右,以利于黄鳝生长。暴雨时及时排水,以防田水外溢鳝鱼逃跑。黄鳝是以肉食性为主的杂食性鱼类,特别喜食鲜活饵料,如小鱼、蚯蚓、蛆等,采取5～7天投喂1次,投喂量为体重的30%～50%,把活小鱼、蚯蚓、蛆等投入进排水沟,让黄鳝自由采食,并搭配一些蔬菜、麦麸等。生长期间也可投喂一些蛋白质较高的配合饲料,分多点投喂,确保黄鳝均匀摄食。根据黄鳝昼伏夜出的生活习性,初养阶段,可在傍晚投饵,以后逐渐提早投喂时间,经过1~2周的驯养,即可形成每日上午9时,晚上6时2次投喂,每次喂根据天气、水温及残饵多少灵活掌握,一般为黄鳝总体重的5%左右。坚持"四定"、"四看"投饵,形成黄鳝集群摄食的生活习性。

3. 稻田施肥

稻田合理施肥,不但可以满足水稻生长的营养需要,促进水稻增产,而且能够繁殖浮游生物,为黄鳝、泥鳅提供丰富的饵料,所以施肥对水稻和黄鳝、泥鳅生长都有利。但是,施肥过量或方法不当,会对黄鳝、泥鳅产生有害作用。因此,必须坚持以基肥为主,追肥为辅;以有机肥为主,化肥为辅的原则。

稻田养殖黄鳝、泥鳅后,由于鱼类的增肥作用,土壤有效磷、有效硅酸盐、有效钙、有效镁、有机质含量均高于未养黄鳝、泥鳅的稻田。稻田中施用的磷肥常以钙镁磷肥和过磷酸钙为主,钙镁磷肥施用前应先和有机肥料堆沤发酵后使用,在堆沤过程中,靠微生物和有机酸的作用,可以促进钙镁磷肥溶解,提高肥效。堆沤时将钙镁磷肥拌在10倍以上有机肥料中,沤制1个月以上。过磷酸钙与有机肥料混合施用或厩肥、人粪尿一起堆沤,不但可以提高磷肥的肥效,而且过磷酸钙容易与粪尿中的氨化合,减少氮素挥发,对保肥有利。因此,采用氮肥结合磷钾肥作基肥深施可提高利用率,也可减少对鱼类的危害。

有机肥料均需腐熟才能使用,作基肥时应重施,部分可为黄鳝、泥鳅直接提供食料,并促使浮游生物大量繁殖,作为黄鳝、泥鳅的饵料。

施肥时基肥占全年施肥总量的 70%～80%,追肥 20%～30%。注意施足基肥,适当多施磷钾肥,并应严格控制用量。对鱼有影响的主要是化肥,如果按常规用量施用,鱼类一般没有危险。但施放量过大,水中的化肥浓度过高,就会使水质恶化,影响鱼类生长,甚至引起鱼类死亡。几种常用化肥安全用量每亩为:硫酸铵 10～15 千克;尿素 5～10 千克;硝酸钾 3～7 千克;过磷酸钙 5～10 千克。如果以碳酸铵代硝酸铵作追肥,必须拌土制成球肥深施,每亩用量 15～20 千克。碳酸铵作基肥,每亩可施 25 千克。施后 5 天再放养鱼苗。施用长效尿素作基肥,每亩用量为 95 千克,施后 3～4 天即可放鱼,对鱼无毒害。若用蚕粪作追肥,应经发酵后再使用,因为新鲜蚕粪含尿酸盐,会毒害鱼类。施用人畜粪肥,也要注意用量,每亩每次以 500 千克以内为好,基肥以 800～1 000 千克为宜。注意过磷酸钙不能和生石灰混合同时施用,以免起化学反应,降低肥效。

酸性土壤的养鱼田,常施用石灰,中和土壤酸性,提高过磷酸钙肥效,有利提高水稻结实率。稻田施用适量生石灰能调节水温水质,减少病虫害,加速鱼类生长,但过量对鱼会产生毒害作用。稻田水深 6 厘米,每亩每次不超过 10 千克为宜,如需多次施用,则要"量少次多,分片撒施"。

4. 稻田施药

为了确保黄鳝、泥鳅安全,养鱼稻田施用各种农药防治虫害时,均应事先加深田水,稻田水层应保持在 6 厘米以上,如水层少于2厘米时,对黄鳝、泥鳅的安全会带来威胁。病虫害发生季节往往气温较高,一般农药随着气温的升高而加速挥发,也加大了毒性。施药时也应掌握适宜的时间。喷撒药液(粉)时,注意尽量喷撒在水稻茎叶上,减少农药落入水中,这样对鱼更为安全。粉剂宜在早晨稻株带露水时撒,水剂宜在晴天露水干后喷。下雨前不要施药。喷雾时,喷雾器喷嘴伸到叶下,由下向上喷。不提倡拌土撒施的方法。使用毒性较大的农药,可采取一面喷药,一面换水。为了防止施药期间沟凼内鱼类密度过大,造成水质恶化缺氧,应每隔3~5天向鱼凼内冲一次新水。等鱼沟鱼凼内药力消失后,再向稻田里灌注新水。也可采取分片用药的方法,即一块田分成2天施药,第一天半块田,第二天另半块田,这样也可减少对鱼类的药害。

5. 水质调节

黄鳝与水稻共同生活在一个环境,水质调节应根据水稻的生产需要,并兼顾黄鳝的生活习性。初期,灌注新水,以扶苗活棵。分蘖后期加深水层,控制无效分蘖,也利于黄鳝生长。生长期间,5~7天换注一次新水,每次换水量为20%,并加高水位10厘米,及时调节水质,保持水质良好。特别在闷热的夏天,应注意黄鳝的生活变化,如黄鳝身体竖直,头伸出水面,俗称"打桩",表示水体缺氧,需加注新水增氧。

6. 鳝病防治

入田前,鳝苗用3%~5%的食盐水浸泡5~10分钟,以杀灭体表病菌及寄生虫。生长期间,每15天向田沟中泼洒石灰水,每立方米水体用生石灰10～15克,化水泼洒。养殖过程中常发生的疾病有以下几种。

(1)水霉病:鳝苗入田前用3%～5%的食盐水浸泡5～10分钟即可。

(2)打印病:7月中旬易患打印病,采用5毫克/升漂白粉溶液全沟泼洒3天,后每15天泼洒1次,效果良好。

(3)肠炎病:夏季易发生,采用内服和外用药物相结合治疗,外用药物常用1～2毫克/升漂白粉或二溴海因等全沟遍洒。内服药物,每50千克饵料用土霉素1克拌饵投喂,连喂3天。

(4)毛细线虫病:是一种肠道寄生虫病,寄生在肠道后半部,防治时除了在本书第六章驯饲时采用的方法外,还可以每千克鳝鱼用90%的晶体敌百虫0.1克拌入蚌肉投喂,连用5～7天,即可恢复正常。

7. 稻田越冬

(1)秋末冬初水温降到10℃左右时,黄鳝停止吃食,钻入泥内冬眠。对留种的、未能上市的、当年繁殖的鳝种、鳝苗要做好越冬工作。越冬方法有:

①干水越冬:把田水放干,保持土壤湿润,再铺盖一层稻草、草包等保暖防冻。

②带水越冬:把田水加深到20～30厘米,以防结冰;黄鳝要潜入底土洞穴深处越冬,若气温较高,白天还可出洞呼吸与捕食。

(2)泥鳅的越冬:冬季温度低于15℃的地方要做好泥鳅种和亲泥鳅的越冬工作。水温降到15℃时,要在泥鳅越冬池内施放一些农家肥,以增厚池泥为泥鳅越冬提供"温床"。保持水质清新,池内泥鳅密度可适当增加,保持水温在 2℃以上。如果天气过冷要注意防寒,可在池上加盖草帘或塑料薄膜保温。稻田内泥鳅越冬,要使泥鳅集中于鱼沟及鱼凼中。在水温降到 15℃以前,在鱼沟鱼凼中投放稻草,稻草厚 20 厘米左右,以便泥鳅钻入草底以利越冬。

8. 注意事项

一是黄鳝养殖成败关键之一是田埂加固和防止渗漏。有条件的农户,可用砖砌墙,水泥抹面,以防黄鳝打洞、田埂渗漏而使黄鳝外逃。

二是稻田里使用农药要有选择性,最好选择对黄鳝基本无影响或影响不大的农药。因黄鳝轻度中毒后,体表无明显症状,1~2 天内也不会死亡,所以,水稻田施用的农药要尽量避免黄鳝中毒。

三是营造良好的生态环境,减少黄鳝的应激反应,把好种苗和疾病防治关,提高黄鳝的成活率。

(四)工厂化养殖的技术管理

工厂化养殖设施准备见第四章。

1. 鳝池放养前的准备工作

鳝池建好后,灌满水再浸泡 15 天,然后彻底换水。5 月上旬,引种培育水葫芦。水葫芦培育可用池塘,也可直接在鳝池中进行,保持水体一定肥力。水葫芦不耐寒,北方需暖棚越冬保种。大约经1个月,水葫芦繁殖足够多后,可将所有鳝池按设计要求置满水葫芦,要求放置紧密,没有空隙。鳝苗放养前2天,按1.5毫克/升泼洒抗菌消毒剂,连续3天。

2. 鳝种的选购

养殖的鳝种最好是人工繁殖的鳝种。此类鳝种易驯养、成活率高、苗种纯、病害少,较适宜于人工养殖环境,易养殖成功,但这类鳝种数量较少。目前,养殖黄鳝的苗种大部分来自野生,由于捕捞的野生鳝种带内伤或外伤的较多,如选购不当易造成驯养失败。故要注意以下几点:

(1)发烧鳝不能当种苗。黄鳝有一种难治之症,即发烧病,主要是由高密度运输和暂养所致。

(2)药鳝不能选购。药鳝是受农药中毒的黄鳝,从外观上一时很难辨认。黄鳝农药中毒后,一般在30小时后才表现中毒状态,即发灰、翻肚等。这种药鳝不但不能养,而且不能食用。

(3)病、伤鳝不能养。体表有伤痕的或是用钩钓的黄鳝不能选用。作为种苗的鳝种,最好是采用笼捕的黄鳝。野生鳝也会患各种鳝病,患有较常见的3种疾病的都不宜选用。

①毛细线虫病:病鳝头大、颈细、体弱,严重者常呈卷曲状,此病极易感染。

②水霉病:病鳝尾部发白,黏液少或者无黏液。

③梅花斑病:也叫腐皮病,患病鳝体有明显的红色凹斑,如黄豆大小。

(4)活力不强的不能养:购买的鳝种如身体绵软很容易徒手被捉,长久"打桩"的应予筛除。

3. 鳝种的放养

鳝种经驯养开食后,可放入成鳝池养殖。

(1)鳝种放养时间:鳝种一般以早春放养效果较好,水温在15℃左右时最佳。当水温在15℃左右时,经过越冬的黄鳝开始大量摄食,此时黄鳝驯养成活率高,食性易改变,有利于黄鳝在养殖过程中的快速生长。如开春后购种有困难,可在前一年秋季有计划地贮养好鳝种,待春季水温回升,即投放鳝种。根据养殖经验,鳝种投放还有一个时间,即7月下旬的鳝种成活率相对较高,避开6月至7月中旬黄鳝的产卵季节,在此时放养鳝种是一个较好的时期,此时的鳝种价格较低,供应量也大。

(2)放养密度:放养密度要根据养鳝场的设施条件、饵料来源、鳝种规格及饲养管理技术等因素确定。一般每平方米放养体重在25～40克的鳝种50～100尾,即每平方米1.0～1.5千克。如条件好、管理水平高,可以多放一些,达到每平方米3千克以上。鳝种的规格如偏大,尾数应相对减少;反之,则增加放养量。

(3)鳝种放养注意事项:一是同一个池放养宜一次性放足鳝种。二是同一池中的鳝种规格力求一致,避免因规格不整齐引起大吃小的现象。三是放养前可用4%的食盐水浸洗消毒5～10分钟,以杀灭有害病原,同时可以剔除体弱、有病害的鳝种,减少养殖过程中的发病率。四是待黄鳝摄食正常后,可在池中搭养少许泥鳅,数量占5%左右。泥鳅上下游串,能防止黄鳝在高密度状态下引起的相互缠绕,以降低黄鳝病害发生率。

4. 饲料投喂

(1)饲料种类:目前,国内黄鳝人工养殖所使用的饲料大致可分为三大类,即动物性鲜活饲料、动物性下脚饲料及人工配合饲料。

①动物性鲜活饲料:主要有水丝蚓、蚯蚓、蝇蛆、黄粉虫、螺、蚌及昆虫等。这类饲料适口性好,饵料中蛋白质含量较高,营养成分全,转化率佳,是黄鳝喜食的鲜活饵料。也可用鲜活小鱼、虾养鳝,效果也不错。

②动物下脚料:动物下脚料作为补充性饲料是可取的,一般不作为饲料直接投喂,可将这些下脚料加工后投喂,效果较好,如肠衣下脚料、蚕蛹等。但黄鳝不食腐败饲料。

③人工配合饲料:不少养殖户把国内外市场上的鳗鱼饲料、甲鱼饲料等作为黄鳝饲料,养殖结果表明,黄鳝的摄食率、消化吸收率低,诱食性也差,养殖效果不理想。最好使用黄鳝专用配合饲料并辅以天然鲜活饲料。

(2)驯饲:鳝种刚入池的开头3~4天不投饲料,使其腹中的食料消化排泄而成空腹。然后将池水排干,再加入新鲜水,这时,黄鳝处于饥饿状态,可以在晚上进行引食。引食饲料一般采用黄鳝最爱吃的蚯蚓、蚌肉等,而后逐步让黄鳝摄食配合饲料。

引食投饵量第1次可为鳝种总体重的1‰~2‰,第2天早上检查,如果全部吃光,投喂量可增加到2‰~3‰,如水温在20~24℃时投饵量可增加到3‰~4‰。如当天的饲料吃不完,第2天早上要将残饵捞出,不再增加投饵量。一般6天以后就可以完全正常投饵。

(3)投饲方法:投饲要做到"四定"、"四看"的原则。

①"四定":四定为定时、定量、定质、定位。

定时:水温20～28℃时,上午7～8时,下午5～6时,各投饲1次。

定量:水温20～28℃时,日投量,一般鲜活饲料为黄鳝体重的5%～10%,配合饲料为2%～3%。具体还要根据"四看"而定。

定质:饲料要新鲜,最好是鲜活料。黄鳝很贪食,往往一次会吃得很多,或将大块饲料吞入腹中,造成消化不良,几天不摄食,严重的还会胀死。因此,一定要将饲料切碎。

定位:饲料投放点应固定,投饲点尽可能集中在池的上水口,这样饲料一下水,气味就会流遍全池,诱使黄鳝集中摄食。

②"四看":四看为看季节、看天气、看水质、看食欲。

看季节:根据黄鳝四季食量不等的特点,掌握投饲量。重点在6～9月份,投饲量占全年的70%～80%(表7-1)。

表7-1 投饲率与季节、水温关系

月 份	4	5	6	7	8	9	10	11
平均水温(℃)	16	22	25	29	28	20	18	14
鲜活料日投饲量占黄鳝体重的百分率(%)	3	4	5	6	8	10	6	3
干饲料日投饲量占黄鳝体重的百分率(%)	1	1.5	2	3	4	5	3	1

看天气：晴天多投，阴雨天少投，闷热无风或阵雨前停投。雾天、气压低时，要等雾散后再投。当水温高于28℃，或低于15℃时，要减少投喂量。

看水质：水肥时可以正常投饲，水瘦时适当增加投喂量，水质过肥投喂量要适当减少。

看食欲：鳝鱼活跃、抢食快、食欲旺，短时间内能吃光饲料的，应增加投喂量；反之，应减少投喂量。一般以黄鳝能在2小时内全部吃光为度。

5. 日常管理

（1）水质管理：水质管理主要通过微流水和彻底换水两种方式结合来实现。

微流水的流量应控制在每小时0.01～0.1立方米，早春及晚秋保持下限，高温季节取上限。当水源方便或建有蓄水池时，可持续进行。在水源不便或无蓄水池时，可在投喂前后4小时集中进行，流量可适当增加到每小时0.4立方米。

彻底换水的操作对黄鳝养殖是极为重要的环节。一般每3～5天彻底换水1次。高温季节取下限，其他季节取上限。如果没有微流水配套，应2～3天彻底换水1次。彻底换水的时间宜在上午进行。

（2）排污：排污作为水质管理的必要环节，可以彻底减少水质恶化的污染源，同时也降低了载体的有机负荷。

在彻底换水的操作中，当水彻底排干后，用扫帚将集中于中间空置区的排泄物、食物残渣等扫至水口排掉，同时将繁殖过密的水葫芦清除一部分。清除水葫芦时应注意根系中常有黄鳝潜伏。由于水葫芦下的污物难以排除,加之水葫芦覆盖,常导致这一区域的水质败坏,因此,在每次排水结束后,应施入一定量的消毒药物。

(3)巡池:巡池的内容有四个方面:一是防止老鼠及蛇类侵入。二是及时清理死亡和体质衰竭的鳝苗。三是保持进排水系统的畅通。四是雨季尤其是暴雨季节严防溢池事故发生。

(4)高温管理:高温管理主要抓好两项,一是加强水质管理及排污的力度。二是提高水葫芦的覆盖密度,以降低载体的温度,确保载体水温不超过32～33℃,必要时加强换水以降低水温。

(5)越冬管理:越冬管理着重抓好两件事,一是逐渐降低水质管理及排污的频度,停食后,可停止排污。二是在冬季来临之前,维持水葫芦的覆盖密度,必要时增加一些草类覆盖,以达到保温的目的。

(五)黄鳝养殖中的混养

黄鳝可与其他水生动物混养,例如养殖水域同时放养滤食性的鲢鱼、鳙鱼,杂食性的泥鳅等,不仅可以改良水体,充分利用饵料,而且可以提高单位水体经济效益。各地可根据当地条件、具体情况,按照养殖环境、水生生物之间共生互利的原理创造出各种可行的混养方法。

1. 鳝鱼、藕兼作

选择地势平坦、进排水方便、保水性能好、塘埂无渗漏的藕塘进行黄鳝养殖。每亩放养规格为30尾/千克的鳝种200～250千克,同时放养0.5克/尾左右的泥鳅0.6万～1.0万尾及规格10～15尾/千克的鲢、鳙鱼夏花300～500尾。为防止塘水外溢、苗种逃逸,要建造高于地面70厘米以上的塘埂。

2. 鳝、鳖混养

鳖是一种经济价值较高的水产动物,经试验,在鳝池中混养鳖,能取得较高的经济效益。鳝、鳖混养池的结构以采取鳝池中作埂的形式为好,池水可加深20～30厘米。鳖放养的规格以250克/只以下为宜,每平方米放养1～2只。放养时间为放鳝种后15天放鳖。黄鳝反应灵活,鳖一般是捕食不到黄鳝的,同时鳖能摄食腐败的动物尸体,可将黄鳝吃剩的食物清除掉。鳖用肺呼吸,不与黄鳝争夺水中的溶氧。黄鳝与鳖的饵料基本相仿,只要在投饵时适当增加投饵量即可。经6个月饲养,鳖的体重可增重2～3倍,每平方米可产鳖1千克,产鳝3～5千克。

3. 养虾池塘网箱养殖黄鳝

葛莉莉等2001年利用12亩普通鱼池以养殖青虾为主,网箱面积100平方米养殖黄鳝,当年获得了较高的经济效益,青虾收获960千克(其中:上市商品虾600千克,小虾360千克),鱼种50千克,黄鳝225千克,黄鳝增肉倍数3,总计产值39 360元,扣除各项生产成本7 290元,获利32 070元,亩盈利2 672.5元。

(1)池塘环境:池塘为普通养鱼池,向阳、避风、进排水方便,水位稳定,池水深1.3米,水透明度25～35厘米,溶氧为4毫克/升。在鳝、虾种放养前一星期将塘干池,留底水4厘米,作一次彻底清塘消毒。

(2)网箱的制作与安置:材料选用聚乙烯(PP)无结节网片,网目36目,网箱上下纲绳直径为3毫米,将网箱拼成长方形六面体网箱,规格7米×4米×1.6米。在网箱口上方一周伸出6厘米宽的檐,网箱水面4/5面积种植水花生,以便遮荫纳凉、净化水质,给鳝一个良好的栖息环境。网箱高出水面50厘米,放置为固定式,网周用竹子固定,毛竹扎架,结活络结,做到水涨网箱能升,水降网箱能下,四只网箱连体呈田字型,放置在鱼池中央稍偏东西,离池底20厘米。网箱在鳝种放养前一周先入池,让网箱附着一些藻类,以避免鳝体与网片摩擦受伤造成损失。

(3)苗种放养:鳝种放养在6月底至小暑前结束,购买渔民用鳝笼捕捉到的野生鳝苗,选择体色黄色、无病无伤、规格整齐、每千克40尾的鳝鱼,每平方米放养2千克,每只网箱一次性放养。

虾苗放养规格1.5~2厘米/尾,亩放4万尾,放养时间6月底左右。放养青虾苗15天后,每亩套养白鲢、鳙鱼夏花各100尾左右,虾苗放养前7天,用鸡粪、猪粪经发酵(150千克/亩),培育红虫。

(4)投喂

黄鳝:刚放种4天内基本上不投喂,待黄鳝行动正常后,在晚上开始引食,引食饲料为动物性饵料,以蚯蚓为主,附加其他小鱼等,直到正常摄食。投饵时间上午7~8点钟投饵量占日投量的1/3,下午5点钟占2/3,开始按鳝鱼3%投饵量,以后逐渐增至6%,一般以2小时吃完为宜。随天气、水温变化灵活掌握,适度投喂市场上购的小杂鱼等。在投喂前,小杂鱼用3%~5%的食盐浸洗10分钟左右。

青虾:用专用颗粒饲料及米糠、麸皮、豆饼、小杂鱼、螺蛳等。前期,自配料,按40%动物性饵料和60%植物性饲料混合磨成糜状投喂;中后期(3厘米左右),颗粒料,以植物饲料为主,加入20%~30%的动物性饲料并添加少量骨粉以及微量元素,日投量控制在池虾重量的4%~6%,日投2次,上午6~7时一次,占日总投量的1/3,下午4~5时一次占2/3,投在塘四周,一般以2小时吃完为宜。灵活投喂,初夏和晚秋可适当少投,在自制饵料中添加适量的脱壳素。每隔20天左右,用复合肥2.5千克/亩,全池泼洒一次,以培育浮游生物饵料。

(5)防病:每半月用生石灰10毫克/升兑水全池泼洒一次,调节水质,自制饲料中每千克饲料拌6克土霉素以防疾病。

黄鳝在放养前用3%~5%食盐溶液浸洗10分钟,杀灭体表寄生虫。除塘内正常泼洒药物外,每半月向箱内泼洒一次漂白粉,每平方米2克;经常用大蒜与饲料混合投喂,做好预防工作,发现病鳝及时治疗。

(6)日常管理:由于网箱体常吸附着大量的污泥、水绵、青苔等,影响水体交换,因此,每星期清洗一次网箱,定期检查箱底,发现有死鳝及时捞除,发现网箱有破洞及时修补。

池塘进出水口严格过滤,用密眼网布做好拦网设施,既防虾苗外逃,又防野杂鱼等敌害进入。备有水泵一只(6寸),防止缺氧;每1~2天加换水一次;每天巡塘做好记录。

(7)捕捞:青虾9月份开始适当进行捕大留小,采用地笼捕捉方法,小规格养至年底或翌年上市出售。

黄鳝在11月底,当水温降至10℃以下时向网箱中投入大量水草,让黄鳝越冬,在春节前后市场价格升高时,捕出黄鳝上市。

(8)体会

①在池塘中套网箱养殖黄鳝具有占地面积小,吊养在池塘内能充分利用水域的立体养殖、管理方便、成本低、经济效益显著等特点。

②黄鳝的饲料主要是动物性饵料,因此,饲料的配套要跟上。

4. 稻田中鱼、蟹、鳝混养

陈卫境等2001年在26亩稻田中进行鱼、蟹、鳝共生混养,产值达10.1万元,其中优质水产品产值8.7万元,创利6.06万元,亩平均产值3 883元,利润2 331元,投入与产出比为1∶2.5。

(1)营造稻田小生态种养工程:实施田函沟相结合和宽沟式稻渔工程技术。按照"三增一节"(即增粮、增鱼、增收、节水)的要求,进行农田改造,开好围沟、田间沟和蓄养池,开挖面积占农田总面积的20%,其中蓄养池面积近5亩。围沟深0.8米,上口宽2米,下口宽0.8米,田间沟宽0.8米,深0.5米。抛栽秧苗前施足基肥,每亩施有机肥2 000千克,复合肥、碳铵各25~30千克,以确保水稻生长之需。稻田周围采用水混预制板建好防逃设施,预制板入土25厘米,高出地面70厘米。

(2)合理确定养殖品种

①选用生长期长、抗倒伏、抗病力强的优质高产水稻品

种——苏香粳。

②以鱼、蟹、鳝为养殖对象,进行综合养殖。秧苗抛栽一周后放养水产苗种。鱼种先暂养于蓄养池内,待秧苗活棵后放入田内,具体亩放养量:5克以上长江水系中华绒螯蟹200只,40尾/千克的黄鳝苗种50千克,体长13厘米以上的冬片鱼种200尾,其中异育银鲫占60%,草鱼占20%,花白鲢占20%。鱼种、鳝种下塘前用3%～5%盐水浸洗3～5分钟,河蟹用20毫克/升高锰酸钾浸洗15～20分钟。

(3)稻田种养日常管理

①追肥:管理期间,根据水稻长势确定追肥的品种、用量和次数。一般以有机肥为主,每次施腐熟粪肥10～15担,尿素8～10千克。

②投饵:在充分利用小生态天然饵料的基础上,适当补充投喂商品饲料,投喂的品种有:小麦、菜籽饼、小鱼、小虾、蝇蛆等,日投饵量占鱼体重的5%～10%,投喂以傍晚为主。

③管水:前期保持田面水深5厘米以上,保证秧苗活棵;适时搁田,将水位降至田面以下,加速水稻根系发育,促进水稻增产,搁田完毕,及时灌水;高温季节水位保持10厘米以上,一般2～3天注新水一次;暴雨天气,宜降低水位;晴好天气,灌水次数增加。

④用药:选用高效低毒农药,如井岗霉素等,禁用菊酯类药物,用药量按防治水稻病虫害的常规用量;沟、池定期用生石灰消毒;定期使用诺氟沙星或中药制剂等拌饵内服,做好病害预防工作。

⑤防逃:每天检查防逃设施是否完好,遇大雨防鱼、鳝、蟹逃跑。

5. 滩、荡鱼、鳝规模化混养

方云东 1996—1997 年进行大水面鱼、鳝混养,在不单独投饵的情况下,取得了亩增纯收入 800 元的好收益。

(1)塘口准备

①水面为荡滩,面积 100 亩,平均水深 1.2 米,浅水区占 1/3,池埂坚实,不渗漏。配备 2 台 S195 柴油机,2 套抢排泵,船 2 条。

②清整消毒:每年冬季干塘,暴晒半月后,用生石灰清塘消毒。

(2)苗种放养

①苗种来源:花白鲢、银鲫为专塘培育,黄鳝、泥鳅为收购。

②放养情况:见表 7-2、7-3。

表 7-2　1996 年苗种放养情况

放养时间	品种	规格	数量(千克)	亩放养量(千克/亩)
3 月	鲢鱼	15 尾/千克	1 000	10
6 月 28 日	银鲫	夏花	35 万尾	3 500 尾/亩
5～6 月	黄鳝	40～50 尾/千克	110	1.1
5～6 月	泥鳅		150	1.5

表 7-3　1997 年苗种放养情况

放养时间	品种	规格	数量(千克)	亩放养量(千克/亩)
3 月	鲢鱼	15 尾/千克	1 000	10
6 月 25 日	银鲫	夏花	40 万尾	4 000 尾/亩
5～7 月	黄鳝	40～50 尾/千克	200	2
5～7 月	泥鳅		200	2

(3)饲养管理

①严格把好苗种质量关:放养的鱼种要求体格健壮,无病无伤,规格整齐。

黄鳝苗种:一般开春后与捕捞户联系,将每天捕捞的黄鳝及时放养,暂养时间过长的黄鳝苗种尽量不要。黄鳝苗种选体色黄且杂有斑点者为佳,规格在40~50尾/千克。

苗种下塘前要消毒:一般用3‰~4‰食盐水浸泡5分钟。

②控制好水质:大水面水体大,水质相对稳定性好,但一旦发生恶化,很难急救,工作量和成本均很大。养殖期间,饵料均用颗粒饲料,根据存塘鱼体重每10天调整一次投饵量,做到饵料不剩余,高温季节勤加换水,7~8月份2天换水一次,每次1/4~1/3。

③重视水生植物种植:黄鳝喜荫凉环境,其繁殖又需水生植物,本试验塘口,有一部分浅水区移植了水花生,深水区栽种荷藕,水生植物覆盖面积占总面积的15%左右。

④加强防逃措施:混养黄鳝放养密度低,无需专门投饵,中心工作是防逃。进出水口、危险坝埂均可逃鳝,因此,进出口水均用细铁丝网加固好,危险坝埂采用聚乙烯网布深埋土中,防止黄鳝打洞穿过坝埂逃逸。

(4)收获:每年8月份开始捕黄鳝,年底干塘,收获情况见表7-4、7-5。

表7-4 1996年收获情况

捕捞时间	品　种	总产量(千克)	亩平产量(千克/亩)
12月20日	鲢鱼	11 800	118
12月20日	银鲫	13 100	131
8～11月	黄鳝	930	9.3
8～11月	泥鳅	900	9

表7-5 1997年收获情况

捕捞时间	品　种	总产量(千克)	亩平产量(千克/亩)
12月20日～25日	鲢鱼	12 600	126
12月20日～25日	银鲫	15 000	150
8～11月	黄鳝	1 550	15.5
8～11月	泥鳅	2 000	20

(5)几点体会

①大水面积混养,一般鱼产量在250～300千克/亩,鳝鱼产量在10～15千克/亩。产量过高,水质不易控制,易造成泛塘死亡。黄鳝放养量过大,会造成上市规格不大,且易相互残杀。

②黄鳝喜生活在土中,不易捕捞干净,第二年上市,规格也增大,价格更高。加之当年繁殖的幼鳝,规格小,上市价格低,需留塘次年上市。故大水面鱼鳝混养,养殖期2年以上,经济效益更佳。

③大水面混养黄鳝,一定要配套放养泥鳅,泥鳅繁殖快,小泥鳅又是黄鳝的活饵料。泥鳅既可清除残饵,改善水质,又可增加经济收入。

八、黄鳝捕捉、运输、暂养和越冬的技术管理

(一)野生黄鳝捕捉

捕捉野生黄鳝应严禁破坏资源性的酷捕,做到有计划的捕捉;进行不同盛产区域轮捕;在自然繁殖期盛期禁捕;在宜鳝区开展人工放流增殖等。

1. 钓捕

寻找黄鳝穴居洞口,把装好蚯蚓的特制钓钩放到洞口内,慢慢地上下移动,黄鳝就会吃食上钩。这时,再将钓钩和黄鳝一起取出洞口即可捕捉黄鳝。钓具有两种:一为软钩,二为硬钩。软钩可用市售钓鱼钩,钩柄缚结尼龙线,线的另一端缚在小竹竿上,竿径2厘米,长1米左右。硬钩可用普通钢丝,如雨伞骨或自行车钢丝,一端磨尖,在火上烧红后用老虎钳弯成钩状,另一端缚结于小竹竿上,全长40~50厘米。软钩适合钓水田洞穴中的黄鳝,硬钩常用于钓岸边、沟渠边及塘埂中个体较大的黄鳝。钓捕时间为4~10月份。该法所捕黄鳝不适长期暂养。

2. 笼捕

捕黄鳝的笼有稻田笼子(又称小笼子)和荡田笼子(又称大笼子)两种。

(1)稻田笼子:结构分前笼身、后笼身、笼帽、倒须和帽签五部分。前笼身长65厘米,直径7厘米;后笼身长8厘米,直径7厘米。倒须、笼帽配套。帽签是启闭笼帽的专用竹篾。捕捉季节在谷雨至秋后,历时130天。把诱笼放于稻田埂的水中,用力压入泥3~5厘米,沿田埂每平方米水面放1~2只笼子,至第二天清晨取出即可。

(2)荡田笼子:结构基本上与稻田笼子相似,只是体积较大。前笼身长80厘米,后笼身长100厘米,直径12厘米。捕捉季节在立夏至秋后,历时100天左右。此笼专捕个体较大的黄鳝,有利于资源的保护,但仅能在荡田中作业,水稻田中不能使用。

3. 抄网捕

用抄网捕鳝的主要工具为三角抄网和小划船,适用于外荡、池沼的浅水区捕捞。抄网的制作与用于捕捞泥鳅的抄网相同,也可略大。常见的黄鳝抄网网身长2.5米,上口宽0.8米,下口宽2米,中央呈浅囊状。网身用尼龙线制成。

抄捕是利用黄鳝在草堆下潜居的习性,捕捞的季节是5~9月份,选择浮在河面上的喜旱莲子草层或用蒿草自制草窝,置于浅水地区。作业时,一人将小船慢慢划至草层或草窝边,另一人手持抄网,伸入草下,由下而上慢慢提起,连草带鳝一起抄入网内。

4. 诱捕

(1)竹篓诱捕

①诱捕器具:用一只口径20厘米左右的竹篓,并取两块纱布用绳缚于竹篓口,在纱布中心开一直径为4厘米的圆洞。再取一块白布做成一直径4厘米、长10厘米的布筒,一端缝于两块纱布的圆孔处,纱布周围亦可缝合,但需留一边不缝,以便放诱饵。

②诱饵的制备:将菜籽饼或菜籽炒香(菜籽须研碎),拌入铁片上焙香或预先杀死的蚯蚓(焙时滴白酒)即成。

③操作:将诱饵放入两层纱布中,蒙于竹篓口,使中心稍下垂(不必绷直)。傍晚将竹篓放在有黄鳝的水沟、稻田、池堰中,第二天早上收回。

此法在微流水中使用,效果最佳。竹篓口顺水流方向放置,一次可捕数十条黄鳝,而且黄鳝不受伤,可以作为养殖用的种苗。

(2)草堆诱捕:本法适合湖泊、池塘、沟渠内使用。方法是把喜旱莲子草或野杂草堆成小堆,放在岸边或塘的四角,过3~4天用网片将草堆围在网内,把两端拉紧,使黄鳝逃不出去,将网中的草捞出,黄鳝便落在网中。草捞出后仍堆放成小堆,以便继续诱捕。这种方法在雨刚过后效果更佳,捕出的黄鳝用清水冲洗即可贮运。

(3)草垫诱捕:该法适用于养鳝池的秋冬季捕捞,其操作方法如下:

①将较厚的新草(最好是当年收割的稻草)或草包以5%的

生石灰液浸泡一昼夜消毒,然后用新鲜的清水冲洗干净,凉置2天备用。

②将草垫一一铺入鳝池底泥表层,撒上厚约5厘米消毒稻草或麦秸,再铺上第二层草垫,然后再在第二层草垫上撒上10厘米厚的干稻草。

③当水温降至13℃以下时,逐步放浅池水至6～10厘米,降至10℃以下时,彻底放干池水,此时由于稻草层的温度高于泥层,将泥埂裸露在冷空气中,可有效地将黄鳝引入草下或两层草垫之间。

④收取黄鳝时,不要一次性揭去稻草,收取多少即揭去多少。先将一塑料薄膜铺于旁边,揭草时,如湿草中藏鳝较多,可将湿草连同草垫一起移至塑料薄膜上进行清理,同时将泥面的黄鳝用小抄网捞起。

此法可长时间保证黄鳝居泥草之间和草垫之间而不会逃掉,严冬时节时,还需根据冰冻情况进一步加盖草垫保湿保温。

(4)灯光诱捕:灯光照捕的工具较简单,主要是鳝夹和灯光源。鳝夹可用两片长1米、宽4厘米的毛竹片做成。毛竹片一端做成锯齿状,在30厘米处的竹片中心打一孔。用铅丝做成活结。灯光源一般使用三节电筒。或用一棉球拴在一小铁丝上,另一端结在一小竹竿上。在使用时把棉球浸上煤油,用火柴点燃即可。

灯光照捕主要是利用黄鳝晚间出洞觅食的习性进行捕捉,在苏、浙、皖等省农村较为盛行。这种方法一般在水稻田插秧不久的5～6月间进行。在晚上捕捉时,用照明工具沿田埂边寻找,出洞黄鳝见到灯光一般不动,卧在水底,此时可用竹夹夹住鳝体中部,然后放在盛鳝容器内。捕捞数量视稻田黄鳝资源量而异,一般每晚可捕捉3～5千克。

5. 迫聚法收捕

迫聚法是利用药物的刺激,强迫其逃窜到无药性的小范围内集中收捕的方法。

(1)茶籽饼(茶枯):茶籽饼为油茶籽榨油后的渣饼。茶籽饼含皂甙碱,对水生动物有毒性,量多可致死,量少可迫使逃窜。每亩水田用5千克左右。茶籽饼应先用急火烤热、粉碎,颗粒不大于1厘米,装入桶中,用沸水5升浸泡1小时备用。

(2)巴豆:药性比茶枯强。先将巴豆粉碎,调成糊状备用。每亩水田用250克,同时加水15升,用喷雾器喷洒。

(3)辣椒:选最辣的七星椒,用开水泡1次,过滤。再用开水泡1次过滤,取两次滤水,用喷雾器喷洒。每亩水田用滤液5千克。滤过的辣椒仍可食用。

迫聚法可分为流水和静水两种。流水迫聚法用于可排灌的稻田。在田的进水口处,做两条泥埂,长50厘米,成为一条短渠,使水源必须通过短渠才能流入田中,在进水口对侧的田埂上,开2～3处出水口。将迫聚物质撒播或喷洒在田中;在田里拖耙一遍(耙宽1米,用10厘米长圆钉制成),逼迫黄鳝出逃。如田中有作物不能耙时,黄鳝出来的时间要长一些。

当观察到大部分黄鳝逃出来时,即打开进水口,使水在整个田中流动。此时黄鳝就逆水游入短渠中,即可捕捉。分选出小的放生,并放生足够亲鳝,以保持该区域的增值率,大的放在清水中暂养。

静水迫聚法用于不宜排灌的田。准备半圆形有框的网或有底的浅箩筐,将田中高出水面的泥滩耙平,在田的四周,每隔10米堆泥一处,并使其低于水面5厘米,在上面放半圆形有框的网或有底的箩筐。在网或箩筐上再堆泥,高出水面15厘米即可。

将迫聚物质放于田中,药量应小于流水法,黄鳝感到不适,即向田边游去,一旦遇上小泥堆,即钻进去。当黄鳝全部入泥后,就可提起网和筐捉取。此法宜傍晚进行,第二天早晨取回。

(二)黄鳝的运输

作为食用的商品鳝运输,其目标是黄鳝运到目的地以后,在短时期内成活率在90%以上并及时出售。为了节省运输成本,其黄鳝盛装密度比较高,一般容积50升的容器带水运输要装鳝20千克,装水20千克,而采用湿润运输法运输则密度更高。由于高密度运输,水质极易恶化,黄鳝在应激状态下免疫力下降,黏液过度脱落,加上黄鳝相互撕咬导致受伤,疾病传染快,因此,采用这种黄鳝苗种养殖,成活率极低。

1. 短途运输

即运输路程小于5千米的运输。一般采用湿润法运输,比较省事,成本低。运输容器有木箱、木桶、麻袋口编织袋等,为了保持湿润,底部可铺垫一层湿草或湿蒲包或黏泥甚至鸡蛋清,防止鳝体摩擦受伤。使用木箱、木桶、箩筐装运时,还要在四周和盖上打洞,以便通气。要避免阳光直射,夏季运输时还要注意降温,经常在桶盖、箱盖上放上冰块,盛放密度不宜超过40千克/平方米。

当然采用带水运输法效果更好,盛放密度可达50千克/平方米,但成本较高,比较费事。

2. 中途运输

路程在50~500千米,一般采用带水运输法运输。运输容器有木桶、帆布袋、水缸、泡沫箱、铁皮箱等。鳝与水重量比为1∶1,天气炎热时将冰块放在网盖上,使融化的冰水滴入水中逐渐降温。同时按黄鳝重量10%的比例放入泥鳅,促进黄鳝活动并使容器内氧气有所增加。泼洒庆大霉素4万单位/升或金霉素10克/立方米,并放入一些柔软的水草。盛放密度不宜超过40千克/平方米。

3. 长途运输

长途运输路程大于500千米,运输时间要1~2天,距离远,时间长,风险大,要严格掌握好运输时间、温度和密度,其要领如下:

(1)运输工具:运输容器有木桶、泡沫箱、铁皮箱等。一般用泡沫箱效果较好,成本低,重量小,能堆放,易于保温。泡沫箱规格以50厘米×40厘米×25厘米较好,规格太大,搬运不方便,泡沫箱易坏;规格太小,占用空间太大,操作费事。当然,还可按运输工具(面包车、农用车等)的具体尺寸适当加以调整。泡沫箱内垫以塑料薄膜,以防渗水;盖上等距离打几排洞,以便透气。

(2)排污:运输前一定要让黄鳝在水泥池、塑料养池中饥饿1~2天,使其腹部排空。

(3)高密度锻炼:在2~3天内逐日增加盛放密度到10千

克/平方米,让黄鳝逐步适应高密度环境。期间不要喂食,并勤换水。

(4)逐级降温:黄鳝运输温度在10~15℃较好。如果温度较高,一定要逐级放入较前一次低2~3℃的水中浸泡10~30分钟不等,随着浸泡次数的增加而缩短浸泡时间,直到水温降到10~15℃。

(5)控制密度:每箱放鳝种不宜超过10千克,要求黄鳝的长度小于15厘米,鳝与水的重量比为1:1,并按照温度和黄鳝规格采取不同的措施,一般大鳝种密度较大,小鳝种密度较低;温度高时密较低,温度低时密度高。

(6)安置鱼巢和冰块:鱼巢用消毒过的塑料袋较好,可起到隔离黄鳝和在运输途中支撑黄鳝身体的作用。水草会因呼吸作用消耗水中氧气,在长途运输中最好不用。冰块勿直接放置,用饮料瓶装满水在冰箱内冻成冰以后放入泡沫箱中,并稍旋松瓶盖让冰水缓慢滴出逐渐降温,每个泡沫箱可放2瓶,洒入青霉素4万单位/升。然后将处理好的鳝种放入容器中,盖上盖子,并用胶带包扎作好标签或记号。

(7)运输时间:一般在早晨或晚上起运,最好趁阴雨天运输。

(8)换水和分池:运输途中看水质和气温情况可以换1~2次水。到达目的地后要及时消毒分池饲补复合维生素和增强免疫力的中药,如金银花、黄芪、茯苓等。

(三)黄鳝的囤养

1. 囤养黄鳝的选择

囤养黄鳝是为了获取季节差价和通过暂养增大规格,从而获取规格差价。囤养黄鳝时间短,需要在短时间内增大规格,所以用于囤养的黄鳝需要经挑选,以满足上述要求。从目前各地养殖的鳝种来源看,黄鳝至少有3~5个地方种群。这些不同的种群对环境的适应能力、生长速度、养殖效果都不一样。因而在选购囤养黄鳝时要特别注意黄鳝地方种群特征及其养殖效果。

(1)深黄大斑鳝:该鳝身体细长,体圆,体形标准,体表颜色深黄,并伴有褐黑色大斑纹。生产实践表明,深黄长斑鳝适应性强,生产速度快,个体较大,鳝肉品质较佳,养殖效果较好。在养殖条件下,其增重倍数可达5~6倍,是我国目前发展黄鳝人工养殖的首选鳝种。

(2)浅黄细斑鳝:该鳝体形也较为标准,体色浅黄色,身上的褐黑色斑纹较为细密,适应环境的能力较强,易于饲养,但其生长速度不如深黄大斑鳝。在养殖条件下,其增重倍数可达3~4倍。同时该鳝在自然条件下,其种群数量较多,来源方便,故该鳝也是人工养殖鳝种的重要来源。

(3)青灰色鳝:该鳝体色呈青灰色,身上也有褐黑色细密斑纹,其适应环境的能力相对较弱,生长速度较慢,鳝体规格较小。在养殖条件下,该鳝的增重倍数只有1~2倍,养殖效果不如深黄大斑鳝、浅黄细斑鳝理想。从目前情况看,青灰色鳝不宜选作鳝种进行人工养殖。

此外,在黄鳝自然种群中,还有浅白色鳝、浅黑色鳝。由于这两种鳝种群数量较少,生长较慢,一般也不宜选作鳝种。

所以进行黄鳝囤养时应选购深黄大斑鳝或浅黄细斑鳝,如混有其他体色的鳝种,应严加剔除。囤养黄鳝应分规格养殖。

选购的鳝种要求体质健壮,无病无伤,生命力较强。受伤、有病的个体,或经长途运输、生命力不强的个体,不宜选作鳝种。

选购的鳝种要求同一批次,来源于同一产地,最好一次购足,同一来源的鳝种放入同水域进行人工养殖,以提高放养成活率,增加单位产量和经济效益,实现增产增收的目的。

2. 黄鳝囤养方式

可根据囤养目的不同采用各种暂养方式,以下介绍土池、水泥池和稻田的囤养。

(1)水泥池、土池囤养

1)池塘条件

①池塘面积:以10~25平方米/只为宜,池深0.7~1米,池埂顶用砖、水泥砌成"T"形防逃檐。相同的池子不得少于3个,以备暂养不同规格的黄鳝。

②水口:进水口设在食台上方约20厘米;排水口约距池底70厘米,与泥面平齐,并与进水口相对;溢水口设在高出排水口25~30厘米处。各水口直径5~6厘米,用4目铁丝网或尼龙网罩住,既可让粪便排出,又能防止黄鳝逃逸。

③鳝巢:有土养殖池的泥土就是鳝巢,但为了满足黄鳝的群聚习性,提高养殖密度,可用瓦片、断砖、石块、竹管、PVC管、水

草、废旧自行车胎等材料作鳝巢(繁殖季节加丝瓜络)。一般在鳝池四角和土畦下设置鳝巢,将瓦片、断砖、石块堆放在一起,间隙比鳝体稍大一点,但不可太宽。

④食台:设置在进水口下方,固定好,每池2~3个。可用木条、尼龙网订成方框或从市场购买低矮的塑料小盘作成边长为40~50厘米、边高为3~5厘米的浅盒,便于鳝鱼进出吃食。

⑤泥层:池底要有一定的倾斜度,便于不同规格的黄鳝钻洞栖息。池底从下往上分四层。第一层为秸秆层,将油菜秆、稻草或玉米秆放在3%~5%的生石灰水中浸泡8~10小时后,用清水洗净,铺成5厘米厚,中间适当放几块石头或砖头,以利透气。第二层为含丰富有机质的黏土层,厚约20厘米。黏土要软硬适中,既利于黄鳝钻洞,又不致于坍塌堵洞。土要晒翻消毒后使用。黏土层夹有一些砖块、石头、瓦片等,便于透气和黄鳝钻洞。每平方米放柳树根、枝30根,防止黄鳝互相缠绕而影响生长,还可预防一些病虫害。第三层为肥水层,厚约5厘米,可用发酵了的鸡、牛、猪粪,但这些容易败坏水质,实践证明用蘑菇渣效果较好。第四层为薄土层,厚1~2厘米,用于压住第三层的蘑菇渣,不使渣子漂浮。至于苗种培育池,泥层厚10厘米即可,第一层、第二层共约5厘米,其余各层如同成鳝养殖池。

⑥土畦:泥层建好后,选用含丰富有机质的土壤,在池中间堆几个土畦。土畦要堆成"川"字形,比水位高出5厘米,宽30~40厘米。土畦间相距40~50厘米,四周与池壁保持20厘米的距离。土畦上可繁殖蚯蚓和种植蔬菜等。也可设置无土的竹管巢等。

为避免换水时温差过大,在鳝池建好后,要建一蓄水池。蓄水池能高出养殖池更好,以便进水自流;容量可自定,但要保证蓄水量至少是养殖池水量的1/2~2/3。

2)囤养鳝的选择:鳝种收购或自捕于稻田、湖泊、沟渠等水体中,用专制的竹笼或抄网捕获。电捕、钩捕、药捕或市场收购贮养时间长的鳝鱼成活率低,不宜长期囤养。入池鳝以体色光亮,呈黄色,黏液丰富,体形无曲折,活动力强,体质健康的个体为佳。长期独处于荫蔽物之外,长期"打桩"的黄鳝应及时处理,不宜长期囤养。

3)防病:投放鳝种之前,鳝池要用生石灰清塘,每平方米施0.15千克,7天后将石灰水洗去并上水放苗。投放前用3‰~4‰的食盐水或10×10^{-6}浓度的漂白粉溶液或8×10^{-6}浓度的高锰酸钾溶液倒入盆桶内浸洗鳝体,时间10~20分钟。同一池中的鳝种规格不宜差别太大,投放规格为25~150克,每平方米50~150尾。同时每平方米搭养5~6尾泥鳅,可起到改良水质、减少疾病的作用。入池后保持水位在25~35厘米。

4)水质管理:养殖期间春秋季每隔5~7天换水1次,夏季每隔1~2天换水1次,每次换水1/3。夏季气温高,要做好避暑降温的工作。可适当提高水位,在池子四周种植南瓜、丝瓜等藤类植物或用稻草搭棚遮荫,并在鳝池内投放适量浮水植物如水葫芦、水浮莲、浮萍等遮荫(面积不能超过池子的1/3),将温度控制在28℃以下,以利鳝鱼的生长。水源条件好者可用微流水方式降温,效果更佳。10~11月气温降到10℃以下,黄鳝即停止摄食进入休眠期,可在鳝池上加盖塑料薄膜,可平均提高温度8~10℃,延长生长期。

5)投喂:由于鳝种全部来自于野生,入池后即要进行饵料驯化,即头三天不投喂任何食物,从第四天开始逐渐投饵,直至定量投喂。黄鳝的摄食量与水温有密切关系,在24~28℃时其摄食能力最强,所以在5~9月份要加强投饵,饵料量占全年的60%。春秋季节水温低可适当少喂,以第二天无残饵为限。

投饵中严格遵循"四定"原则:定时,上午9:00~10:00,下午4:00~5:00,下午所投饵料量略多,占全天投喂量的60%~70%;定质,所投饲料必须新鲜,无污染,无腐烂变质现象;定位,每个鳝池设2~3个食台,饲料投在食台上;定量,每日的饲料量在同一个季节不应相差太多,刚入池时投喂量占鱼体重的1%~2%,夏季可达8%~10%,秋季占4%~7%。

6)病害防治:实践证明,黄鳝池防病至关重要。可通过定期用漂白粉(1克/立方米)对鳝池进行消毒,每天及时清除饵料残渣。根据一些养殖者和笔者经验,每隔15天在饵料中每100千克黄鳝用十滴水20毫升或土霉素10克连用3天,并在池中放养1~2只蟾蜍,可起到防病作用。。

7)收获:通过近10个月暂养,每平方米产黄鳝6.5~10千克,平均增重1.4倍。

暂养黄鳝的主要经济效益来自于季节差价,成活率是暂养成功与否的关键因素,一般应要求成活率高于68%~70%。

(2)稻田囤养:稻田囤养黄鳝是在种稻的基础上囤养黄鳝。

1)稻田的选择:囤养黄鳝稻田要有充足的水源,良好的水质,以无污染、无公害江河湖库水为好,田埂坚实不漏水,不受洪水冲击和淹没,远离居民区和交通主干道,面积2~3亩,呈东西向长方形为好。

2)稻田的基本设施

①建防逃设施:稻田选好后,根据稻田形状可分成3～4个部分,便于黄鳝分级饲养,每部分间用砖墙隔开,隔墙及稻田四周防逃墙均可砌单墙,深入土下20厘米,离土高40～50厘米,各拐角处要呈弧形,隔墙上平铺一块整砖呈"T"形,这样便于投饵和行走,隔墙内外及四周防逃墙内侧要用水泥抹面。稻田四周防逃墙也可在田埂内侧埋置玻璃钢围栏,或用竹竿、木桩为骨架再铺薄膜,稍向内倾斜,四角为弧形,高均为60～70厘米,其中深入土下部分20厘米。

②整理鳝垄:就是在稻田每一小区内,离四周防逃墙及隔墙40～50厘米远,按东西向取田土打成宽50～60厘米,高30～40厘米的土垄,两垄相距30厘米左右,这样便于黄鳝营洞穴生活。

③栽植水稻和水草:水稻品种选择耐肥抗病、抗倒伏、茎秆粗壮低矮的水稻品种进行栽插,并行栽两排,行距间30～40厘米,株间距10厘米左右,垄上两排水稻间移栽水花生,水葫芦等水生植物,可防止水质过肥,待水稻割去后也便于黄鳝逃避敌害和避免高温严寒的侵袭。

④安置防逃栅栏:在水稻每一小区相对两角处设置进排水口,栏栅采用管道为好,水管两侧设双层网包好,再设置40目铁栏以防止青蛙、田鼠的危害。进水水源地势高的地方,可埋一钢管,出水一头接软管,根据虹吸现象自动进水最好。

3)鳝种放养:鳝种放养前10～15天要进行清塘,每亩用生石灰40千克左右兑水泼洒,注意不要泼到水稻上,保持稻田水位20～30厘米。放养的鳝种来源于市场收购或野外采捕,要求鳝种无病无伤,活动有力,体色深黄,背侧有较大斑点为好;放养时间一般在5～6月秧苗返青竖直后或8～9月份;放养前鳝鱼用按鳝鱼体重5%的含碘食盐及小苏打水进行消毒。

4)饲养管理

①投饵:黄鳝投池后,一个星期内可不投食,因为黄鳝在一个新的栖息环境,绝大部分是不进食的,一般一个星期后可开始投食,每天下午6~7点投喂一次,20天后,一天投喂2次,每日上午8~9点喂日投饵量的1/3,下午6~7点投喂2/3,日投饵量为鳝体重的3~8%。黄鳝食性是偏肉食的杂食性,饵料包括小杂鱼、螺肉、动物内脏等,也可使用大型饲料厂生产的黄鳝专用料。

②勤换水:根据水质变化情况,定期换水或保持稻田微流水,一般每隔4~6天换水一次,高温季节要增加换水次数,2~3天换水一次,每次换水30%~50%,注意换水温差小于4℃,防止黄鳝患感冒病。

③防病:黄鳝养殖密度过大,若管理不善或环境严重不良时,会发生多种疾病,死亡率较高,而且饵料中加药物黄鳝往往拒食。因此,一定要坚持以防为主,防治结合的原则。每半月施一次生石灰,用量每亩15~20千克。

④巡田:坚持每天巡田及时清除残渣剩饵和死鳝,保持环境卫生,防止水质污染,防止老鼠及蛇类侵入。定期向水稻喷洒矮长素,防止水稻旺长。雷雨天、闷热天等情况防止溢田和黄鳝逃跑,严防盗鳝。

5)捕捞:一般元旦、春节前后黄鳝价格较高,这时可起捕黄鳝,根据起捕量,可放干田水开始用锹挑出垄上一层泥土,然后用叉逐段挑出黄鳝,捕大留小;也可用倒须笼,内放鲜活动物饵料,埋入稻田中投食区域附近,诱捕黄鳝及时上市。

(四)黄鳝暂养中应注意的问题

(1)捕捉黄鳝的方法主要有电捕、笼捕,也有钩钓和药捕。这四种捕鳝方法,以笼捕对黄鳝伤害较轻,养殖成活率较高。电捕、药捕和钩钓的黄鳝都有内外伤。即使是笼捕鳝,经过捕捉—暂养—运输—市场—收购—运输—消毒—下池这一漫长过程,黄鳝被反复折腾,也会有内外伤。应尽量缩短捕捉—暂养—运输等过程,避免折腾时间过长。筐装黄鳝数量要适中,以每筐不超过50千克为宜。

(2)高温期黄鳝在运输和暂养过程中经销商用冷水泼浇,温差较大,黄鳝易感冒得病;运输工具一般为竹筐,每筐装鳝75~100千克,筐底的黄鳝受压时间长,在高温下相互挤压黏液脱落发酵,易引发肠炎,肛门淡红。

(3)稻田分布集中,捕获方便,市场上收购的黄鳝多来自稻田。稻田经常施用农药,黄鳝轻度中毒后,体表无明显症状,两天不会死,引种下池养殖,一般放养后30分钟内不能钻泥的,以及勉强钻泥后白天又出洞不肯再钻泥的,会在1~2周内逐步死亡。所以笼捕鳝收购季节要避开稻田用药高峰期。最好的收购时间在黄梅天,此时雨水多,农药被冲淡,黄鳝中毒的可能性小。

(4)养殖选黄色大斑鳝,此种黄鳝生长快,市场价格高。

(5)黄鳝一般白天不出洞,到晚上9:00、10:00才出来觅食。白天出洞的一般都有病,这样的黄鳝一周内就会逐步死亡,所以黄鳝死亡时都在洞外,可利用这一习性筛选黄鳝,避免无谓损失。

(6)创造微流水环境,保持水质清新。条件允许可采取增氧措施。

(7)夏秋养殖季节,气温较高,容易引起黄鳝中暑。可在养殖池上方搭建丝瓜棚、池中栽种慈姑、放养水葫芦等防暑降温。

(8)水葫芦有遮荫和净化水质的作用,但夏天繁殖过快,很容易全部覆盖水面,不利于氧气溶入水中,并影响投饵,必须经常捞除部分水葫芦。

(9)水稻既遮荫,又透气,可能稻田环境更符合黄鳝的生态需要。在自然界中,黄鳝多分布在稻田中,这对我们是一个启示。

(10)在可能的情况下,适当降低放养密度,缓解应激反应,是提高黄鳝成活率的关键措施之一。

(五)黄鳝的越冬保种

越冬前应强化培育,增强黄鳝自身体质。黄鳝体质的好坏直接关系到越冬成活率,所以从冬前的秋季开始必须加强饲养投喂。投喂含丰富蛋白质和一定量脂肪的饲料,并增加投喂次数,原来每天晚上投喂一次的,在上午再增加投喂一次。秋天水温逐渐降低,上午、晚上吃食减少时,可以把投喂时间逐步集中到水温较高的中午进行;另外投喂饲料量要足,以每次吃光稍剩5%左右为宜。

1. 黄鳝收捕

人工养殖黄鳝,越冬前(11月左右)要进行收捕清塘。收捕方法有:

(1)放竹制鳝笼(入口有倒竹刺、黄鳝易入难出)若干,内放猪肝、虾、蚯蚓等作诱饵,置塘四周或底部,夜置晨取,约可收捕池中80%以上的黄鳝。

(2)用2~4平方米的网片置于水中,网片正中置黄鳝喜食的饵料,随后盖上芦席或草包沉入水底,约15分钟后,将四角迅速提起,掀开芦席或草包,便可收捕大量黄鳝,起捕率可高达90%左右。

(3)干池挖捕,越冬前,趁黄鳝大多还潜伏在泥土表层时,可将塘水排干,翻泥捕鳝。挖捕黄鳝一般在越冬前11月的晴天进行为好。

2. 选留亲鳝

留作繁殖用的雌雄亲鳝至少要在1冬龄以上,且体质健壮无病伤,活动迅速,体色鲜艳。雌亲鳝体长20~30厘米,雄亲鳝体长约40厘米。雌雄选留比例以2∶1为宜。翌年3~4月可对选留的亲鳝进行强化精喂,促使产卵繁殖。

3. 留足鳝种

收捕黄鳝时,除销售一部分增收外,还要根据来年生产的规模留足小黄鳝作苗种,一般每平方米池塘要准备规格25克左右的小黄鳝5~6千克,留到来年饲养。鳝种应选择背呈金黄色或略呈棕黄色、健康无病伤的小黄鳝。

4. 越冬方法及管理

一般当年11月至次年2月是黄鳝的越冬期,必须对黄鳝严加保护使其顺利越冬。黄鳝越冬方法主要有以下几种:

(1)带水越冬:黄鳝池保留一定水位,保持池底不结冰。黄鳝可潜入池底土洞穴深处越冬。若气温短期升高,黄鳝白天还可出洞呼吸或捕食。

(2)排水越冬:将池水排干,保持池底泥层湿润。为防冰冻,可在池面上盖一层稻草、草包等保暖防冻。此法适用计划在春节前后便收捕的黄鳝池。

(3)网箱越冬。

5. 越冬管理要点

①防止敌害:黄鳝池的泥土上常覆盖一层稻草或草包保温,而寒冷的冬季,不少动物喜欢将草为巢,如鼠、猫、黄鼠狼等。这类动物嗅觉极为敏锐,只要一旦选中以黄鳝池为巢就免不了挖鳝为食。为防止这些敌害,可在黄鳝池上覆盖细网或遮阳网等,使其安全越冬。

②泥面无水:排水越冬池中一般只要池面稻草无冰冻状况,泥面就不会冰冻。如果一旦泥面冰冻,由于冻土隔绝了黄鳝池载体与空间的气体交换作用,导致黄鳝缺氧而苏醒,并出现骚动不安,甚至向上窜动,增加了耗氧量,最后窒息而亡。为解决该问题,一方面要及时破冰通氧,另一方面必须进一步除去泥面积水,在池面上加盖一层稻草,保温防冻。

③坑中有水:带水越冬池中,使鳝池的进水缓冲坑保持有一定的水位。黄鳝越冬是靠皮肤渗透孔和侧线孔及泄殖孔进行微呼吸运动的,这一呼吸作用是靠黄鳝体内体液和体外黏液作载体进行交换来完成的。黏液离不开水,但对水的需要量不是很大,只要载体的含水率达60%即可满足黄鳝这一需要。

要是采用深水越冬法,要注意池中水深不能低于50厘米,另外,水面上可放些水草、浮萍等,结冰时要敲开冰层透气,这样既能保持池底温度,又能保证池水含有一定的溶氧量,以达到理想的越冬管理效果。

④网箱中要有丰厚的水草,即使在冬季水草枯萎,水草仍是黄鳝栖息隐藏的场所,其密度必须很高并布满全网箱。在各类水草中以水花生最好。

⑤放养密度不能过高,密度过高,黄鳝拥挤互相干扰,同时耗氧大,影响越冬成活率。在水草丰厚、水质良好的池塘中放置的网箱,黄鳝越冬密度一般不超过每平方米10千克。

⑥池塘水质要求良好,溶氧丰富。冬眠期黄鳝呼吸微弱,其中辅助呼吸器官利用水中的溶氧起着十分重要的作用,溶氧不足,易造成越冬死亡。为确保成活率,网箱中水质溶氧量要求在每升5毫克以上。因此,必须加强冬季池塘水质的管理,及时换注新水,保持池水一定的肥度,增强水体自身产氧能力。

⑦寒冷天气盖草防冻,随着天气转冷,网箱水草上要加盖一层干稻草,以防冰冻和缓冲昼夜水温变化。

⑧严防人畜等危害,越冬期应经常检查越冬池,应壁免人畜对网箱的干扰和池水的搅动,及时消除鼠害。

★家庭黄鳝养殖场技术管理实例

例1 韩名竹等对黄鳝进行了催产、孵化的试验,结果见表1所示。

表1

催产日期(月/日)	平均水温(℃)	效应时间(小时)	产卵数(粒)	受精率(%)	出膜时间*(小时)	出苗数(尾)	孵化率(%)
7/7	26	72	550	36	134～254	175	88.4
6/16	23	77.8	410	25.4	192～240	34	54
6/16	23	56	200	20	312～336	27	67
6/22	23	66.1	251	25	112～288	57	95
6/23	22	87	230	16.5	288～336	32	83
6/23	22.1	76.7	240	44.5	264～286	93	87.5
7/3	25.5	53.7	300	53.3	240～264	142	88.7
7/4	24	48.5	601	88.5	216	58	10.9

* 前面的数字是开始出膜所需的小时数,后面的数字是出膜全部结束所需小时数。

例2 元凯等在水温为20～31.5℃条件下进行人工繁殖试验。成熟亲鳝选购于集贸市场,雌鳝体长24～41厘米,体重10～150克,雄鳝体长37～69厘米,体重44～305克。催产以采用LRH-A和HCG一次性"胸腔"注射为主,剂量为"四大家鱼"的6倍左右(见表2),雄鳝剂量为雌鳝的1/3～1/2,依性腺发育状况及气候温度变化而增减。

表2 雌鳝体重与催产剂注射剂量的关系

体重(克)	10	20	30	40	50	100	150	200	250	300
LRH-A(毫克)	2	4	6	8	10	15	20	25	30	35
HCG(国际单位)	60	120	180	240	300	450	600	750	900	1050

催产时雌雄比例为2～3∶1,药物效应时间2～3天,多为剖腹产。精巢剖出后,或挤取精液,或将其剪碎于生理盐水中。采取干法或半干法授精,受精卵置于11～15厘米的培养皿中孵化,不断剔除坏卵、死胚,经常换水,保持水质清洁。结果:雌鳝的催产率达73%,最高达到90%;受精率56.1%,个别高达91%,但孵化率较低,仅为23.5%。在26～28℃水温下,从受精卵发育到出膜,一般需6～7天,出膜7～10天后卵黄囊才被吸收尽。开口饵料为浮游动物,经20多天培育,体长可达67毫米。

例3 柯薰陶、赵云芳等进行了黄鳝人工繁殖的试验,主要技术措施如下:

(1)亲鳝来源及选择:亲鳝从农贸市场购选,雌雄亲鳝搭配比例为2～3∶1。在生殖季节,成熟的雌亲鳝下腹部膨大柔软,卵巢轮廓明显,腹部呈浅橘红色,稍透明,生殖孔红肿;雄亲鳝体长均在50厘米以上。

(2)催产时间、方法及产卵方式:催产时间是6月2日至7月16日,水温23～27℃,共催产6批亲鳝,催产药物采用HCG。经催产的雌鳝腹部明显变软,生殖孔红肿,并逐渐开启。

在相同条件下,未经催产的雌亲鳝无上述变化,不能自产,也挤不出卵粒。催产的亲鳝经47～50小时能自产或挤出卵粒,一般用人工采卵(挤卵或剖腹取卵),只有少数亲鳝可自产。雄鳝是剖腹取精液,进行干法授精,受精率约为43%。

(3)孵化:受精卵呈橘红色,比重大于水,无黏性,吸水膨胀后卵径为4.5毫米左右,卵膜半透明,采用静水孵化法,水温为27～30.5℃,孵化时间为9～11天,孵化率为57.2%。

例4 赵云芳等采用人工催产自然交配受精的方法繁殖黄鳝,选择数平方米或数十平方米的水泥池,池底稍稍倾斜,便于注排水,水深10～20厘米,池中1/3水面投放水葫芦。如果水源方便,保持进水口经常有少量流水。雌雄鳝的搭配比例为2:1或3:2,每天投喂一定量的水蚯蚓。

在黄鳝繁殖季节,选择性成熟较好的雌鳝,进行人工催产,催产剂采用HCG,剂量为2单位/克体重,一次性注射,注射部位为黄鳝的腹部前方。其结果为:①在一口面积为20平方米的水泥繁殖池中,有29尾亲鳝于7月中旬注射激素,8月18日检查时,发现产卵219粒,受精率100%。孵出176尾仔鳝,孵化率为66.7%;②在一口155平方米的繁殖池中,于5月14日至6月27日,选择投入雌亲鳝180尾,雄亲鳝52尾。水温22～55℃,于7月初检查,共收集到受精卵721粒,取回室内孵化,共孵化幼鳝363尾,孵化率为50%;③将选出性腺成熟好的12尾雌鳝注射催产剂,催产时水温为24℃,放入6平方米的水泥池中繁殖,雄亲鳝没有注射催产剂,7月23日检查时,发现自产卵4窝,收集到受精卵234粒,孵出53尾鳝苗,孵化率为22.65%。

例5 杨代才采用人工催产自然交配受精的方法是:将选

好的亲鳝投入繁殖池,在繁殖池里放置干稻草、麦草、豌豆藤及水葫芦等,供亲鳝产卵,并让其受精。在繁殖池的一端建造两个1平方米大小的孵化池,当亲鳝在繁殖池中自然产卵、受精、孵化时,将鳝巢内出现有黑点的鳝卵收集起来,移入孵化池孵化,培育成幼鳝。同时有的亲鳝在水葫芦下产出的卵,孵出像针尖一样大小的幼鳝,可用纱布网捞捕起来,移入孵化池内喂养。在孵化池内大约喂养1个月。开始时每天用半个生鸡蛋充分搅拌后,均匀地洒在池面。仔鳝孵出后3天,用1个鸡蛋,搅拌后放入水中供其食用,以后每隔3天左右用鸡蛋搅拌后投喂1次,随着稚鳝的生长,每次用鸡蛋2~5个。白天阳光强烈时,要搭棚遮荫,这样,在一个月内稚鳝可长到80~90毫米。

例6 2005年杨劲松报道进行黄鳝人工繁殖及苗种培育,具体方法如下:

(1)池塘条件:试验塘3口,其中亲鳝培育池1口,为水泥护坡结构,面积8亩,池塘淤泥厚度20厘米;产卵池为新开挖池塘2口,面积分别为6亩、5亩,池埂铺垫塑料薄膜防止渗漏。产卵池在繁殖前进行修整、除杂、消毒,放入过滤新水1.5米深度。

(2)网箱设施:60目聚乙烯网片。人工缝制。亲鳝培育箱4只(2.5米×2米×1米)、产卵箱70只(2米×1米×1米)、孵化育苗箱19只(1.5米×1米×0.4米)、孵化格56只(0.3米×0.4米×0.08米)。箱架用毛竹竿固定,绳拉式入水,箱口离水面30厘米,在池塘中一字型纵横排列,网箱横距1米,纵距0.8米,内放水花生、水葫芦等水草,网箱等均用食盐水消毒,并提前入水浸泡。

(3)人工繁殖

①亲鳝来源和选择：2003年10月开始收集当地池塘中体质健壮无伤的成鳝留种专池培育，品种为深黄大斑鳝，雌鳝平均体长25厘米，80～150克/尾；雄鳝体重160～280克/尾，4冬龄以上。

②亲鳝培育：亲鳝在催产前经雌雄分离后入网箱集中培育，每天投喂蝇蛆、鱼糜等高蛋白饲料，繁殖前10天隔日加注一次新水，加水量5～10厘米，加水时禁止响动。

③亲鳝催产：催产剂选用绒毛膜促性腺激素，分两批集中进行，注射剂量以3单位/克体重为宜，雄鳝减半，催产剂经蒸馏水稀释后，按雌雄每尾平均注射1～2毫升药物计算。雌鳝上午9时开始药物注射，24小时后注射雄鳝。注射方法为：将选好的亲鳝用干毛巾包好，然后由一人握紧亲鳝，另一人在其腹腔注射药物，注射深度不超过0.5厘米，注射角度与亲鳝前腹成45°角倾斜。注射后的亲鳝按雌雄1：1放入产卵池中的产卵箱中，放养密度4尾/平方米，平均每箱4组亲鳝。亲鳝入池后对网箱编号记录试验数据，并派专人每天早、晚巡视一次，及时了解掌握鳝苗孵化情况。

④产卵受精和孵化：经激素注射后的亲鳝在网箱中自行产卵、受精，亲鳝在产卵之前会吐泡沫，筑巢在网箱内设置的水草中，产卵和排精于泡沫巢上，卵即能受精。可用自制捞海在亲鳝泡沫筑巢后3天及时收集受精卵，过数后分批转入专箱孵化。方法为：用80目筛绢网格作孵化格放入孵化箱中，每箱放置2～3个孵化格，每只孵化格放入受精卵1400粒，将其散铺后放入孵化育苗箱内静水孵化。

(4)苗种培育

①鳝苗饲养:鳝苗出膜后5~7天,抽出孵化格,让鳝苗进入孵化育苗箱,在鳝苗卵黄囊消失后用白细布包裹过滤熟鸡蛋黄投喂,连喂一周后搭配部分蝇蛆、蚯蚓浆。

②幼鳝培育:经40~50天饲养后,鳝苗体长8~10厘米,成活率85%,此时按不同规格大小分箱饲养,每只网箱放养1 500尾,鳝苗投喂蚯蚓、麦麸、瓜果等,投喂量掌握在其总体重的10%~15%,每日投喂4~5次,并加强水质调节和日常管理。

(5)结果:试验共催产亲鳝280组、560尾,8月15日收集1.2~2厘米鳝苗17 800尾。鳝苗经强化培育后达到10厘米幼鳝15 000尾,黄鳝平均受精率达37%,孵化率66%,幼鳝成活率85%,试验取得直接经济效益2865元,经成本核算后,投入产出比为1:1.45。

(6)体会

①试验证明,经强化培育3~5个月的亲鳝肥满度好,卵巢、精巢发育成熟,经人工催产后成活率高,在网箱自然受精、孵化后专项培育批量鳝苗生产成本低,亲鳝伤亡率仅2%,适宜留种为来年开展繁殖继续使用,且方法简便易掌握。

②在检查雌雄成熟度前亲鳝不宜饱食,否则会误导对成熟亲鳝的判断,产卵期间应加强饲养管理,气候转变时及时检查网箱产卵情况,防止暴雨和大风卷刮网箱造成亲鳝逃逸。

③在黄鳝孵化过程中发现网箱中有较多水生昆虫,怀疑为水花生等水草消毒不彻底和进水时带入,其中剑水蚤等敌害昆虫能刺破受精卵。为有效防治剑水蚤,试验前池塘应用敌百虫全池泼洒一次,浓度为0.3克/立方米,同时对进水管用80目筛绢网过滤处理。

④当鳝苗达到体长3厘米时要进行分养,方法是在鳝苗集中摄食时,用密眼捞海将身体健壮、摄食能力强的鳝苗捞出,放在另外的网箱中饲养培育。

例7 安徽张杰进行集约化池塘网箱养殖黄鳝,方法如下:

(1)池塘选择与消毒:池塘面积7 000平方米,南北向,长方形,常年水深1.8~2.2米。消毒水深20厘米,清除池内螺蛳、杂草、野杂鱼,1周后抽去池水,注入1米深新水。

(2)网箱的制作与设置:网箱选用聚乙烯无结节网片,网眼大小为16目/平方厘米,将网片用电动缝纫机拼接成长方形网箱,网箱上下穿入直径为0.5厘米的钢绳,网箱规格为8米×4米×2米。网箱设置为固定式,四周用毛竹固定,毛竹高度为3米,其中入泥0.5米,水中2米,出水面0.5米,整个池塘纵向设置网箱3排,每排10只箱,每排之间相距10米,箱与箱间距3米,所有网箱距池埂不少于10米,以便箱内外水体交换。放鳝种前15天,在网箱内投入水花生,投放量为网箱面积的1/2。

(3)鳝种放养:在人工繁殖鳝种尚无批量供应情况下,现仍以鳝笼和地笼捕捉的野生鳝种为主,但不能使用钩钓捕捉或电捕捉的鳝种。最好选用体色呈黄色并有大斑点或体色青黄的鳝种。鳝种应带水运输,运输时间应短,还要避免高温运输。鳝种规格在30~75克/尾,体表光滑亮泽、活泼健壮。放养时间为2001年5~6月。挑除病鳝苗及受伤的鳝苗,分出规格,同一网箱中放养鳝种规格基本相同。每只网箱投放38.4千克,计1.2千克/平方米,将近30尾/平方米(最好不用盐水浸泡,因盐水浸泡使黄鳝体表大量排出黏液,影响其抵御病菌侵袭的能力)。

(4)饵料的选择及投喂技术:一般以小杂鱼、蚯蚓、螺蛳、蚌鱼、蚕蛹为主,也可投喂人工配合饲料。我们采用10只箱投喂小杂鱼,10只箱投喂蚌肉,另10只箱投喂蚌肉加配合饲料。配合饲料主要成分:鱼粉、一淀粉、蛋黄粉、复合氨基酸、复合维生素、肉骨粉及少量的抗菌药物,蛋白质含量42%。

鳝种入箱后3天内不投饲,让它保持饥饿状态。3天后开始投饲驯化,并在10天之内完成驯饲工作。驯化开始时整个箱放10处鲜鱼浆,2天后减少到8处,4天后减到6处,到第10天每箱留2处投饵。饵料可直接放到水花生上部,便于观察每天摄食情况,黄鳝会主动伸出头摄食,不必放置到水下。自5月20日开始投饲,到10月30日结束,全年投饲时间约160天。投饲应合理掌握"四定"技术。①定质:动物饲料要求新鲜,小杂鱼要切碎成肉糜,河蚌去壳切成小块,然后冲洗干净,鱼粉要求蛋白质含量不低于60%,含盐量不宜太高,最好是淡鱼粉,因黄鳝对过咸的食物拒食;②定位:饲料投喂在固定的位置,每只网箱投饵2处,每天投在相同的水花生处或附近;③定量:投饲量根据黄鳝大小、摄食强度及水温而定,20~30℃水温日投喂鲜小杂鱼饵料占黄鳝体重5%,鲜蚌肉占其体重8%,配合饲料占体重2%左右;④定时:一般在每天天黑之前投喂结束,投喂多在下午5~7时进行,每天1次,次日上午捞出残饵,以免影响水质。

(5)鳝病防治:网箱亲鳝由于放养密度高,加上强化投饵水质变坏,易发生疾病,因此,应重视预防和治疗。一是放养前彻底清池消毒,杀灭池塘本身病源生物;二是对放养鳝苗消毒,减少鳝苗体表病源,每半个月在网箱四周挂漂白粉袋1次,同时池中每1 000平方米用生石灰30~40千克化浆泼洒1次;四是如果饵料投喂过多,每天应及时清除残饵以防污染水质;五是每月投喂药饵3天,可在饲料中添加0.5%的土霉素或氟哌酸,对防治细菌性疾病有较好的效果。

(6)收获:经过5个月的精心养殖,30只网箱总产量为3 264千克,平均每只网箱产鳝108.8千克,平均规格141克/尾,平均成活率80%,小杂鱼饵料系数6,河蚌肉饵料系数13,配合饵料系数2.87,总收入16.32万元,总支出6.04万元,净收入10.28万元,产值170元/平方米,支出62.9元/米,利润107.1元/平方米,投入产出比1∶2.7,经济效益显著,养殖结果对比详见表3。

表3 不同饵料养殖结果对比

项目组	杂鱼组	蚌肉组	配合饵料组
放养密度(千克/平方米)	1.2	1.2	1.2
放养规格(尾/千克)	25	25	25
投饵量(千克)	4 224	7 072	2 480
饵料费(元)	8 448	8 172	9 920
总产量(千克)	1 088	928	1 248
总净产量(千克)	704	544	864
总收入(元)	54 400	46 400	62 400
成活率(%)	78	72	90
单产(千克/平方米)	3.4	2.9	3.9
出池尾重(克)	145	134	144
投入产出比	1∶2.70	1∶2.34	1∶2.89
养鳝成本(元/千克)	12	15	11.48

(7)体会

①网箱设置与水质管理:池塘设置网箱养殖黄鳝是一项投资不大、见效快、风险低、效益高的养殖项目,它既适合于大面积池塘养殖,也适合一家一户房前屋后零星养殖,前景广阔。但网箱养殖也受到自然条件的制约。首先,它要求池塘水质良好,注排水方便,无污染;其次,网箱放置密度应合理,一般不超过池塘水面的20%,并且网箱间距应有3~10米,便于箱内外水体交换。经常抽出池中老水,加注新水十分必要,在养殖过程中我们发现,在注水口附近几只网箱中的鳝鱼摄食十分旺盛,从年底捕捞的结果看,产量和规格也比其他箱高。在水质管理上除换水外,经常泼洒生石灰浆,对水质改良也起到一定的作用。另外,为控制池塘水质过肥,可以在池塘中投放一定量的花白鲢。水质好坏是网箱养鳝成功与否的关键因素之一。

②鳝鱼饵料:黄鳝为杂食性,应以动物蛋白饵料为主,主要有小杂鱼、螺、蚌肉、小虾、蚯蚓、蚕蛹、鱼粉等,要因地制宜选择饵料,如湖区小杂鱼资源丰富,可用鲜活小杂鱼肉糜投喂,河蚌资源丰富,可以用经消毒处理过的蚌肉投喂;饵料如果直接投喂,往往会有多种寄生虫侵入黄鳝身体。如我们有的网箱直接投喂蚌肉,结果黄鳝身体大量寄生水蛭,严重影响生长。从养殖结果对比来看,小杂鱼、蚌肉、配合饵料投喂黄鳝,投入产出比有一定的差距,其中配合饵料加蚌肉最好,杂鱼次之,纯蚌肉最差。随着黄鳝规模化、集约化养殖的进一步发展,投喂人工配合饵料将是重要的发展方向。配合饵料投喂初期,驯饵工作应非常细心。开始,我们用鲜活饵料,将它们引到网箱中2处固定食台摄食,这个过程大概需要10天,然后每天增加1/10的配合饵料,

第二天观察,如果食完再添加,反之则维持上一天的水平,经过20天的驯化才达到正常摄食,其他2组基本在一星期就摄食正常。

③放养季节和出售时间:长江中下游地区,一般4月份水温达到18℃时就可以开始放养鳝种,11月初至12月底就可以捕捞。进行室内暂养时,可用竹篓内放塑料布再加入1/4的清水,每篓可放入经过分规格的商品鳝50千克,冬季每3天换水1次,在室内可以保存1～2个月。再根据市场价格决定出售时间,掌握好销售时间也很重要。如南京批发市场2002年春节前大鳝批发价仅36～42元/千克,春节后正月初五至初十大鳝(200克/尾以上)批发价达到60～80元/千克,差价十分明显。因此,选择合理的销售时间,对提高经济效益将非常关键。

例8 东鳝科技实业发展中心2000年工厂化黄鳝养殖面积达10 000平方米,投放鳝苗3 000千克,全部采用黄鳝专用配合饲料投喂,饵料系数为1.5,生产商品鳝25吨,产值150万元,利润75万元。其技术要点如下:

(1)鳝池结构:鳝池采用全砖石水泥结构,内壁光滑,单池面积为20平方米,四角修成弧形。池底铺设5厘米混凝土,表面水泥抹光,并整体水平,施工应确保不开裂、不漏水。池壁顶部修成"T"字形,既可防止黄鳝逃逸,又可避免鼠蛇的侵入。鳝池两侧覆设大量水葫芦,不仅可提供鳝苗潜伏、夏季遮阴降温和冬季保温,同时更具有极强的水质净化作用。鳝池中间留出1米宽空置区,作为投喂饲料场所,同时由于鳝苗在水葫芦下活动,可将污物集中于中间,排污极为方便。鳝池水体约3立方米,进水排水方便、快捷,使有害溶存因子难以达到危害浓度。

(2)鳝池放养前的准备工作:鳝池建好后,灌满水浸泡15天后,彻底换水,5月上旬,引种培育水葫芦。水葫芦培育可用池塘,也可直接在鳝池中进行,保持水体一定肥力。大约1个月,水葫芦繁殖足够多后,可将所有鳝池按设计要求置满水葫芦,要求放置紧密,没有空隙。

(3)鳝种放养:放养鳝种为人工繁殖苗种,规格为60~100尾/千克,放养时间为4月下旬,每平方米鳝种放养量为0.3千克。

(4)水质管理:水质管理主要通过微流水和彻底换水两种方式结合来实现。

微流水的流量应控制在每小时0.01~0.1立方米,早春及晚秋保持下限,高温季节取上限。当水源方便或建有蓄水池时,可24小时持续进行。在水源不便或无蓄水池时,可在投喂前后4小时集中进行,流量可适当增加到每小时0.4立方米。

彻底换水的操作对黄鳝养殖是极为重要的环节。一般每3~5天彻底换水一次,高温季节取下限,其他季节取上限。如果没有微流水配套,应2~3天彻底换水一次。彻底换水的时间宜在上午进行。

(5)排污:鳝池排污作为黄鳝工厂化养殖管理的重要环节。在彻底换水的操作中,当水彻底排干后,用扫帚将集中于中间空置区的排泄物、食物残渣等扫至水口排掉,同时将繁殖过密的水葫芦清除一部分,清除水葫芦时注意根系中常带有黄鳝潜伏。

(6)巡池:巡池的内容有:防止老鼠及蛇类侵入。及时清理死亡和体质衰竭的鳝苗。保持进排水系统的畅通。雨季尤其是暴雨季节严防溢池事故发生。

(7)高温季节管理:加强水质管理及排污的力度。提高水葫芦的覆盖密度,以降低载体的温度。确保载体水温不超过32~33℃,必要时加强进水以降低水温。

(8)越冬管理:逐渐降低水质管理及排污的频率,停食后,可停止排污。在冬季来临之前,维持水葫芦的覆盖密度,必要时增加一些草类覆盖,以达到保温的目的。

例9 柳林等人2003年在洞庭湖区利用湖区低值鱼虾贝类和池塘养鲢鱼为饵料开展池确网箱养鳝,促进了黄鳝养殖业的发展。2003年岳阳临湘市网箱养鳝2.8万口,养殖户1 030户,年产鳝鱼1 260吨,箱均产量为45千克,箱均利润425元,其养殖技术如下。

(1)水域选择:一般能养殖鱼、虾、蟹的水体均能养殖黄鳝。池塘、河沟、湖泊等水面,只要水深能达1米以上,面积667平方米以上,排灌方便,水质无污染,水源有保障,同时水温变化不大,均可网箱养殖黄鳝。

(2)网箱的制作与设置

①网箱制作:网箱为敞口,通常以40目左右的聚乙烯网布制成,一般为长方体,规格为7米×2米×1.5米或4米×3米×1.5米。

②网箱设置:每个网箱用6~8根竹竿或木桩固定,同时四个角吊沉子。网箱以单排并列,相互相隔1~2米,网箱入水0.8~1米,露出水面0.5~0.7米,箱底以贴近池底为宜。667平方米水面设置10个网箱为宜。

③水草移植:网箱内必须人工移植水草,水草要求布满网箱。黄鳝主要靠水草栖息,水草是网箱养鳝成功与否的关键因

素之一。水草以水花生、水浮莲、水葫芦为最好。移植前需经消毒处理,以防止携带有害生物进入网箱。水草除供黄鳝栖息外,还可吸收箱内代谢产物,减少污染,净化环境,同时可防暑降温,还可用作饲料台。

(3)鳝苗放养

①黄鳝苗种选择:黄鳝苗种来自于笼捕的天然野生鳝苗,以晴天晚上鳝笼捕捞,早上放养为最佳。鳝苗存放时间不超过2～3天。各地放养的黄鳝有3～5个地方种群。适合网箱养殖的鳝苗应为深黄色大斑鳝,该鳝体表颜色深黄伴有褐黑色大斑纹,体形标准,身体细长,体圆,适应能力强,生长速度快,养殖效果好。不适合网箱养殖的劣质鳝苗特征为体色灰、身体细长,头大尾小,尾常卷曲。

②放养密度和规格:15～70克/尾的黄鳝均可作为网箱养殖鳝苗,放养密度以0.5～1.0千克/平方米为宜。在放养时必须根据个体大小适度分级,鳝苗放养规格相差过大,可导致相互残食,养殖成活率低。要求一次放足同一规格的种苗。

③放养时间、天气:一般选择在5月上旬至7月下旬的晴天投放鳝苗。此时期的气温、水温稳定在25℃以上,鳝苗下箱成活率高。不宜在阴雨天放养。

④鳝苗放养:养殖池塘在鳝苗放养前10～15天用生石灰清塘消毒,网箱需经10～15天浸泡,待箱内水草成活箱体内有少量附生物后,即开始投放鳝苗。鳝苗下箱时要求用药物浸泡消毒,消毒时水温温差应小于2℃。可用25克/升的食盐水浸泡2～5分钟,或用碘制剂(季铵盐络合碘)1～2毫克/升浸泡5～15分钟。

(4)饲养管理

①驯食：每个网箱内设饲料台1~2个，每5~7平方米水面设置一个。饲料台也可用水草铺设。不要将饲料投喂于空白水面，以免饲料漂散或下沉造成浪费和污染。生产中常用鲢鱼和小鲫鱼打成鱼糜拌黄鳝饲料投喂，鲜饵与配合料比一般为1：1。鳝苗放养后的第2天傍晚开始投食，将准备好的鲜鱼糜投放在食台上，持续2天，第3天黄鳝即可集中上台正常摄食。此时可按比例将鲜鱼糜内掺入鳝鱼配合料投喂。投喂时间应选择在下午17~19时，每天投喂1次，第2天早上清出残饵。日投鲜饵料量一般为鳝重的3%~10%，配合饲料为2%~5%。每次投喂量还应注意环境因素对摄食的影响。

②日常管理：每天早晚坚持巡箱，要求"一捞二看"，即捞取残渣，查看箱内黄鳝摄食和活动情况；网箱是否破损，发现问题（如水中缺氧、下雨逃鳝、鳝鱼死亡等）及时处理。黄鳝喜静怕惊，不宜多动网箱，以免黄鳝受惊影响生长。黄鳝养殖期间每10天换水1次，每次换水量为池水的1/3~1/2。池水透明度保持25~30厘米。

③鱼病防治：人工高密度养殖黄鳝疾病较多，一定要以预防为主，治疗为辅。放养前用生石灰对池塘消毒，鳝苗入箱时用药物浸泡消毒。4~10月份除每半个月每米水深用10~15千克/亩生石灰泼洒外，在发病季节每周用7毫克/升生石灰泼洒箱体。每10~15天在饲料中拌入大蒜素等适量药物，连喂3~5天。

例10 钱华等1999年在3.2万平方米养鱼池塘、河沟中设置了70个网箱养殖黄鳝试验，取得了较好的经济效益。

(1)池塘河沟条件及网箱设置

池塘、河沟：试验水面3.2万平方米，其中池塘2万平方米，河沟1.2万平方米。在养殖季节，平均水深在1.8米以上，池塘、河沟按原有的情况正常放养鱼种。池塘、河沟水质良好，无污染，池塘水的透明度在35厘米左右，河沟水透明度在50厘米左右，水的pH值在6.8左右，溶氧较丰富。

网箱：网箱采用统一规格，长8米，宽3米，高1米，水上、水下各0.5米。采用网质好、网眼密、网条紧的聚乙烯网。网目大小视养殖黄鳝的规格而定，以不逃黄鳝且利于箱内外水体交换为原则。在3.2万平方米水面中共设置70个网箱，其中在池塘中设置38个，河沟中设置32个。箱与箱间距在3米左右。在池塘中每个网箱采用6根毛竹打桩成固定式网箱，河沟水位变化大，采用浮动式网箱，使箱体随水位的变化而自然升降。在放养黄鳝的一周前先将新制作的网箱放在水中浸泡，让网衣表面附着一层生物膜，使其变得柔软些，避免黄鳝体表擦伤患病。在每个网箱中各设置1~2个1平方米左右的食台，食台距水面20厘米左右。在网箱内移植水花生，其覆盖面占网箱面积的80%左右。这样既能起到净化水质作用，又能为黄鳝提供隐蔽歇息场所，有利于黄鳝的生长。移植水花生最好去根洗净后放在5%的食盐水浸泡10分钟左右，以防止蚂蟥等有害物随草带入箱中。

(2)放养

鱼种放养：池塘在放养鱼种前先用生石灰清池，干池清塘每667平方米用80千克生石灰，待药性消失后于元月25日共计放养1200千克鱼种，每667平方米平均40千克。鱼种下池前用4%的食盐水浸浴15分钟;河沟在元月28日直接放养鱼种,共放养鱼种260千克,每667平方米平均14.5千克,消毒方法同池塘鱼种消毒。

鳝种放养:放养的鳝种主要来自稻田、沟渠等水域中用鳝笼人工捕捉的天然苗种,规格平均在35克以上,大的100克以上,注意每个网箱放养的规格要尽量一致,以防黄鳝大吃小。对放养的鳝种要求选体质活泼健壮,无病无伤、体表光滑具有亮泽、规格整齐,品种体色为黄、青、红三种,最好是体表有黄色大斑点的,其生长最快,青色次之。70个网箱先后共计放养黄鳝3 040千克,其中池塘中38个网箱放养鳝种1 824千克,每箱平均48千克,每平方米2千克;河沟32个网箱共放鳝种1 216千克,每箱平均38千克,每平方米1.6千克。另外在每个网箱中还放养2~3千克泥鳅,泥鳅与黄鳝不争食,还可起到清除黄鳝残饵的效果,同时还可防止黄鳝因密度大,在静水时互相缠绕,以减少病害的发生。放养时间从4月15日开始至9月25日结束。鳝种每次放养前都用20毫克/升的高锰酸钾溶液或3%食盐水对鳝体进行消毒,时间根据水温与黄鳝的实际忍受度确定。高锰酸钾一般20分钟,食盐水一般5~10分钟。

(3)投饵方法:养殖成鱼的投饵施肥方法按常规的方法进行。网箱养殖黄鳝的投喂方法是首先要做好驯食工作,刚放入网箱的黄鳝待3~4天后投喂,开始投喂时量要少,投喂饵料用蚯蚓加入以后希望长期使用易得廉价饵料,如小杂鱼、蚕蛹粉、螺蛳肉等,将几种饵料拌匀后一般做成条状为好,再将条状饵料定时地投到食台上。投喂时间,起初是每天日落前1小时左右投喂,待驯化好后,每日可喂2次,增加上午9时一次,上午投喂量占全天的30%左右,具体日投饵量要是根据天气、水温、水质、黄鳝的活动情况灵活掌握,原则上一般以每次投喂2小时左右吃完为度,做到让黄鳝吃匀、吃饱、吃好。

(4)病害防治:少数网箱主要的病害有轻微的出血、烂尾、肠炎和蚂蟥等病。由于以预防为主,发现病害及时治疗,病害得到了及时的控制,减少了损失。预防工作除要选择好的鳝种和放养时对鳝体消毒外,在5～9月份每半月用漂白粉或ClO_2(二氧化氯)挂袋,每箱挂2袋,每袋放药150克,另外在饵料中每半月一次加入"鱼康达"内服药物投喂,每次连喂3日。一旦发生病害要根据病情对症下药。在池塘中由于水交换慢,可直接用药物对网箱水体进行消毒。如在河沟中由于水体流动,在对网箱水体泼洒药物时,需要用塑料薄膜或彩条塑料布等将网箱在水体的部分包围好,在水体不交换的情况下按药浴所需的浓度对箱内水体进行消毒,药浴时间视黄鳝的忍受度应灵活掌握。

经过几个月的养殖试验,成鱼、黄鳝到2000年元月30日已全部上市。经统计核算,其中成鱼、黄鳝13 345.6千克,总产值269 648元,总利润164 258元。其中成鱼9 120千克,池塘产成鱼7 500千克,每667平方米产250千克,河沟产成鱼1 620千克,每667平方米产90千克,成鱼的总产值58 368元,成鱼获利32 278元。成鱼的产量、产值比1998年均有增加。70个网箱共产黄鳝4 225.6千克,产值211 280元,去除黄鳝养殖成本79 300元,养殖黄鳝获利131 980元,投入产出比为1:2.7。池塘中38只网箱共产黄鳝2 644.8千克,平均每箱72千克,每平方米3千克,增肉倍数为1.45。河沟32个网箱共产黄鳝1 580.8千克,平均每箱49.4千克,每平方米2.1千克,增肉倍数为1.3。每个网箱的黄鳝平均产值为3 018.29元,平均利润为1 885.43元。

从养殖试验的结果看,在沟塘中搞网箱养殖黄鳝不但不影响原来沟塘的成鱼产量,而且不需要专门建黄鳝池,可利用原有的池塘、河沟进行网箱养殖黄鳝,充分利用了水体,又取得了较高的产量和经济效益。

例11 顾宏兵采用土池饲养黄鳝,现将其经验介绍如下。

(1)土池条件:选用长方形土池4口,分别编号为1♯、2♯、3♯、4♯,土池面积均为30平方米,其中1♯、2♯池深2.1米,3♯、4♯池深0.9米。各池一条缓坡的坡比为1:3,其余三边皆为1:2。四池的底质、排灌条件相同。

(2)鳝种来源:所投鳝种系本地笼捕野生幼鳝,个体规格为33.3~41.6克,放养前均经过挑选,无病无伤。

(3)饵料:所投饵料主要有3种:鲜蚯蚓糊、螺蚌肉、豆腐渣。

(4)养殖对比:将4口土池分成两组,1♯、2♯池作试验池,进行深水养鳝;3♯、4♯池为对照池,进行常规(浅水)养鳝。4口土池生产操作同步进行。

(5)苗种投放:4月中下旬(水温15℃以上)投放鳝种,放养前一周各池均用3.5千克生石灰清塘消毒,鳝种以4%的食盐水浸浴15分钟后入池。各池所放鳝种完全是随机抽样的(见表4)。

(6)日常饲养管理

①水草投放:池内放养鳝种后,投放经消毒漂洗过的水花生,水花生的覆盖面积约占总水面的1/2。

表4 各池放养清况

池　号	1#	2#	3#	4#
放养尾数(尾)	2 043	2 072	2 027	2 066
放养重量(千克)	75	75	75	75
平均规格(克/尾)	36.7	36.2	37	36.3
密度(尾/平方米)	68.1	69	67.5	68.8

②饵料投喂:鳝种下池一周内不投饵,一周后每天投饵1次。饵料定点投放在池子具缓坡(坡比1∶3)的一端,日投饵量视天气和黄鳝摄食情况酌定,一般将日投饵率掌握在4%～6%。

③水质调节:1#、2#池维持水深1.2～1.5米,3#、4#池水深0.2～0.3米,前(5～6月份)浅后(7～9月份)深。各池的换水频率为:前期1～2次/周,中期3～4次/周,后期2次/周。每次换水量四池相等,为0.1～0.3米。另外,每7～10天泼洒生石灰水一次,使池水的pH值维持在7.0～7.5。

(7)收获:10月下旬干池起捕,黄鳝的实际生长期约为160天。

①成鳝产量:见表5。

表5 成鳝产量

池号	1#	2#	3#	4#
数量(尾)	1697	1620	1404	1479
重量(千克)	151.2	150	110.2	110.9
净增量(千克)	76.2	75	35.2	35.9
平均规格(克/尾)	89.1	93.2	78.2	75
成活率(%)	83.1	78.2	69.3	71.6

②生长与成活率比较:从表4可知,试验池和对照池所放的鳝种,在密度、规格上的差异皆不显著;从表5中分析得出,试验池1♯、2♯分别与对照池3♯、4♯相比,成活率差异极显著,成鳝平均规格之间差异显著。

(8)几点体会

①深水养鳝的优越性:生长速度和成活率是衡量人工养鳝成败的两项重要技术经济指标。试验结果表明,深水饲养的两项指标都显著优于浅水(常规)饲养,究其原因有两点:第一,虽然两组池的水面积、放养鳝种总重量相同,但试验池单位水体的载鳝量却低于对照池,试验池中黄鳝的栖息环境显然比对照组更理想,更有利于黄鳝生长;第二,在高温季节(特别是小暑、大暑天气),尽管各池都采取了换水和泼洒生石灰浆的措施来调节水质,但3♯、4♯池因水层浅,效果不理想,表现在水温变化快、变幅大,水质易腐败(黄鳝排泄物多),严重影响黄鳝的正常生理机能。相比之下,1♯、2♯池水体缓冲力较强,水体生态环境较为稳定,有利于黄鳝的摄食、生长。

②常规养鳝法都强调池水控制在10~30厘米的深度,若过深则会影响黄鳝正常生命活动(呼吸、摄食)。本试验过程中,笔者多次观察发现,1♯、2♯池中的黄鳝绝大部分时间都缠绕在水花生的根须上,这就解决了深水不利于呼吸的矛盾。另一方面,试验中把池子四边中的一边设计成缓坡,并以此边作为投食点,从而满足了黄鳝正常摄食的环境(浅水)需要。

③综上所述,深水养鳝成功的技术关键,在于所设置的水草、缓坡与深水之间优势互补。本技术操作简单,如应用于流水养鳝生产,则效果更佳。

九、黄鳝、泥鳅养殖场中饵料生物培育的技术管理

黄鳝、泥鳅在自然界分布广泛,其生存环境中有丰富的活体饵料,如昆虫、蛙卵、蚯蚓、水丝蚓等,在其幼体阶段则有丰富的浮游生物。这些食料不仅来源丰富,而且容易消化。黄鳝的消化道长度仅为体长的 $1/2\sim2/3$;消化道组织学结构说明其消化食物的特点是属于一种典型的肉食性鱼类。人工养殖黄鳝、泥鳅时,缺乏足够的动物性蛋白会影响其正常生长。所以开展黄鳝、泥鳅养殖,必需配套养殖饵料生物,尤其在小规模养殖时,利用各地农副产品废料等进行饵料生物培养,变废为宝,可大大降低生产成本,减轻环境污染,是一种利国利民的好方法。即使进行规模化养殖,刚孵出的鳝苗、泥鳅苗,采用轮虫、枝角类等浮游动物为开口饵料投喂,苗种成活率高、生长快。进行黄鳝商品成鱼养殖,驯饵阶段则必须结合天然鲜活饵料来进行。常规养殖中,投喂配合饲料的同时也应定期补充天然鲜活饵料或在配合饲料中添加部分鲜活料。可见,进行黄鳝、泥鳅养殖,尤其是黄鳝养殖时必须配套培养饵料生物。除了以下介绍的饵料生物培养方法之外,一些野杂鱼、家鱼等低值鱼类也是黄鳝、泥鳅喜食的动物性饵料,同样可进行收捕、增殖和养殖,其方法不再在此介绍了。

(一)轮虫的培育

轮虫是极好的水产动物苗种开口饵料,随着水产育苗技术的发展,轮虫培养技术也不断进步,尤其是近几年发展起来的生物"包裹"技术,可利用轮虫这个活载体,将幼苗所需的某些营养物质传递给幼苗。这一技术已在欧美日等国家海水育苗场中得到广泛应用。所以开展黄鳝、泥鳅规模化人工繁育,有时候培养高质量轮虫是育苗工作中的重要环节。轮虫培育有室外培育和室内培育。以下介绍皱褶臂轮虫的培育方法。

1. 室外培育

试验在面积均为1亩,池深60厘米的两个土池中进行。4月20日,注新鲜过滤海水30厘米,注水前一周清池。注水可带进大量单胞藻,注水后即施肥,日施肥量为硝酸钾30毫克/千克、磷酸二氢钾3毫克/千克、硅酸钠0.3毫克/千克。藻类组成以硅藻、绿藻、金藻为主,几天后,硅藻类新月菱形藻占绝对优势,水呈深褐色。5月1日,当池中单胞藻密度达每毫升250×10^4时,按50个/升的密度接种轮虫于两个培养池。每天施无机肥(阴雨天停施)。每天投饵1~2次,种类有酵母片、豆浆、蛋黄,用量分别为1~5毫克/千克、2~10毫克/千克、1~2毫克/千克,具体投饵量视轮虫繁殖情况适当增减。每日加注新鲜海水2~5厘米,控制水位30~40厘米,维持正常盐度。培养期间,水温14.5~24℃,盐度24‰~27‰,pH值8.8~9.5,透明度14~40厘米。

轮虫接种3天后,密度明显增加,1周后,达500个/升,为接种时的10倍,这时便可开始采收。2周后,轮虫密度高达5 000个/升,池中藻类生物量因轮虫繁殖摄食不断减小,藻类繁殖远远跟不上轮虫的摄食需要,水色变清,使得轮虫繁殖受到抑制,5月中旬以后,轮虫密度逐渐下降。

因轮虫喜欢有机质较多的水,所以在轮虫池施用有机肥(鸡粪、牛粪、发酵人尿等)效果会更好。应注意的是,如进水时在轮虫培育池中混进较多桡足类,会与轮虫争食浮游藻类,严重影响其繁殖。

轮虫收集方法:可用泵前安装120目筛绢网的小潜水泵在池内抽水循环,有时也可直接把轮虫池水注入室内空池或苗种培育池加以利用。

轮虫保种:轮虫在培育良好的环境下,突然改变条件中断投喂,饥饿几天,轮虫会产生大量休眠卵,以度过不良环境,当环境条件适宜时,休眠卵又会自动孵出轮虫。一般来讲,当年已引种的轮虫池,采取以上措施后,翌年无需再引种,当加入新鲜海水后,温度适宜,轮虫会自动孵出。另外也可用吸管吸取数十个轮虫于小三角瓶中,温度保存在0~6℃,用时取出培养即可。

培养轮虫的关键是培养好藻类(有连续不断的单胞藻类供应),要保持一定的温度(17~30℃)、盐度(15‰~25‰),防止敌害。

2. 室内培育

(1)种源:一是利用冬卵(也称休眠卵)孵化,此法使用方便,缺点是购卵要增加成本(1克冬卵需600~700元);二是向其他单位索取。冬卵的孵化,最好在底部为圆锥形的透明容器中进行,海水盐度控制在10‰~20‰,温度为25~30℃,以1 000勒克斯的光照强度连续照射,并从底部充气,使卵在孵化液中充分悬浮以利吸水,孵化密度以每升水体0.2克卵为宜。例如用50升白塑料桶孵化5克冬卵,将桶悬挂于水温为28℃的水泥池中,桶中加一气石不断充气,在桶上方1米处挂一100瓦的白炽灯泡,连续光照,24小时孵化完毕,效果良好。

(2)扩大培养

①培养容器:常用的有玻璃培养缸、水族箱、水小泥池等。

②培养用水:小规模培养用水应通过煮沸或过滤(300目筛绢过滤或砂滤池过滤)的方式除去敌害动物。

③接种:根据种虫数量和育苗生产要求决定接种密度,每毫升水接种1~50个。

④投饵:多采用单细胞藻类,也可使用各种酵母。

⑤搅拌或充气:根据培养方式和条件采用搅拌或充气的方法,一方面可使饵料分布均匀,另一方面可以增加水中的溶解氧。如采用充气的方法,以微泡充气、水面不形成水波为宜。

(3)生产性培养与强化培育

当轮虫扩大培养到一定数量,即可在10~30平方米的水泥池中进行生产性大规模培养。大规模培养将水温控制在28~30℃,盐度20‰左右,保持环境因子的相对稳定,并连续中等气量充气。

①培养用水:经砂滤池过滤或经漂白液处理并充气曝气。

②饵料:根据轮虫的繁殖习性及水产苗种的营养需求,一般采用单胞藻与酵母交替投喂的方法,或者以酵母培养轮虫,再以

高密度海水小球藻强化培养,从而达到高繁殖率和高营养价值的目的。综合使用上述两种方法,既交替投喂,又强化培养,结果培养的轮虫营养全面,育苗效果良好。具体做法是:白天投喂小球藻,使池水呈淡绿色,并根据水色适时添加藻液,保持轮虫对饵料的需求;傍晚根据池中轮虫的密度投以$(1\sim3)\times10^{-6}$浓度的酵母。轮虫繁殖到一定密度后,即可收集用于育苗生产。

③收集:根据育苗的需要并结合轮虫的增殖情况,每天傍晚以虹吸的方法收集池中部分轮虫,要注意采收量与池中能形成正常增殖量的平衡,然后向池中补充适量海水或藻液,并泼洒$(1\sim3)\times10^{-6}$浓度的酵母。

④强化培育:先在小型水泥池或大缸中加入高浓度的藻液,并加入适量的强化剂,保持充气,放入收集洗净的轮虫进行营养强化。第二天天亮后即可用来投喂,一般轮虫池连续使用半个月左右,应将池中轮虫全部采收或移池培养,根据生产需要将原池清洗后再进行培养或做它用。

用酵母作轮虫的饵料,虽然能得到足量的轮虫,但培养出来的轮虫营养不全面,不能满足苗种(特别是一些海水鱼类)的营养需求;使用强化剂强化轮虫的营养,除成本较高外,在生产使用上还有一些问题有待解决。目前,随着浓缩海水小球藻和其冷藏保存技术的试验成功,育苗场利用育苗闲季大量培养小球藻,浓缩冷藏保存,待培养轮虫时再用来大量培养或直接作为轮虫饵抖,将会解决轮虫的摄食大于单细胞藻类繁殖速度的矛盾,使生产季节轮虫的培养与使用不受小球藻的制约,培养出质优量足的轮虫,满足育苗生产的需求。

(二)枝角类的培育

枝角类又称水蚤,隶属于节枝动物门、甲壳纲、枝角目,是淡水水体中最重要的浮游生物组成之一。枝角类不仅具有较高的蛋白质含量(占干重的 40%～60%),含有鱼类营养所必需的重要氨基酸,而且维生素及钙质也颇为丰富,是饲养鱼类包括黄鳝、泥鳅及虾幼体的理想活饵料。以往对枝角类的利用主要采用池塘施肥等粗放式培养,或人工捞取天然资源,这些都在很大程度上受气候、水温等自然条件限制。随着名、特、优新养殖业的蓬勃兴起及苗种生产的不断发展,对枝角类的需求不仅数量大,同时要求能人为控制,保障供给。因此,近年来大规模人工培养枝角类已受到普遍重视。

枝角类的培养方式属间接培养,也就是先繁殖细菌和藻类,以此作为它的饵料。其基本方式为:施肥→有机物分解→细菌、微小藻类、原生动物繁殖→枝角类的增殖。

枝角类的培养水温需要 18～28℃,pH 值 7.2～8.5,培养方法有室内培养和室外培养。

1. 培养种类及培养条件

枝角类培养对象应选择营养的生态耐性广、繁殖力强、容易培养、体型大小适中的种类,溞属中常见的大型溞,蚤状溞、隆线溞、长刺溞及裸腹溞属中的少数种类均适于人工培养。人工培养的溞种来源十分广泛,一般水温达 18℃以上时,一些富营养水体中经常有枝角类大量繁殖,早晚集群时可用浮游动物网采集；在室外水温低，尚无枝角类大量繁殖的情况下，可采取往年枝角类大量繁殖过的池塘底泥，其中的休眠卵（冬卵）经一段时间的滞育期后，在室内给予适当的繁殖条件，也可获得溞种。

枝角类虽多系广温性，但通常在水温达 16～18℃ 以后才大量繁殖，培养时水温以 18～28℃ 为宜。大多数种类在 pH 值 6.5～8.5 环境中均可生活，最适 pH 值为 7.5～8.0。枝角类对环境溶氧变化有很大的适应性，培养时池水溶氧饱和度以 70%～120% 最为适宜。有机耗氧量应控制在 20 毫克/升左右。

枝角类对钙的适应性较强，但过量镁离子（大于 50 毫克/升）对其生殖有抑制作用。人工培养的溞类均为滤食性种类，其理想食物为单细胞绿藻、酵母、细菌及腐屑等。

2. 培养方式

（1）室内小型培养：室内小型培养规模小，各种条件易于人为控制，适于种源扩大和科学研究。一般可利用单细胞绿藻、酵母或 Banta 液进行培养。其他可盛水的容器，例如玻璃缸、塑料桶、陶瓷缸及烧杯、塑料桶等，都可作为培养容器。利用绿藻培养时，可在装有清水（过滤后的天然水或曝气自来水）的容器中，注入培养好的绿藻，使水由清变成淡绿色，即可引种。利用绿藻培养枝角类效果较好，但水中藻类密度不宜过高，一般小球藻密度控制在 200 万个/毫升左右，而栅藻 45 万个/毫升即可，密度过高反而不利于枝角类摄食。利用 Banta 液培养时，先将自来水或过滤天然水注入培养器内，然后每升水中加入牛粪 15 克、稻草或其他无毒植物茎叶 2 克、肥土 20 克。粪和土可以直接加入，草宜先切碎，加水煮沸，然后再用。施肥完毕后用棒搅拌，静置2天后,每升水可引种数个,引种后每隔5～6天追肥一次。Banta液培养的枝角类通常体呈红色,产卵较多。利用酵母培养枝角类时,应注意酵母过量极易腐败水质。此外,酵母培养的枝角类,其营养成分缺乏不饱和脂肪酸,故在投喂鱼虾之前,最好用绿藻进行第二次强化培育,以弥补单纯用酵母的缺点。

(2)室外培养:室外培养枝角类规模较大,若用单细胞绿藻液培养,占时占地,工艺太复杂,因此通常采用池塘施肥或植物汁液法进行培养。土池或水泥池均可作为培养池,池深约1米,大小以10～100平方米为宜,最好建成长方形。首先要清池,第一种方法是用$(30～40)\times10^{-6}$漂白粉;第二种方法是用8×10^{-6}敌百虫;第三种方法是用200×10^{-6}生石灰。第一种方法处理的池子3～5天后便可使用,第二、第三种处理方法需经7～10天后才可使用。清塘后的池中注入约50厘米深的水,然后施肥。水泥池每平方米投入畜粪1.5千克作为基肥,以后每隔1周追肥1次,每次0.5千克左右,每立方米水体加入沃土2千克,因土壤有调节肥力及补充微量元素的作用。土池施肥量应较高,一般为水泥池的2倍左右。利用植物汁液培养时,先将莴苣、卷心菜或三叶苜蓿等无毒植物茎叶充分捣碎,以每平方米0.5千克作为基肥投入,以后每隔几天,视水质情况酌情追肥。上述两种方法,均应在施基肥后将池水暴晒2～3天,并捞去水面渣屑,然后即可引种。也可采用酵母与无机肥混合培养,每立方米水体施用30克酵母和65克硫酸铵或37.5克硝酸铵,以后每隔5天追肥1次,用量按上述减半。引种量以每平方米30～50克为宜。如其他条件合适,引种后经10～15天,枝角类大量繁殖,布满全池,即可采收。

(3)工厂化培养:近年来,国外已开展了枝角类的大规模工厂化培养,主要的培养种类为繁殖快、适应性强的多刺裸腹溞,这种溞为我国各地的常见种,以酵母、单细胞绿藻进行培养,均可获得较高产量。室内工厂化培养,采用培养槽或生产鱼苗用的孵化槽都可以,培养槽从几吨至几十吨,可以用塑料槽或水泥槽,一般一只15吨的培养槽其规格可定为3米×5米×1米,槽内应配备通气、控温和水交换装置。为防止其他敌害生物繁殖,可利用多刺裸腹溞耐盐性强的特点,使用粗盐将槽内培养用水的盐度调节到1‰～2‰。其他生态条件应控制在最适范围之内,即水温22～28℃,pH值8～10,溶氧5毫克/升以上。枝角类接种量为每吨水500个左右。如用面包酵母作为饲料,应将冷藏的酵母用温水溶化,配成10%～20%的溶液后向培养槽内泼洒,每天投饵1～2次,投饵量为槽内溞体湿重的30%～50%,一般以在24小时内被吃完为适宜。接种初期投饵量可稍多一些,末期酌情减少。如果用酵母和小球藻混合投喂,则可适当减少酵母的投喂量,接种2星期后,槽内溞类数量可达高峰,出现群体在水面卷起旋涡的现象,此时可每天采收。如生产顺利,采收时间可持续20～30天。

3. 培养技术要点

(1)用于培养的溞种要求个体强壮,体色微红,最好是第一次性成熟的个体,显微镜下观察,可见肠道两旁有红色卵巢。而身体透明、孵育囊内负有冬卵、种群中有较多雄体的都不宜用来接种。

(2)人工培养枝角类虽工艺简单,效果显著,但种群的稳定性仍难以控制,甚至短时间(一昼夜或几小时)内会发生大批死亡现象。为了便于管理,培养池面积宜小而池子的数量宜多。

(3)正常情况下,枝角类以孤雌生殖方式进行繁殖,种群生长迅速,但环境条件一旦恶化或变化剧烈,溞类即行两性生殖,繁殖速度明显减慢。因此,培养时应保持环境相对稳定,避免饥饿、水质老化及温度、pH值大幅度变化。同时应注意观察枝角类的状态,如发现枝角类体色淡、肠道呈蓝绿色或黑色、夏卵数量少、卵呈浅蓝绿色,并出现大批雄溞和负冬卵的个体、种群幼体数少于成体数现象,都是培养情况不良造成的,应抓紧时间采取措施或重新培养。

(4)培养池四周不应有杂草,杂草丛生不仅消耗水中养分,同时更易使有害生物繁殖。夏秋傍晚时分,应用透气纱窗布将培养容器或池盖严,以防蚊虫入水产卵。小型枝角类繁殖快,鱼类适口性好。有时如需要培养小型种类,则可用极低浓度(0.05×10^{-6})的敌百虫药液控制大型种类。

(5)如连续培养,每次溞类采收量应控制在池内现存量的20%~30%,一般可用13号浮游生物手抄网采集成团群体。生产结束时,为给下一次培养准备溞种,可在培养达到较大密度时,在较高水温条件下(25~30℃),突然中断投喂饵料,饥饿数天,获取大量冬卵。冬卵可吸出后阴干,装瓶蜡封,存放在冰箱或阴凉干燥处。也可以不吸出,留在原培养容器或池塘中,再次培养时,排去污水,注入新鲜淡水,冬卵即会孵化。

(三)黄粉虫的人工养殖

黄粉虫又名大黄粉虫、面包虫,通称黄粉甲,属昆虫纲、鞘翅目、拟步甲科、粉虫属,是世界性的仓库害虫。自19世纪以来,人们开始养殖和利用黄粉虫。黄粉虫幼虫复眼退化,成虫后翅退化,不善飞翔。它食性杂、繁殖量大,人工饲养方法简单,养殖条件要求不高,较省人工,养殖成本低,营养丰富,是特种经济动物的活体饲料。

1. 黄粉虫的营养价值

黄粉虫(干品)的蛋白质含量一般在35.3%~71.4%。

黄粉虫组织中90%可以作为饲料,废弃物很少。同样黄粉虫的核黄素(维生素B_2)和维生素E含量都很高。

黄粉虫体内必需氨基酸以及脂肪,尤其是不饱和脂肪酸含量较丰富,黄粉虫的蛋白质含量虽高,但其脂肪和蛋白质含量会因不同季节、不同虫态而有很大的变化。黄粉虫初龄幼虫和青年幼虫生长较快,新陈代谢旺盛,体内脂肪含量低,蛋白质含量较高。老熟幼虫和蛹体内脂肪含量较高,蛋白质含量相应较低。所以要利用黄粉虫的蛋白质作饲料,最好选用生长旺期的幼虫或蛹。

黄粉虫脂肪含量较高,特别是黄粉虫蛹,脂肪中不饱和脂肪酸含量较高,所以这些脂肪是一种对动物,特别是对人类有益的脂肪。

总之,黄粉虫作饲料,其蛋白质含量高,氨基酸比例合理,其脂肪酸质量和微量元素含量均优于鱼粉,黄粉虫适宜以幼虫作为活体直接饲喂,不需经加工处理,因而不会破坏虫体的活性物质。鲜活虫饲料对动物生长促进作用是其他饲料所不能比的。黄粉虫干粉加入复合饲料中替代鱼粉,可获得比鱼粉更好的效果。

2. 黄粉虫的人工饲养

(1)盆养技术:家庭盆养黄粉虫,适合月产量5千克以下的养殖。饲养设备简单,一般不需专职人员喂养,利用业余时间即可。如采用旧脸盆、塑料盆、木箱等,只要容器完好,无破漏,内壁光滑,虫子不能爬出,便可使用。要是箱内壁不光滑,可粘一圈胶带纸,围成一个光滑带,防止虫子外逃。另备40目、60目筛子各1个。

选择个体大、整齐、生活力强、色泽鲜亮个体,专盆喂养。一般普通脸盆大小的容器养幼虫0.3～0.6千克。放入虫重10%～20%的饲料,如麦麸、玉米粉等。3～5天待虫体将饲料吃完,虫粪用60目筛子筛出。筛内壁也要用胶带纸粘一圈防护层,防止虫体逃逸。筛出后继续喂养,适当加入一些蔬菜、瓜果、瓜皮等一类含水饲料。幼虫化蛹时及时将蛹挑出分别存放。在环境温度适宜时,8～15天后蛹羽化成虫。这时必须为其提供产卵环境,也就是把羽化的成虫放入产卵的容器,在盆或箱底部铺一张纸(可以是报纸),然后在纸上铺一层约1厘米厚的精饲料,将羽化后的成虫放在饲料上。当温度为25℃时,成虫羽化约6天后开始交配产卵。黄粉虫是群居性昆虫,交配产卵必须有一定的种群密度,交配方能正常进行。一般密度为箱养时

1 500～3 000头/平方米。成虫产卵期应投喂较好的精饲料,除用混合饲料加复合维生素外,另加适量含水饲料,如菜叶、瓜果皮等,不仅补充成虫水分,而且可保持适宜的环境相对湿度,但不能使湿度太大致使卵块发霉。湿度太低又会影响产卵量,所以用该法时应严格控制盆内湿度。

成虫产卵时将产卵器伸至饲料下面,将卵产于纸面,待3～5天后卵纸粘满虫卵,同时黏附许多饲料将卵盖住,这时应及时更换新纸,否则成虫会取食虫卵。将取出的卵纸集中起来,按相同时期放在一个盆中,待其孵化。气温在24～34℃时经6～9天即可孵出。刚孵出的幼虫十分细软,尽量不要用手触动以免使其受伤害。

初孵出的幼虫集中,密度增大,成活率会比低密度时高些。幼虫经15～20天后,盆内饲料基本吃完,即可第一次筛除虫粪。筛虫粪用60目网筛。之后每3～5天筛除一次虫粪,同时补充一次饲料,饲料的投入量以3～5天能被虫子吃完为度。

投喂菜叶或瓜果皮等的时间应在筛虫粪的前一天,投入量以一夜间能被虫子食尽,或在投喂菜叶、瓜果皮之前先将虫粪筛出。由于喂菜叶之后,虫盆内湿度加大,使饲料和卵容易霉变,所以第二天应将未食尽的菜叶、瓜皮挑出。特别在夏季,慎防盆内湿度过大而使饲料霉变,造成虫体死亡。

根据以上投喂管理,饲料充足,每千克虫种可繁殖50～100千克鲜虫。该法仅适于家庭小规模养殖,成本较高,但方法简单。

(2)箱养技术:箱养适合中、大型规模养殖,是常用的养殖方法。主要设备有养虫箱、集卵箱及筛子等。

①养虫箱:材料可用1~1.5厘米厚的木板作箱边;箱底可用三合板或纤维板。箱子规格为80厘米×40厘米×12厘米,箱周内壁打光,以宽胶带纸贴一周,压平以防逃虫。

准备不同规格的筛子,网目分别为100目、60目、40目及普通铁窗纱。筛边也应贴胶带。筛子用于筛除分离不同龄期虫粪和虫。

②集卵箱:由一个养虫箱和一个卵筛组成,内侧均应有光滑防逃带,卵筛底部钉铁窗纱。为防止成虫产卵后取食卵而造成损失,可将繁殖用成虫放置在卵筛中饲养,再将卵筛放入养虫箱内。在卵筛中雌虫可将产卵器伸至卵筛纱网下产卵,使卵不受成虫危害,并减少了饲料、虫粪等对卵的污染。

3. 黄粉虫的病虫害预防

正常饲养管理条件下,黄粉虫很少得病。但饲养密度增大后,患病率也随之升高。例如湿度过大、粪便污染、饲料变质,都会造成幼虫患腐烂病。即排黑便,身体变软、变黑,病体排出的液体又会传染健康虫体,要是不及时处理,将会造成整箱虫子死亡。当饲料未经灭菌处理或连续阴雨较易发生这种病。黄粉虫还会受到一些肉食性昆虫或螨类为害,例如肉食性螨、粉螨、赤拟谷盗、扁谷盗、锯谷盗、麦蛾、谷蛾及各种螟蛾类昆虫,这些害虫不仅取食黄粉虫卵,而且会咬伤蜕皮期幼虫和蛹,污染饲料,也是黄粉虫患病原因之一。

对病害应在饲养过程中综合防治。首先选择健壮虫种、无病个体。饲料应无杂虫、无霉变,湿度不宜过大。饲料加工前应经日晒或消毒,杀死其他杂虫卵。饲养场及设备应定期喷洒杀菌剂及杀螨剂。严格控制温度、湿度,及时清理虫粪和杂物。另外还应防鼠、鸟、壁虎等有害动物。当养虫箱中发现害虫或霉变现象,要及时处理,防止传播。

4. 黄粉虫饲料及饲料配方

黄粉虫饲料来源广泛,但为了使黄粉虫提高繁殖量,保持优良特性,进行规模化生产时,必须注意根据黄粉虫的营养需求,使黄粉虫饲料营养全面,针对种虫繁殖特点强化营养配比。以下介绍几种黄粉虫的饲料配方。

①麦麸70%,玉米粉25%,大豆4.5%,饲用复合维生素0.5%。该配方主要用于饲喂生产用黄粉虫幼虫。具体制作方法:用以上各成分拌匀,经饲料颗粒机膨化成颗粒,或用16%的开水拌匀成团,压成小饼状,晾晒后使用。

②麦麸75%,鱼粉4%,玉米粉15%,食糖4%,饲用复合维生素0.8%,混合盐1.2%。该配方饲喂后可延长成虫寿命,提高产卵量。该配方具体制作方法同①。

③纯麦粉(为质量较差的麦子及麦芽等磨成的粉,含麸)95%,食糖2%,蜂王浆0.2%,饲用复合维生素0.4%,饲用混合盐2.4%。主要用于饲喂繁殖育种的成虫。具体制作方法同①。

④麦麸40%,玉米麸40%,豆饼18%,饲用复合维生素0.5%,饲用混合盐1.5%。该配方用于饲喂成虫和幼虫。具体制作方法同①。

⑤该配方单用麦麸,冬季也可以麦麸为主,加适量玉米粉。

使用以上饲料时,尚应补充蔬菜叶或瓜果皮,以增加水分、维生素 C。各地也可根据当地饲料资源，根据以上配方各组分营养进行适当调整组合比例。

在规模化养殖黄粉虫时，可使用发酵饲料，用麦草、树叶、杂草等，经发酵后进行饲喂。用发酵饲料不仅成本低，而且营养丰富，是理想的黄粉虫饲料。

木屑、麦秸、稻草、玉米秆、树叶等高纤维农副产品经发酵处理也可饲喂黄粉虫。因为黄粉虫消化道含有纤维素酶，经用以上高纤维发酵饲料逐渐诱导饲喂，可逐渐使其适应消化木质纤维素，使饲料成本更为低廉，并使这些农林副产品转化为优质动物蛋白质。

5. 黄粉虫虫种的选育

经多年人工饲养，黄粉虫群体会出现退化现象。种群内繁殖十代，甚至上百代，加上人工饲养中会出现不适合的因素，使部分黄粉虫生活能力降低，抗病力差，生长速度变慢，个体变小。因此在人工饲养中应注意选种。初次选择种虫，最好购买专业部门培育的或自行培育的虫种，以后每养 2～3 代更换一次虫种。优良黄粉虫种虫生活能力强，不挑食，生长快，饲料利用率高。选择种虫以幼虫期较好。选择老熟幼虫做种虫应选个体大（以 3 500～4 000 只 1 千克为好，一般 5 000～6 000 只/千克的幼虫不宜选留）、生活力强、形体健壮（虫体充食饱满、食量大，色泽金黄、发亮，腹面白色部分明显，体长 30 毫米以上）的。

繁殖用种虫饲养环境温度应保持 24～30℃，相对湿度应在 60%～75%。雌、雄比以 1∶1 较合适。成虫寿命一般为 80～185 天，每头雌虫成虫产卵量可达 880 粒以上，饲养管理好可延长生殖期,增加产卵量。

6. 黄粉虫的装运和贮存

黄粉虫装运可用袋、桶、箱进行,以每袋、桶、箱装 10 千克为宜,其中掺入黄粉虫重量 30% 的虫粪或饲料,避免在装运过程中虫体活动摩擦发热造成黄粉虫大量死亡。也可用编织袋装虫,约为袋容量的 1/3,然后平摊到养虫箱里,厚度不超过 5 厘米,箱子可叠加,运输过程注意通风。气温 25℃ 以下可不采用降温措施。冬季运输则要采取保温措施。

一时用不完的虫体可预先煮或烫后加以包装,待凉至室温入冰箱冷冻,在 -15℃ 条件下可保鲜 6 个月以上,待需要时便可随取随用。

(四)蚯蚓的人工养殖

蚯蚓又名"地龙",俗称"曲蟮"。蚯蚓属于环节动物门、寡毛纲的陆栖无脊椎动物。

随着各种养殖业的发展,需要数量众多的优质蛋白质饵料,而蚯蚓富含蛋白质,根据对赤子爱胜蚓的分析,干体含粗蛋白 61.93%,粗脂肪 7.9%,碳水化合物 14.2%。其粗蛋白含量略低于鱼粉,粗脂肪含量高于鱼粉。因此,开展蚯蚓养殖,正是解决畜、禽、特种水产品养殖所需蛋白质饵料的有效途径。蚯蚓是黄鳝喜食的活饵料,同时可提供药用,获得优质有机肥料和解决部分公害问题。作为人工养殖的蚯蚓应具繁殖力强、生长快等优点,我国虽已发现和定名的品种有约 150 种,但可供人工养殖的不多。我国在1979年从日本引进的赤子爱胜蚓——大平二号和北极星二号，是较好的养殖品种。

蚯蚓养殖应包括蚯蚓饲养场所的选择、基料（培养基料）的制作、饵料的制作、饲养方法（放养密度、投饵法、投饵量）、各阶段蚯蚓的饲养管理及蚓粪的清理工作等。现将蚯蚓的一般养殖技术介绍如下。

1. 蚯蚓饲养场所的选择

蚯蚓的饲养场地应选择在排水方便、通风好、湿度小、安静、无煤烟和农药处，同时防止鼠、蛇、蛙、蚂蚁等危害。

饲养场所因地制宜，一般有室外饲养和室内饲养两种。

（1）室外饲养

①青饲料地（如苦荬菜、聚合草）、果园、桑园饲养：在行距间开浅沟投入饵料，然后将蚯蚓放入，便于种蚓定居其中。如在聚合草地饲养蚯蚓，夏季聚合草生长旺盛，其叶可为蚯蚓遮荫避雨，以防阳光直射和水分蒸发。平时蚯蚓可食枯黄落叶，遇大雨冲击时可爬入根部避雨。桑园饲养亦然，但需注意浇水，防止逃跑。这种饲养方法成本低，效果显著，易于推广。

②杂边地饲养：利用场地院落空地、岸边和河沟的隙地，四周挖好排水沟，翻挖成宽1米左右的田块，定点设置饵料，放入蚓种饲养，获取蚯蚓。夏季搭凉棚或用草帘覆盖，亦可种些丝瓜、扁豆等，及时喷水保湿和补充饵料。

（2）室内饲养：室内饲养形式有多层式箱养、盆养、工厂化养殖法等多种。

①多层式箱养：在室内架设多层床架，在床架上放置木箱，

木箱内铺设饵料饲养蚯蚓。在两行床架之间架设走道便于管理,室温保持20℃,可以常年生产。

②盆养:可用陶缸、瓦盆、木盆等,适用于家庭饲养蚯蚓。

③工厂化养殖法:主要用于赤子爱胜蚓和红蚓的大规模养殖。工厂化养殖,应包括饵料场、养殖车间、养殖床等。

a. 饵料处理场:包括饵料的堆积发酵或分选粉碎之用,可利用室外场地。

b. 养殖车间:可采用砖木结构,也可采用塑料大棚,室温控制在5~32℃。有控温设备的,温度最好控制在18~28℃,这样可保证全年连续生产。养殖车间的大小,视规模而定。室内建两排养殖床,中间留有1.2米宽的作业道。

c. 养殖床:平地建池,池四周用砖砌成,水泥抹缝。床面稍倾斜,较低一侧墙脚有排水孔,以便饵料中多余水分排出。池的大小:一般养青蚓的池,墙高60厘米,面积5平方米左右为宜;养爱胜蚓的池,面积为3平方米左右,墙高40厘米。池底铺上15厘米厚的熟土,上面盖20厘米厚的基料。养殖床四周设宽30厘米、深50厘米的水槽,既供排水又作防护沟。

室外养殖比室内养殖方法简便,适宜于个体大、生活在较深土层中的青蚓养殖;室内养殖以赤子爱胜蚓为好。

2. 基料的制作

基料是指发酵熟化,能供蚯蚓生存和营养的基础料。熟化基料必须营养一致,粪草均匀,质地疏松,呈咖啡色,pH值在6.8~7.6。

(1)基料的要求:基料中的有机物质必须已经腐熟分解,适口性好,具有细、熟、烂、营养丰富、易于消化吸收等特点。

(2)基料的种类

①粪料:有牛、马、猪、羊、兔粪和适量鸡粪(亦可用食品下脚,烂菜、瓜、果等),占70%。粪肥收集后,为了保持粪肥的质量,多采用湿粪贮藏。将收集的湿粪堆成一个大堆,拍紧;亦可随收随晒,以干粪贮藏,粪要晒得干透,一般在堆料前快速晒干。

②草料:有杂草、各种树叶、木屑、垃圾等,占30%。用垃圾堆制基料时,应加入软茎杂草混合堆制,以提高基料质量。

(3)堆制方法:在堆料前,将干草料用水浸泡。干粪也要用水拌湿,做到干湿均匀,料温高,发酵快。

堆料开始,地上先铺一层干草料,厚6~8厘米,然后铺上粪料3~5厘米,这样连续铺上3~5层,边堆料,边分层浇水,第一层粪草上不要浇水,以后每层粪草铺好后随即浇水,下层少浇,上层多浇,水要浇在草上。

另一种方法是用湿粪堆制发酵,即没有晒过的粪和干草一起堆制发酵。堆制后,第二天堆温上升,4~5天后堆温可以上升到75~80℃,以后逐渐下降,当降到60℃时,进行翻堆,重新堆制。约7天后,第二次翻堆,以后间隔5、4、3天,各翻堆一次。

一般堆期为30天左右。在翻堆时宜适当浇水,避免基料过干。

3. 饵料制作

所谓蚯蚓的饵料是经发酵熟化,无不良因素,有机质已分解,易被吸收,能不断供给蚯蚓营养的添加料。现将蚯蚓的饵料种类和制作方法简介如下。

(1)饵料种类：作为蚯蚓的饵料分蛋白质含量较高和较低两种。

①蛋白质含量较高的种类：一般有粮油下脚、麦麸、米糠、豆科植物、动物残体、牲畜粪便等。

②蛋白质含量较低的种类：一般有烂水果、淀粉、糖类、植物全身及植物茎叶为原料的工业下脚和垃圾等，它们纤维素含量较高。

(2)制作方法：蚯蚓的饵料不管是蛋白质含量高的种类，还是蛋白质含量低的种类，都必须经发酵熟化才能使用。但在具体做法中两者又有所区别。

粮油下脚、麦麸、米糠等必须经堆制发酵才能投喂。饵料堆制中含水量的测定以用手紧握麦麸，指缝间有 1～2 滴水滴为宜，做到干湿均匀。堆制过程中翻堆 3～4 次，翻堆时适当洒水。亦可直接用牛粪、猪粪等粪料堆制发酵，时间为 10～20 天，翻动一次就可使用。料宜偏干堆制，需用木棍在料堆上面戳几个洞，改善供氧，排出有害气体，促进熟化。

若用作物秸秆、青草、树叶、水果、垃圾堆制发酵，需翻堆 2～3 次方可使用。如有未熟透的纤维，可拣出来重新发酵。冬季，为了加速粪腐熟发酵，可在粪料堆上覆盖塑料薄膜，或在堆面上加盖杂草。也可用粪肥 70%（牛、马、猪、羊、兔粪），作物秸秆或青草 20%，麦壳或麸皮 10%，混合均匀，粉碎堆制发酵。

无论是基料或饵料，都必须充分腐熟、分解，无不良气味，呈咖啡色时方可使用。投料时，可取少量新饵料投入蚯蚓床，观察 2 天，若有大量蚯蚓进大新饵料，才能大量使用。

4. 饲养方法

(1)放养密度:在适宜的条件下,青蚓饲养密度每平方米以1 500条左右为宜;赤子爱胜蚓以每平方米20 000~30 000条为宜。

(2)投饵方法

①上投法:此法适于补料。当观察到料床表层的饵料已粪化,可将新饵料撒在原饵料上面,厚度5~10厘米。经1~2昼夜,蚯蚓很快进入新饵料层活动并采食。经数次补料后形成饵料床。

这种方法的优点是便于观察饵料粪化情况,投料方便;缺点是新料中的水分渗入原饵料层内,造成底部水分过大,而且逐次投料将蚯蚓茧埋于深处。改进的方法为定期翻床。

②下投法:此法用新料铺入养殖床内部。用此法补料时,将原饵料从床位内移开,将新饵料铺在原来床位内,再将原饵料(连同蚯蚓)铺在新饵料上。保留一个空床,在补料时,采用一翻一的作业法逐个翻床投喂。此法优点为原饵料在上部,有利于蚓茧孵化;缺点为新饵料在下部,蚯蚓采食不全,造成饵料浪费。

③侧投法:此法适用于将蚓种诱出,使成体蚓茧和幼蚓分开,养殖与孵化分开。

当原饵料床内已存有大量蚓茧和幼蚓,或原饵料床已堆积成一定高度且大部分粪化时,可用此法将蚯蚓诱出。方法是在原饵料床两侧平行设置新料床,经2~3昼夜或稍多些时间后,成蚓自行进入新料床。幼蚓因活动能力弱,仍留在原床。

(3)投饵量:蚯蚓的养殖周期以4个月为一期。一天的投饵量通常相当于蚯蚓自身的体重。一条成蚓的体重一般为0.4克,若1万条,一天约吃4千克饵料。随着不断繁殖增长,饵料相应增多。

投料时间:可隔天投喂一次或数天投喂一次,每天投饵量应等于蚯蚓的总重量。因此,隔天投喂,饵料量等于蚯蚓的2倍;数天投喂,饵料量约接近于蚯蚓的数倍。

5. 各阶段蚯蚓的饲养管理

蚯蚓生产包括繁殖期、卵茧期、幼蚓期、幼蚓后期(若蚓期)和成蚓期。

饲养管理,指各时期的经常性的投料及蚓粪清理。粪便回收,应尽量避开产卵孵化期。

(1)繁殖蚓的饲养管理:此时期主要利用性成熟的繁殖优势,得到大批蚓茧,获得蚓群的补充群体,是蚓群养殖的基础工作。

①稀养:以每平方米6 000～8 000条为宜。

②更新繁殖蚓:爱胜蚓性成熟后,连续交配产茧2～3个月后,繁殖率逐渐下降,这时从新成熟的蚓群中,挑选发育健壮、色泽鲜艳、生殖带肿胀的蚯蚓更新取代旧的繁殖蚓。

③增加优质饵料:饵料中增加优质细碎的饲料,如麦麸、奶牛粪。

在每年3～7月份和9～11月份的繁殖旺季,每隔5～7天取茧一次,同时应倒翻弄松饲养床,改善饲养床的透气性,每10～15天更换饲料一次。饲料要细碎无团块,铺料厚度为15厘米,用侧投法更新饲料。饲养床保持不积水、安静,并注意保温。经常防除敌害。

(2)卵茧的孵化:卵茧多产于粪层中。卵茧的孵化操作如下:

①卵茧的收集:在繁殖旺季,每隔5~7天,应从繁殖蚓床刮取蚓粪和卵茧的混合物,置于孵化床中孵化。

蚓茧、蚓粪的分离方法:从繁殖蚓床刮取蚓粪和卵茧的混合物后,先摊开在阴凉处(避免太阳晒),让水分蒸发一部分,因卵茧重于粪粒,多数卵茧下移底层。再用米筛或(8目)铁丝网过筛,筛出卵茧,置于孵化床中孵化。

②孵化床:孵化床结构同饲养床。其不同之处为,内放优质细碎饲料,作为前期幼蚓的基料。饲料湿度保持在60%~70%,孵化床面用草帘或塑料薄膜覆盖,保温防干。在孵化过程,用小铲翻运蚓茧和蚓粪的混合物数次。孵化基料不要翻动,稍洒点水,诱集幼蚓与卵茧分离。

在温度18~28℃条件下,40天左右幼蚓孵出,进入幼蚓养殖期。

③孵化养殖:孵化养殖方法有以下两种:

a. 繁殖和饲养分开:把清粪时清出的蚓茧和蚓粪混合物作孵化基,厚度20厘米,湿度调节到60%~70%,然后置于地面床孵化,也可装入底部和四壁有孔的木箱或筐篓内孵化,上盖草帘等,以保温保湿,保持孵化床温度在10~30℃。当大部分蚯蚓茧孵出幼蚓达1个月以上(体长2厘米左右),再用投料法,将幼蚓诱至新饲料内进行饲料。

b. 繁殖和饲养相结合:养殖与孵化在同一饲料床进行,可分两种情况。

第一,春、秋季,蚯蚓进入产卵旺季,应把料床中蚯蚓的密度减少到2 000~4 000条,投足够的新饲料,可促使其大量繁殖。

第二,把补料、清粪、翻动饲料、收取成蚓等几个环节结合进行。方法:当床内密度达到每平方米2万条左右时,取出一部分成蚓,其余继续养殖,此法可定期收取产品。

(3)前期幼蚓的饲养管理:前期幼蚓体积小,可高密度养殖,每平方米可养5万~6万条,铺料厚度为8~10厘米。当幼蚓将孵化基料大部分变为蚓粪后,应清粪,扩大床位,原则上扩大1倍,降低密度,补充新料。

· 早期幼蚓的饲料要细碎通气,湿度保持在60%左右;每隔5~7天松动蚓床一次,增加料床的空气;每隔10~15天补料清粪一次。补料方法用下投法:将幼蚓及残剩饲料移至床的一侧,在空位处补上新料,然后把幼蚓和残料移至表面铺平。前期幼蚓饲养1个月左右。

(4)后期幼蚓(若蚓期)的饲养管理:后期幼蚓活动增强,生长发育快,应适当增加清粪、补料及翻床次数。铺料厚为15厘米左右,每隔7~10天清粪、补料、翻床一次。用下投法补料。饲养20天左右,降低养殖密度,每平方米保持在2.5万~3万条为宜。

(5)成蚓的饲养管理:此时蚯蚓已达性成熟,进入成蚓养殖期。

挑选部分成蚓更新原有繁殖群体,同时,分批提取利用或进一步降低养殖密度。每隔5~15天清粪、取茧、倒翻料床和补料一次。仍用下投法补料。此期应保证良好的饲料、湿度、通气、黑暗等条件。

6. 蚓粪的清理

(1) 清粪

①清粪的目的有三:一为减少饲床的堆积物;二为清除环境污染;三为收获产品。

蚯蚓粪一般在表面下15厘米范围内。当床内饲料已全部粪化,即可清除。

②清粪方法

a. 除底法:当蚓床达40厘米高度,表面饵料已粪化,此时补料一次,隔2~3天后,大部分蚯蚓已进入表层活动,把表层15~20厘米厚的饵料连同蚯蚓迅速刮至两侧,剩下的底部蚯蚓很少,随即将底部除去,再将刮下的表层连同蚯蚓归还原处。

除去的底部如果蚓茧很多,可另放一处孵化,也可风干到含水率为40%左右时,将蚓粪筛去一部分,把蚓茧较多的部分另放一处孵化。

b. 刮粪法:当采用下投料时,置于新饵料上部的已粪化饵料,利用光照用刮板将蚓粪层层刮下,以见到新饵料为止,蚯蚓被光照驱向新饵料层。刮下的蚓粪与除底法相同处理。

c. 侧诱法:此法与侧投料相结合,当大部分蚯蚓进入两侧新料床时,将原料床的蚓粪、蚓茧一并除去,然后把两侧饵料合拢到原床位。

若除去的蚓粪中残存蚯蚓较多,可先用工具扒松,辅以光照,将蚯蚓分出。剩下的茧及蚓粪可放置另处孵化,也可筛去部分蚓粪后,再孵化。

(2) 蚓体与蚓粪的分离

①早期幼蚓的分离:用蚯蚓喜食高湿度的新鲜饵料来诱集。

②后期幼蚓、成蚓和繁殖蚓的分离:用机械和光照及逐层刮取法分离。即用铁爪子扒松饵料,辅以光照,蚯蚓往下层钻,再逐层刮取残剩饵料及蚓粪,最后获得蚯蚓团。

(五)水蚯蚓的人工养殖

水蚯蚓是许多特种水产养殖对象苗种阶段极好的活饵料,用于水产养殖效果比人工配合饲料要好。水蚯蚓广泛分布在淡水水域,污水沟、排水口、江河等码头附近特别多,有的地方每平方米可达0.45千克。黄鳝育苗规模小的就可以用人工收集水蚯蚓;但规模大、用量多、收集不方便的地方,则要开展人工养殖。随着名、特、优、新水产品养殖的快速发展,水蚯蚓作为饵料已越来越受到广大养殖者青睐。水蚯蚓池养、田养均可,但以池养产量最高,每亩年产量可达750~1 000千克。

水蚯蚓一年四季都可繁殖。其繁殖是通过雌雄同体异体受精方式来进行的。每年7~9月份繁殖最快,其生长、繁殖适温范围为20~32℃,适宜水深3~5厘米,要求水质清新、溶氧丰富,pH值以5.6~9为宜,养殖池最好保持微流水。在适宜的环境下,水蚯蚓每天繁殖量以整倍数进行,一般下种30天左右即可采收。

1. 选种

水蚯蚓是水栖寡毛类中的一大类群,又名水丝蚓,俗称红线虫、沙虫子、丝蚯蚓等。应当选择当地的优势种类作为人工养殖的对象,一般选用的有深栖水丝蚓、正颤蚓、指鳃尾盘虫、叉形管盘虫及苏氏尾鳃蚓等5种,其形态特征及生产性状如下。

(1)深栖水丝蚓:活体长10~15毫米、体宽0.75毫米,体重5.78毫克。蚓体由50~70个体节组成,口前叶呈圆锥形,全身只有钩状刚毛,体前端7~8条一束,中部减为3~4条一束,最末端只1~2条一束。生殖环带在第11~12节。本种对生活环境的适应能力极强,其产量居上述5种之首,秋、冬、春三季均能高产,仅高温季节的7、8、9月份稍差。深栖水丝蚓的群体产量占全年总产量的60%以上,是一个最适合人工养殖的当家品种。

(2)正颤蚓:活体长20~30毫米、体宽1毫米,体重6.76毫克。蚓体分60~80节,口前叶为钝锥形,背腹刚毛始于第2节。身体前端背面每束刚毛由1~3条发状刚毛和3~5条针状刚毛组成,向后则发状刚毛逐渐减少直至全部消失,针状刚毛也逐渐减少但不消失。环带在第9~12节上。本种在周年各月的产量相对最为稳定,秋冬季(10~12月份)略高,可以认为它是一个更喜低温的种类。正颤蚓的群体产量占全年总产量的20%左右,是生产中的一个主要品种。

(3)指鳃尾盘虫:单体长约5毫米,因能行无性分裂繁殖,所以连芽体在内长度达6~12毫米,体重5.06毫克。体分90~26节,无吻,身体大部分呈血红色。背刚毛自第11节开始,每束针状、发状各一条。尾鳃盘较体为宽,具鳃4对。环带在第5节上。本种在高温的7、8、9这三个月的生长与繁殖速度最快,产量所占的比例也大,而在其他月份则较低。可认为它是偏爱高温的种类,在生产中有重要的接茬互补作用。其群体产量约占全年总产量的10%上下。

(4) 叉形管盘虫:体长约25毫米、宽0.5毫米,体重1.42毫克。有体节18~25个。口前叶圆形,背刚毛自第5节开始。尾鳃盘漏斗状,腹侧有两根"触须",具鳃3~4对。环带位于第5~8节上。本种的生态特点与指鳃尾盘虫相似,在高温季节其产量比重大,其他月份则显著减少,也是喜高温的种类。尽管其群体产量只占全年总产量的5%以下,但在生产中同样起接茬互补作用。

(5) 苏氏尾鳃蚓:这是水蚯蚓家族中个体最大的一种,活体长达150毫米以上,宽1~1.25毫米,体重50.55毫克。体色淡红至深紫色,尾部每个体节有1对丝状鳃(整条蚓至少有60对以上)。口前叶锥形,背刚毛自第2节开始,环带在第9~12节上,呈隆肿状。本种在群体中所占年总产量不足5%。

2. 建池

水蚯蚓和其他水生动物一样离不开水,所以养殖池应建在有水源保证的地方。实践证明,城郊生活污水沟旁的零星空地、热电厂排水沟边、小溪河旁、水库坝下、鱼(种)场(站)的渗漏水集散地都是建池的好地方。蚓池宜建成长条形,长10~30米,宽1~1.2米,深0.2~0.25米,这样的养殖池便于精养细管并夺得高产。池埂最好用0.25米宽的条石砌成,也可用砖和水泥等建材构筑,以方便饲养管理人员行走踩踏。池底最好铺上石板或打上"三合土"(硬底池可不处理)。要求蚓池有0.5%~1%的比降,并在较高的一头设进水沟和进水口,较低的一头设排水沟和排水口,进、排水口均需安装栏栅,以防鱼类、螺等生物敌害闯入。注意,蚓池要有一定的长度,否则投放的饲料、肥料很大部分会被流水带走。如果受场地限制无法建成长条池时,可因地制宜建成曲流形、环流形池等。

3. 培养基制作

制作优质培养基,不仅能为水蚯蚓提供良好的生活、生长、繁殖环境,而且是缩短产品采收周期从而获得高产的又一技术关键。培养基的底料可选用富含有机质的污泥,例如鱼池底部的淤泥、稻田肥泥、污水沟边的黑泥等,掺进适量的疏松物(甘蔗渣等)、有机物(牛粪等)即成。向蚓池装填培养基的程序是:先在池底铺垫一层甘蔗渣或其他富含糖分的纤维物,用量为2~3千克/平方米。随即铺上一层污泥,使总厚度达到10~12厘米,加水淹没基面浸泡,2~3天后施基肥,用量为猪、牛、鸡粪共10千克/平方米。接蚓种前再在表面铺一层厚3~5厘米的污泥,撒上一薄层经发酵处理的麸皮、米糠、玉米粉等混合饲料,用量为150~250克/平方米。最后加水,使培养基面上有2~5厘米的水层。这时就可引来水蚯蚓种子进行接种了。

4. 引种与接种

水蚯蚓对环境的适应能力较强,所以在引种时间上没有特殊的要求,我国南方地区几乎一年四季都可引种接种,北方地区则应在水温达到10℃以上时引种培育。通常以春季和初夏引种培育的当年产量较高。

水蚯蚓的种源我国各地都不缺乏,不必去异地长途运输。一般来说,大城市内的明沟暗渠、城镇近郊的排污沟、排污口、港湾码头和禽畜饲养场及屠宰场、皮革厂、制糖厂、食品厂等的废水坑凼等处，天然水蚯蚓比较丰富，可以就近采种。注意用作种子的水蚯蚓不必淘洗得很干净，可连同部分泥、渣一起运回，下种时适当折算成纯蚯蚓就行，因为淘洗不仅损伤蚓体，而且会把大量的蚓卵（卵茧）也洗掉了。各地所产的天然水蚯蚓种类可能不完全相同，但都是当地的优势种群，具有适应本地自然环境条件的生物学特性，适合作为人工养殖的对象。

接种工作就是把采运回来的蚓种均匀地撒在蚓池的培养基面上。接种量的大小与蚓产量的高低及距第一次采收日期的短长成正相关。试验结果表明，以500～750克/平方米的接种量较为经济、合理。在水温25～28℃的自然条件下，接种30天后测定，每平方米培育池的日产蚓量可达500克左右。

5. 饲料与投料

水蚯蚓特别爱吃具有甜酸味的粮食类饲料，禽畜粪肥、生活污水、农副产品加工后的废弃物也是它们的优质饲料。但是所投饲料（尤其是粪肥）预先应充分腐熟、发酵，如果让其在蚓池内发酵产生高热便会"烧死"蚓卵与幼蚓。其中粪肥可按常规在坑凼里自然腐熟；粮食类饲料在投喂前16～20小时加水发酵，在20℃以上的室温条件下拌料。方法是：混合加水，加水量以手捏成团、丢下即散为度，然后铲拢成堆、拍打结实后，盖上塑料布。如果室温在20℃以下时，需加酵母片促其发酵，用量是每1～2千克干饲料加1片左右。例如：在头天下午3～4点钟拌料，第二天上午即能发酵熟化。揭开塑料布有浓郁的甜酸酒香味即证明可以喂蚓了。

要使水蚯蚓繁殖快、产量高,必须定期投喂饲料。接种后至采收前每隔10～15天,每亩应追施腐熟粪肥200～250千克;自采收开始,每次收后即行追施粪肥300千克左右,粮食类饲料适量,以促进水蚯蚓快繁速长。投喂肥料时,应先用水稀释搅拌,除去草渣等杂物,再均匀泼洒在培养基表面,切勿撒成团块状堆积在蚓池里。投料前要关闭进水口,以免饲料飘流散失。

6. 擂池与水体管理

这是饲养管理绝对不能缺少的一个环节。方法是用"T"形木耙将蚓池的培养基认真地擂动1次,有意识地把青苔、杂草擂入泥里。擂池的作用,一是能防止培养基板结;二是能将水蚯蚓的代谢废物、饲(肥)料分解产生的有害气体驱除;三是能有效地抑制青苔、浮萍、杂草的繁生;四是能经常保持培养基表面平整,有利于水流平稳畅通。水深调控在3～5厘米比较适宜。早春的晴好天气,白天池水可浅些,以利用太阳能提高池温,夜晚则适当加深,以利保温和防冻;盛夏高温期池水宜深些,以减少光辐照,最好预先在蚓池上空搭架种植藤蔓类作物遮荫。太大的水流不仅会带走培养基面上的营养物质和卵茧,还会加剧水蚯蚓自身的体能消耗,对增产不利。但过小的流速甚至长时间的静水状态又不利于溶氧的供给和代谢废物等有害物质的排除,从而导致水质恶化、蚓体大量死亡。实践表明,每亩养殖池每秒钟有0.005～0.01立方米(5～10千克)的流量就足够了。水蚯蚓对水中农药等有害物质十分敏感,所以工业废水、刚喷洒过农药的田水或治疗鱼病的含药池水都不能进入水蚯蚓培育池。

7. 采收与分离

水蚯蚓的繁殖能力极强,孵出的幼蚓生长20多天就能产卵繁殖。每条成蚓一次可产卵茧几个到几十个,一生能产下100万~400万个卵。新建蚓池接种30天后便进入繁殖高峰期,且能一直保持长盛不衰。但水蚯蚓的寿命不长,一般只有80天左右,少数能活到120天。因此及时收蚓也是获得高产的关键措施之一。采收方法可采取头天晚上断水或减小水流量,造成池缺氧,此时的水蚯蚓群聚成团,漂浮水面。第二天一早便可很方便地用聚乙烯网布做成的小抄网舀取水中蚓团。每次蚓体的采收量以捞光培养基面上的"蚓团"为准。这种采收量既不影响其群体繁殖力,也不会因采收不及时导致蚓体衰老死亡而降低产量。

为了分离水蚯蚓,可把一桶蚓团先倒入方形滤布中在水中淘洗,除去大部分泥沙,再倒入大盆摊平,使其厚度不超过10厘米,表面铺上一块罗纹纱布,淹水1.5~2厘米深,用盆盖盖严,密闭约2小时后(气温超过28℃时,密闭时间要缩短,否则会闷死水蚯蚓),水蚯蚓会从纱布眼里钻上来,揭开盆盖提起纱布四角,即能得到残渣滓完全分离的纯水蚯蚓。此法可重复1~2次,把渣滓里的水蚯蚓再提些出来。盆底剩下的残渣含有大量的卵茧和少许蚓体,应倒回养殖池继续让其孵化生长。

8. 暂养与外运

若当天无法用完或售尽,应将水蚯蚓暂养。每平方米池面暂养水蚯蚓10~20千克,每3~4小时定时搅动分散一次,以防结集成团缺氧死亡。需长途运输时,途中时间超出3小时时,应用双层塑料膜氧气袋包装,每袋装水蚯蚓不超过10千克,加清水2~3千克,充足氧气。气温较高时袋内还需加适量冰块,确保安全抵达目的地。冰块可用小塑料袋装盛,并扎紧袋口后放置四周。

(六)福寿螺的人工养殖

福寿螺也称苹果螺、大瓶螺,原产美洲亚马逊河流域。该螺作为食品和饲料有其独特的优势。福寿螺的特点是:①适应性强。在浅水塘、小河沟、小水凼等所有无工厂污染严重的水域均可养殖。②杂食性,易管理。该螺食性粗,动物性饲料、植物性饲料如菜叶、瓜果皮、浮萍、水葫芦等水生植物、陆生植物、糠麸等饲料及农副产品加工废料,死鱼、死禽、死畜等都可用于养殖福寿螺。③个体大、生长快、产量高。在较好的养殖环境下,放养幼螺,一年中最大个体可达400克左右,半年一般可达200克左右,年亩产可达上万斤。④繁殖力强。幼螺孵出后饲养4个月,便可初次成熟产卵,水温适宜时以后每隔半月到1个月便能产卵1次,每次产卵少的100粒左右,多的可达千粒以上。卵经1周左右便可孵出小螺。⑤肉质好。福寿螺肉质好,爽脆鲜美,营养价值高。其肉属高蛋白、低脂肪、低热量食品,含维生素C和胡萝卜素,是人类的健康食品。⑥螺壳薄,作为黄鳝、泥鳅饲料,可作为活饵料直接利用。

1. 福寿螺的生物学特性

福寿螺在生物学分类上属软体动物门、腹足纲。与我国常见的田螺有很多不同点：①螺层少，福寿螺螺层4~5层，田螺是6~7层。②螺体层发达，螺旋部分退化。福寿螺螺体层高度约占全高的89%，螺旋部极小；田螺螺体层则占全高约68%，螺旋部较大。③螺壳大而薄。福寿螺壳体呈半透明状，稍遇碰撞容易破裂；田螺螺壳较厚。④福寿螺具长、短两对触角，眼点在触角上；田螺只具一对触角。⑤福寿螺具原始肺，螺体具气管直接伸出水面吸气；田螺则在水中用鳃呼吸。⑥卵生。福寿螺在离水面一定高度的物体上产卵，卵留在附着物上孵化；田螺在亲体中发育成小螺后才产出，是卵胎生。

(1)栖息：福寿卵喜生活在较清新的淡水中，多栖息在水域边缘或附着在厚水植物根部，生活在较浅水层，也栖息在水底层。福寿螺运动方式有两种：一是靠发达的腹足紧紧黏附在物体表面爬行；二是吸气飘浮在水面，靠发达的腹足在水面作缓慢游泳。

福寿螺怕强光，白天较少活动，晚上活动频繁。黄昏后，多在水面游动觅食，遇刺激便立即放出气体，紧急下沉以避敌害。

(2)食性：福寿螺的摄食器官是口，口为吻状，可伸缩，口内有角质硬齿，用于咬碎食物。

福寿螺杂食性，食物的构成随发育阶段而转变。在天然环境下，刚孵出的小螺仍以吸收自身残留的卵黄维持生命，卵黄吸收完毕前，摄食器官初步发育完善，便开始摄食小型的浮游生物、固着生物和幼嫩的浮水植物，随着个体的增大，便转食大型水生植物。在人工养殖环境下,食物的构成主要以人工饲料为主、天然饲料为辅。幼螺主食青萍、麦糠等轻细小的饲料,成螺主食水生植物、陆生植物、动物尸体及人工投喂的商品饲料。苦草(扁茜)、水花生、浮萍、凤眼莲、青菜叶、瓜叶、瓜皮、果皮、陆草、死鱼、死禽畜、花生麸、豆饼、麦糠、玉米粉等都可用于饲养福寿螺。

福寿螺食性很广,但其对饲料有一定选择性,在人工养殖环境下,幼螺喜食小型浮萍,成螺喜食商品饲料。若长期投喂商品饲料后突然转投青料,它便会出现短期绝食现象。在饥饿状态下,大螺也会残食幼螺及螺卵。

福寿螺的摄食强度,一受季节变化影响,水温较高的夏、秋季,摄食旺盛,水温较低的冬、春季,摄食强度减弱,甚至停食休眠。二受水质条件影响,在水质清新的水体,其摄食强度大,水质条件恶劣时,摄食强度小,甚至停食。

(3)生长发育:福寿螺的生长速度与环境条件、螺体大小及性别有关。水温较高,水质较好,饲料量足质好,生长就快;反之,生长就慢。一般来讲,在大水面养殖生长速度快于小水面养殖,室外小水面养殖的生长速度又快于室内小水面养殖。福寿螺幼螺阶段,相对生长快,当其长至100克左右,生长速度就相对减慢。另外,雌体的生长速度稍快于雄体。在较好的养殖环境下,刚孵出的幼螺养殖1个月,一般可长至25克左右,养殖2个月可长至50克左右,养殖3个月可长至100~150克,养殖半年可长至200克左右,养殖1年,最大个体可达300~400克。

随着福寿螺的生长发育,螺壳以惊人的速度循着一渐开线轨迹长大,每增加一螺层,螺径就增大2倍多,螺高增3倍多。

2. 福寿螺的繁殖技术

在天然水域中,成熟的雌雄螺交配后,雌螺便沿着挺水植物或浮水植物的茎爬离水面产卵,卵黏附在植物的茎上自然孵化。经历一段时间后,小螺便破壳而出,掉到水中开始它一生的生活。人们根据其在天然水域中的繁殖规律,模拟自然环境进行福寿螺的繁殖工作,以便有计划地生产种苗。福寿螺繁殖的技术要点分述如下。

(1)选择和运输亲螺:4月龄以上的福寿螺都可作亲螺用于繁殖,选择亲螺要个体大,一般以100克以上者为合适。个体大的亲螺,可以保证产卵、孵苗的质量和数量。另外,螺壳要完整无损,外壳碰破的亲螺很容易死亡。

福寿螺雌雄异体,体内受精。为了提高亲螺单位体重的产卵量,宜多选雌螺,雄雌螺配比以1∶4~7为合适。性成熟的螺体,从外观可直接区分雌雄,其两性区别在于:一是雌螺个体大,雄螺个体小;二是雌螺螺身短,雄螺螺身长;三是雌螺螺厣凹平,雄螺螺厣凸起。

选好亲螺后,要小心运至繁殖场地。福寿螺最忌挤碰,亲螺一般用通风透气的竹箩装运,方法是先在箩底垫一层水浮莲,然后放一层亲螺,以后放一层水浮莲放一层亲螺,层层相叠,以减少亲螺之间的碰撞机会。若长途运输,应在途中定时洒水,保持螺体湿润。

(2)选择和清整繁殖场所:根据生产规模的大小选择面积适宜、水源良好、排灌方便、阳光充足、环境安静的地方作繁殖场所。繁殖场所内设产卵池(沟)、孵化池(沟)和育苗池(沟)。小池、水沟的面积,大小要适中,以方便操作、方便管理。水沟的长度不限,宽度以1米左右为好。沟和池的水位宜浅不宜深,一般以50厘米左右为合适。水泥池底部垫一层浮泥,厚度3厘米左右。新建的水泥池,则应先用水浸池10天左右,洗擦多次才能使用。

亲螺放养前,先排去水沟或小池的旧水,进行清洁处理,然后放入新水,放养水葫芦、浮萍等水生植物,并在水沟或小池上插一些竹竿。

(3)培育亲螺及收集卵块:亲螺的放养密度不宜太大,每平方米30个左右为合适。亲螺放养后,当天开始使用精、青饲料强化培育。精料可用花生麸、麦糠等,青料一般用青菜、陆草等。精料日投量应视其摄食情况而定,一般为总体重的0.5%,青料的日投量以满足其摄食需要为准。并要注意水质管理,勤换水,保持水质清爽,促使其早产、多产。

亲螺交配后,雌螺晚上爬离水面,在植物的茎叶、池壁或竹竿上产卵,产卵持续时间为40~60分钟,每次产卵500~2 000粒,雌螺产卵后,便缩回腹足,自动跌回水中。卵产出后10~20小时,卵块胶状物尚未凝固,便可以轻轻将卵块收集起来孵化。收集卵块的时间不能过早,过早采卵,卵片太软,不易剥离;过迟采卵时,胶状物已经凝固,也难以剥离,还易造成卵粒破裂。防止卵块落入水中或直接接触水,否则会影响卵的孵化。

(4)孵化及培育幼螺:为了提高孵苗率,要在孵化池(沟)离水面30厘米处用竹筛架一孵化床,孵化床顶用薄膜遮盖,薄膜上再放葵叶、蕉叶等以防雨淋和强光照射,并在孵化池(沟)内放养浮萍。

收集孵块后,可把卵块放在孵化床孵化。卵块一般放置一层,忌堆放。每天收集的卵块要分开放置,以便同规格放养。刚产出的卵块呈粉红色,4～5天后变为褐色,7～10天后变为白色,卵粒变白色后,小螺即将破壳而出。小螺孵出后便自动从筛孔掉入水中。小螺的孵出时间随气温高低而变,气温高时,孵化时间短,气温低,孵化时间长,气温降至20℃以下时,卵很难孵出小螺。一般在气温30℃左右时,7～10天便可孵出小螺。

小螺掉下水后,便开始生长。当孵化池(沟)里的小螺数量较多时,便可以把小螺收集起来,转放入育苗池(沟)培育,若孵出的小螺较多,可3～5天收集一次。也可把孵化床转移到别的小池或沟段继续孵化,原孵化池(沟)便可成为育苗池。

小螺孵出的第一周,每天投喂2次麦麸和浮萍,投放的数量随小螺的长大而增加。7天后,当小螺长至花生仁那么大时,就要增放浮萍、水葫芦等水生植物,让小螺自行取食。

孵化池(沟)和培苗池(沟)的水质管理要狠抓一个"清"字,勤换水,确保水质清新。水质欠佳时,容易导致小螺大量死亡。孵化池(沟)和育苗池(沟)的出水口要设栅栏,防止小螺随水流走。

3. 福寿螺的养殖方式

福寿螺的养殖,一般采用单养法。鱼螺混养矛盾很多,弊大于利,一般不宜采用。目前,福寿螺的养殖方式有水泥池精养、小土池精养、池塘养殖、网箱养殖、水沟养殖和稻田养殖。

(1)水泥池精养:水泥池精养的优点一是单位面积的产量高,二是易管理。若水泥池较多,可相互配套,分级养殖。第一级养殖1个月,把小螺养至25克重左右。第二级也是养殖1个月,把25克重的幼螺养至50克左右。第三级养殖时间可长可短,把50克重的中螺养至100克以上的大螺。水泥池精养的放种密度应视种苗大小和计划收获规模而定,一般地,初放密度每平方米总体重不宜大于1千克,最终收获密度控制在5千克以下。

(2)小土池精养:小土池精养的优点一是成本低,二是单产高,三是管理方便。小土池精养,也适宜采用多池配套,分级养殖法,具体级数的多少,要因地制宜,不必强求一律。若只有一个土池,就不必分级了。小土池精养的放种密度,应比水泥池精养的密度低些。初放密度每平方米总体重不应超过1千克,最终收获密度应控制在3.5千克以下。小土池养殖福寿螺,生长迅度稍比水泥池精养方式快,且水质管理容易,换水次数可少于水泥池精养方式。

(3)池塘养殖:池塘水面较宽阔,水质较稳定,故池塘养殖福寿螺生长快、产量高,亩产高的可超过5 000千克。为了方便管理,养殖福寿螺的池塘,面积不宜太大,水不宜过深,一般面积1~2亩左右,水深1米左右为合适。一些养鱼产量较低的浅水塘,改养福寿螺效果更好。池塘养殖福寿螺的密度可大可小,一般每亩放5万~10万粒小螺,一次放种,多次收获,捕大留小,同时让其自然繁殖,自然补种。

(4)网箱养殖:在水面较大、水质较好的池塘架设网箱养螺,是一个好办法。由于网箱环境好,水质清新,故螺生长快、单产高,除此之外,网箱养螺还有易管养、易收获等优点。网箱养螺的放养密度,可比水泥池精养的密度大,一般地,每平方米的放养量可超过1千克,最终收获密度可超过5千克。网箱的网目大小以不逃螺为度,一般用20目的网片加工而成。养螺的网箱,深度可浅于养鱼的网箱,箱高50厘米为好。

(5)水沟养殖:养殖福寿螺的水沟,以宽1米、深0.5米左右为好,可利用闲散杂地挖沟养螺,也可以利用瓜地、菜地及菜园的浅水沟养螺。新开挖用于养螺的水沟,要搞好排灌设施,使水能排能灌。沟的开挖模式平面图如图9-1所示。

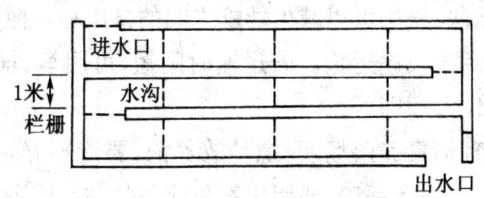

图9-1 福寿螺水沟养殖模式图

开好沟后,用栅栏把沟分成多沟段,以方便管理,基面可种瓜、菜、果、草、豆等。水沟养螺的优点是投资少、产量高。其放养密度可参照小土池精养方式的密度。

(6)稻田养殖:田基较高、可保水50厘米左右的稻田都可用于养殖福寿螺,其放养密度比池塘养殖的密度酌减。稻田养螺投资少,可以增加土地肥力,是一种较好的养殖方式。具体做法分三种:一是稻螺轮作,即种一茬水稻养一茬螺;二是稻螺兼作,即在种稻的同时又养螺,水稻起遮荫作用,使螺有一个好的生活环境;三是干脆变稻田为螺田,全年养螺。

4. 福寿螺养殖的技术要点

用于养殖福寿螺的场地,无论是水泥池、小土池、池塘、水沟还是稻田,都要靠近水源,排灌方便,不受工业污水和农田污水的污染。养殖技术要点如下:

(1)做好螺种运输工作:把螺种安全地运回养殖基地,这是生产过程中必须做好的第一环工作。幼螺的运输,多采用塑料袋充氧运输法,该法可以减少幼螺之间的挤压和碰撞,提高运输成活率,适用于长途运输。若运输时间短,可用箩、桶等容器装运,保持螺体湿润即可。

(2)清理消毒养殖场所:螺种放养前,要清理养殖场所。小土池、池塘、水沟和稻田,要用生石灰或茶麸彻底清野,杀灭野杂鱼虾,待药效消失时,便可放种。若用水泥池,干池打扫清洁即可。

(3)改良养殖环境:福寿螺喜阴怕光,故养殖场所要放养水葫芦等水生植物给福寿螺避暑,使福寿螺有一个好的栖息环境。水葫芦一可以防热,二可以稳定水质,三可以防寒,四可以作为青绿饲料。水泥池、小土池、池塘及全年养螺的稻田的水生植物密度应占水面的30%~35%,最好用竹竿拦成一行行。水沟里的水生植物,可分段种养,每段种养适量,用竹竿拦好,种养水面占总水面的50%左右为好。

(4)投放饲料:福寿螺除吃水生植物外,还喜吃陆生植物和商品饲料,投放一定数量的商品饲料,可加快其生长,提高产量。投料时间,应早晚各一次。饲料的使用,应以青料为主、精料为辅,以降低成本。

(5)加强水质管理:福寿螺的水质管理工作非常重要,为了保证螺能正常地快速生长,要勤换水,以保持水质清爽。水泥池精养、小土池精养更应注意换水。水质恶化时,螺生长慢;若长期水质欠佳,会导致螺死亡。池塘、水沟养殖,最好能保持微流水状态,这样更有利于福寿螺的生长。

(6)消灭敌害生物:福寿螺的鼠害较严重,老鼠特别喜欢吃靠近水边的福寿螺。在池塘网箱中,也常发现老鼠游到网箱里残食福寿螺,故要消灭鼠害。

(七)蝇蛆的培育

蝇蛆也是黄鳝喜食的饲料,培育 1 千克鲜蛆的成本 0.50 元左右。在常温下,从孵化到提取蝇蛆约需 4 天。据测定,鲜蛆含粗蛋白质 12.9%,粗脂肪 2.61%,并含有鱼类所必需的氨基酸、维生素和无机盐。因此,无论直接投喂或干燥打成粉,制成人工颗粒饲料投喂均可。

1. 蝇蛆的来源

可向一些已引进家蝇的单位购买。

2. 蝇蛆的生活习性

家蝇在室温 22~32℃ 及相对湿度 60%~80% 时,蛹经过 3 天发育,由软变硬,由米黄色、浅棕色、深棕色变成黑色,最后成蝇从蛹的前端破壳而出。刚爬出的成蝇,1 小时后即展翅飞翔。成蝇 3 天后性成熟,6~8 日龄为雌蝇产卵高峰期,到 15 日龄基本失去产卵能力。蝇卵经 0.5~1 天孵化成蛆,蛆在猪、鸡粪中培育，一般第 5 天变成蛹。

3. 蝇蛆培育场地

被遗弃的禽、畜养殖房，旧保管室均可，但门窗必须关闭严实，光照要理想。

4. 饲养种蝇设施

用长、宽、高分别为 70 厘米、40 厘米、10 厘米的敞口盒状容器，作蝇蛆培养盘。另需准备竹制（或木制）多层蛆盘存放架、羽化缸、蝇笼、普通称料秤、拌料盆等。

5. 种蝇饲养管理要点

一是将蝇蛹用清水洗净，消毒，晾干，盛入羽化缸内，每个缸放置蛹 5 000 粒左右，然后装入蝇笼，待其羽化。这样，每只蝇笼的家蝇数量即可控制在 5 000 只左右。

二是待蛹羽化（即幼蛹脱壳而出）5%左右时，开始投喂饵料和水。

三是种蝇的饵料可用畜禽粪便、打成浆糊状的动物内脏、蛆浆或红糖和奶粉调制的饵料。如果用红糖奶粉饵料，每天每只蝇用量按 1 毫克计算。室温在 20~30℃时，可一次投足，超过此温度时分两次添加，饵料厚度以 4~5 毫米为宜。

四是种蝇开始交尾后不得超过 2 天，即应放置产卵缸入蝇笼。

五是接卵料采用麦麸加入 0.01%~0.03%浓度的碳酸铵水调制，湿度控制在 65%~75%，混合均匀后盛在产卵缸内，装料高度为产卵缸的 2/3,然后放入蝇笼,集雌蝇入缸产卵。每天收卵 1~2 次,每次收卵后将产卵缸中的卵和引诱剂一并倒入培养基内孵化。

六是每批种蝇饲养 20 天后即行淘汰。其方法是移走饵料和水,约 3 天种蝇即被饿死。

七是淘汰种蝇后的笼罩和笼架,应用稀碱水溶液浸泡消毒,然后用水洗净晾干。

八是为达到均衡生产种蝇的目的,应分级饲养,分批淘汰,及时补充。

6. 蝇蛆的饲养管理

要注意四个方面:一是培养基的选择,蝇蛆以发酵霉菌为食料,麦麸是较好的发酵霉菌培育材料,将麦麸加水拌匀,使其湿度维持在 70%~80%,盛入培养盘。再将卵粒埋入培养基内,让其自行孵化。一般每只盘可容纳麦麸 3.5 千克。二是按每只盘平均日产蛆 0.5 千克,设计培养盘的数量。三是放卵量的计算,卵粒重 0.1 毫克,2 克卵约 2 万个孵粒,可产鲜蛆 0.5 千克,1 个培养盘约可置卵 8 克。四是随着蛆的生产和麦麸的发酵,盘内温度逐步上升,最高可达 40℃以上,这会引起蝇蛆死亡,因此要注意降温。

(八)活饵料的引诱

黄鳝、泥鳅喜食活饵料,可利用灯光、堆肥、腐败物等引诱昆虫、蠕虫、蝇蛆等作为活饵料。在黄鳝、泥鳅生长旺盛的夏、秋季节,可用灯光引诱四周昆虫。具体做法如下:在养殖池上方安装三盏30瓦紫外灯或40瓦黑光灯,分上、中、下三个位置排列。上部的灯应高出堤埂1~2米,以引诱池外较远处昆虫。其余的两盏灯起着上、下传递,使昆虫落入水中的作用。最下方灯距水面约0.3米;中间的一盏略高。这样的设置,诱虫范围可达1 334~2 000平方米。先开最上方的灯,待昆虫聚集,便可开第二、第三盏灯,关闭最高处灯,如此反复。入夏后,随气温、水温升高,各种昆虫也不断增多,通常晚上8~10点钟诱虫量最多。据测试,8月份每晚可诱虫5千克。往往到半夜之后昆虫渐少,为节约用电,此时可关灯。一般每晚开灯约6小时,耗电0.5~0.7度。为防止漏电,诱虫灯应安装防雨装置,使用防水开关,雨天关闭电灯。平时经常检查线路,发现问题及时维修,不能裸线,保证用电安全。

十、家庭黄鳝、泥鳅养殖场的病害预防

(一)病害预防要点

目前水产养殖动物病害防治及水产动物的无公害养殖已越来越引起人们的重视。病害防治的发展趋势是从以化学药物防治为主,向以生物制剂和免疫方法,提高养殖对象的免疫机能,选育抗病品种,采用生态防治病害等综合防治为主,使产品成为绿色食品。

进行黄鳝、泥鳅无公害健康养殖,首先应注意提高其抗病免疫能力或保护其自身固有的抗病免疫性能。影响黄鳝、泥鳅等鱼类非特异性免疫力的身体防御功能因素主要有鳞片、皮肤等表面屏障以及黏液与吞噬细胞组成的第二道防线。鳞、皮肤及黏液是鱼体抵抗病原体及寄生生物感染侵袭的重要屏障。因此,保护鱼体不受损伤,避免敌害致伤,病原就无法侵入,如赤斑病、打印病和水霉病就不会发生。养殖水体中化学物质浓度太高,会促使黄鳝、泥鳅等鱼类分泌大量黏液,黏液过量分泌,就起不到保护鱼体的作用,从而降低甚至不能抵御病原菌侵入。

黄鳝、泥鳅在发病初期从群体上难以被觉察,所以只有预先做好预防工作才不至于被动,才能避免重大的经济损失,因而病害预防必须贯穿整个养殖工作。

1. 苗种选择

(1)带伤有病黄鳝的体表有伤痕、血斑,鳃颈部红肿等,往往是由于捕捉不当、暂养不当所致。一般应留用笼捕黄鳝进行养殖。

(2)具不正常状态的鳝种不宜养殖。黄鳝尾部发白、黏液缺少或无黏液,这是水霉病感染的症状;鳝体有明显红色凹斑,大小如黄豆,是感染腐皮病症状;黄鳝头大颈细,体质瘦弱,严重时呈卷曲状,是患毛细线虫病症状,极易传染。

(3)受药物中毒的黄鳝,不宜养殖,例如被农药毒害,外表尚难辨识,但往往30小时左右(随温度高低而不同)后体色变灰、腹朝上等。

(4)长期高密度集养,运输、暂养后往往由于水少黏液多,温度易升高,而致黄鳝患"发烧"病,这类黄鳝人工养殖过程往往会陆续死亡。

(5)在较深水中"打桩"的黄鳝往往比在水底安静卧伏的黄鳝体质差,较易死亡。这可以作为选择黄鳝进行人工养殖时参考。

(6)在进行黄鳝苗种收集过程中,应按第六章所述黄鳝苗种收集应注意的问题来操作。放养后初期,若有黄鳝久不入"窝"、独处、漫游,往往是有问题的黄鳝,养殖过程容易发病死亡,最好将其捞出,进行销售等处理,避免经济损失。

在选择苗种时除参考上述几点外,可用以下方法挑选:将很容易捕捉、鳝体疲软的黄鳝剔除后,用盐水选苗。盐水的用量以鳝重1:1左右配制。将盐水装入盆中,深度达盆的3/4,盐水浓度为3%。将鳝种倒入有盐水的盆中,身体有损伤的黄鳝便会窜出,而那些较安静地留在盐水中,体格健壮活动灵活的黄鳝可被选来人工养殖。

泥鳅苗种在长途运输前应挑选体质好的鱼苗,以保证运输和人工养殖中有较高的成活率。苗种优劣一般可参考下列几方面来判别:①了解人工繁殖时的受精率和孵化率。一般受精率、孵化率较高的鱼苗体质好。②优质鱼苗体色鲜嫩,体形匀称,苗体肥满,大小较一致,游动活泼。③可装盛鱼苗于白瓷盆中,用口适度吹动水面,其中顶风、逆水游动者为强,随水波被吹至盆边者为弱。④将鱼苗盛在白瓷盆内,沥去水后在盆底剧烈挣扎,头尾弯曲剧烈者体质强;鱼体粘贴盆底,挣扎力度弱,仅头尾略为扭动者弱。⑤在鱼篓中的苗,经略搅水成漩涡,其中能在边缘溯水中游动者强,被卷入游涡中央部位者弱。

2. 苗种消毒

苗种放养前应进行消毒,常用消毒药有:

①食盐:浓度2.5%~3%,浸浴5~8分钟。

②聚维酮碘(含有效碘1%):浓度20~30毫克/升,浸浴10~20分钟。

③四烷基季铵盐络合碘(季铵盐含量50%):0.1~0.2毫克/升,浸浴30~60分钟。

消毒时水温温差应小于3℃。

3. 工具消毒

养殖过程使用的各种工具,往往能成为传播病害的媒介,特别是在发病池中使用过的工具,如木桶、网具、网箱、木瓢、防水衣等。对小型工具消毒的药物有高锰酸钾,浓度为100毫克/升,浸洗30分钟;食盐溶液,浓度为5%,浸洗30分钟;漂白粉,浓度为5%,浸洗20分钟。发病池的用具应单独使用,或经严格消毒后再使用。大型工具清洗后可在阳光下晒干后再用。

4. 水体消毒

常用的有效消毒药物是生石灰。在泥鳅养殖池中,每亩1米水深的水体用生石灰约25千克。黄鳝池一般不用生石灰消毒水体。还有许多优良的水体消毒剂,可根据不同情况选用。漂白粉用量为1毫克/升;漂粉精用量为0.1~0.2毫克/升;三氯异氰脲酸用量为0.3毫克/升;二氯异氰脲酸钠用量为0.3毫克/升;氯胺用量为2毫克/升等,这些消毒剂均有杀菌效果。但当水体中施用活菌微生态调节剂时,不能与这些杀菌剂合用,必须待这些杀菌剂药效消失后再使用活菌类微生态调节剂,否则会因为杀菌剂存在,使活菌类微生态调节剂失效而造成浪费。杀虫效果较好的制剂有硫酸铜、硫酸亚铁合剂,两者合用量为:按比例5:2配比,以达到水体浓度0.7毫克/升为宜。

5. 饵料消毒

病原体也常由饵料带入,所以投放的饵料必须清洁新鲜,无污染、无腐败变质,动物性饲料在投饲前应洗净后在沸水中放置

3～5分钟,或用高锰酸钾20毫克/升浸泡15～20分钟,或5%食盐浸泡5～10分钟,再用淡水漂洗后投饲。泥鳅池塘施肥前有机肥一定要沤制,并每500千克加入120克漂白粉消毒之后才能投施入池。

6. 加强饲养管理

黄鳝、泥鳅病害预防效果因饲养管理水平高低而有不同。必须根据黄鳝、泥鳅的生物学习性,建立良好的生态环境,根据各地具体情况可进行网箱、微流水工厂化、建造"活性"底质等方法养殖;根据不同发育阶段、不同养殖方式、不同季节、天气变化、活动情况等开展科学管理;投饵做到营养全面、搭配合理、均匀适口,保证有充足的动物性蛋白饲料,投喂按"四定"原则进行;做到水质、底质良好,鳝池应勤换水,保持水中溶氧不低于3毫克/升。流水池水流量以每天换2～3次为宜,每周彻底换水1次。及时去除残饵和死亡个体。

7. 生态防病

鳝病预防宜以生态预防为主。生态预防措施有:

①保持良好的空间环境:养鳝场建造合理,满足黄鳝的喜暗、喜静、喜温暖的生态习性要求。

②加强水质、水温管理:保持水质、底质良好,勿使换水温差过大,防止水温过高。

③在养殖池中种植挺水性植物或凤眼莲、喜旱莲子草等漂浮性植物;在池边种植一些攀缘性植物。

④在黄鳝池中搭配放养少量泥鳅以活跃水体;每池放入数

只蟾蜍,以其分泌物预防鳝病。应用有益微生物制剂改良水质维持微生物平衡,抑制有害微生物繁衍。

⑤病鳝及时隔离处理。

8. 病池及时隔离

在养殖过程中,应加强巡池检查,一旦发现病鳝、病鳅应及时隔离饲养,并用药物处理。

9. 在消毒防治中注意合理用药

在无公害泥鳅、黄鳝养殖中,为了保持养殖环境和养殖对象体内、外生态平衡,抑制或消除敌害生物侵袭,感染时除尽量使用有益微生物制剂进行生物防治、创造良好生态环境之外,正确合理有限制地使用消毒、抗菌药物也是必要的,但必须注意这些药物的品种、使用剂量和使用时间,例如:绝不能使用已禁用的药物,不能超量使用,并注意无公害要求的禁用期和休药期等。要是超量使用,不仅达不到防治病害的目的,而且会造成药害死亡,这种死亡有时在短期内大量发生,有时则在养殖过程中持续性陆续发生。笔者曾做过有关试验,结果见表10-1、表10-2、表10-3、表10-4、表10-5:

表 10-1　一些常用药物及化肥对泥鳅存活的影响

药品种类	药品浓度(毫克/升)	24 小时死亡率(%)	48 小时死亡率(%)
$CuSO_4$	0	5	5
	0.5	0	0
	1	10	65
	1.5	20	80
	2	40	
NaCl	0	0	
	10	0	
	20	100	
NH_3	0	0	
	32(NaOH)	0	
	pH8.8	0	
	10	0	
	40	25	
	60	50	
	40 加 32(NaOH)	65	
	pH8.8	65	
	80	100	
NH_4Cl	0	0	
	0.5	0	
	1	15	
	3	20	
	5	50	
	10	100	

表 10-2　不同浓度 CaO 水体对黄鳝存活的影响

	试验组									对照组
浓度(1×10^{-6})	400		100		50					0
时间(小时)	2	5	5	24	5	24	48	96	168	168
存活率(%)	6.7	0	100	83.3	100	100	96.7	90	0	100
死亡率(%)	93.3	100	0	17.7	0	0	3.3	10	100	0

表 10-3　不同浓度 NaCl 水体对黄鳝存活的影响

	试验组					对照组
浓度(%)	20	2		1		0
时间(小时)	8	24	96	24	96	96
存活率(%)	0	100	100	100	100	100
死亡率(%)	100	0	0	0	0	0

表 10-4　不同浓度 KMnO₄ 水体对黄鳝存活的影响

	试验组						对照组
浓度(1×10^{-6})	40		2		1		0
时间(小时)	24	72	24	72	24	72	72
存活率(%)	6.7	0	63.3	53.3	90.0	80.0	100
死亡率(%)	33.7	100	36.7	46.7	10.0	20.0	0

表 10-5 不同浓度 $CuSO_4$ 水体对黄鳝存活的影响

试验组							对照组
浓度(1×10^{-6})	7			0.7			0
时间(小时)	24	48	96	24	48	96	96
存活率(%)	50.0	30.0	20.0	100	100	100	100
死亡率(%)	50.0	70.0	80.0	0	0	0	0

(二)黄鳝病害治疗要点

人工养殖黄鳝,其密度比自然条件下要高得多,加上选种、运输等过程对其损伤,人工投喂中营养缺损及残饵对水质底质的污染,病害生物的入侵等便会引起病害发生。现将常见的一些病害及防治方法介绍如下。

1. 打印病

【病原体】 点状气单孢菌点状亚种。

【病症】 患病部位先出现圆形或椭圆形坏死和糜烂,露出白色真皮,皮肤充血发炎的红斑形成显明的轮廓。病鳝游动缓慢,头常伸出水面,久不入穴。

该病终年可见,尤以 4~9 月份多发,各养殖地区都有发生。

【防治方法】 外用药同赤皮病;内服药以每 100 千克黄鳝用 2 克磺胺间甲氧嘧啶拌饲投饲,连喂 5~7 天。

2. 花斑病

【病原体】 细菌感染。

【病症】 病鳝背部出现蚕豆大小黄色圆形斑块,严重时死亡。该病在6~8月份流行,7月中旬达到高峰。

【防治方法】

①用0.4毫克/升三氯异氰脲酸全池泼洒。

②发病池用去皮蟾蜍,用绳系好后在池内往返拖数遍,有一定疗效。

3. 出血病

【病原体】 嗜水气单胞菌。

【病症】 病鳝体表呈点状或斑块状弥漫状出血,以腹部最明显,其次是身体两侧,体表无溃疡,身体失去弹性,呈僵硬。病鳝喉、口腔充血并伴有血水流出。腹腔具血水,肝脏肿大色淡,有的具出血斑。肝、肾出血,以肝损坏尤严重。肠道发炎充血,无食,内含黄色黏液,肛门红肿。该病发病快,严重时死亡率达90%以上,流行季节为4~10月份,6~9月份为高峰期。各养殖区均有发生。

【防治方法】

①用0.4~0.5毫克/升三氯异氰脲酸全池泼洒。

②用10毫克/升的二氧化氯浸浴病鳝5~10分钟,每100千克黄鳝用2.5克氟哌酸拌饲投饲,连续5天,第一天药量加倍。

4. 肠炎病

【病原体】 细菌感染。

【病症】 病鳝离群独游,游动缓慢,鳝体发黑,头部尤甚,腹部出现红斑,食欲减退。剖开肠管可见肠管局部充血发炎,肠内没有食物,肠内黏液较多。

该病传染强,病程较短,死亡率高。水温25~30℃,是该病适宜流行温度。

【防治方法】 每100千克黄鳝每天用大蒜30克拌饲,分2次投饲,连喂3~5天;每100千克黄鳝用5克土霉素或磺胺甲基异噁唑,连喂5~7天。

5. 水霉病

【病原体】 水霉菌。

【病症】 初期病鳝症状不明显,数日后病鳝体表的病灶部位长出棉絮状的菌丝,且在患处肌肉腐烂。鱼卵及幼苗均可感染这类疾病。凡是受伤的卵、幼鱼、成鱼容易患水霉病。

【防治方法】
①避免鱼体受伤。
②用食盐-小苏打合剂(各400毫克/升)泼洒,或用亚甲基蓝2~3毫克/升泼洒。

6. 毛细线虫病

【病原体】 毛细线虫,虫体细小如纤维状,以头部钻入鳝肠壁黏膜层,吸取鳝体营养,破坏组织,引起肠道发炎。

【病症】 毛细线虫以其头部钻入寄主肠壁黏膜层,引起肠壁充血发炎,病鳝离穴分散池边,极度消瘦,继而死亡。在虫体少量寄生时,没有明显外观症状;当虫体大量寄生时,病鳝身体呈卷龙状运动,头部颤抖,消瘦直至死亡。该病主要危害当年鳝种,大量寄生引起幼体死亡。

【防治方法】

①放养前以生石灰清塘,杀死虫卵。

②用晶体敌百虫 0.5 毫克/升泼洒,第二天换水。同时,用晶体敌百虫,按鳝体重 0.1 克/千克,拌蚌肉或蚯蚓浆投喂,连喂 5～6 天。

③每 100 千克黄鳝用 0.2～0.3 克左旋咪唑或甲苯咪唑,连喂 3 天。

7. 棘头虫病

【病原体】 隐藏棘衣虫。

【病症】 棘头虫虫体较大,呈乳白色,主要寄生在病鳝近胃的肠壁上,以带钩的吻钻进肠黏膜内,吸收寄主营养,常引起病鳝肠壁、肠道充血发炎,鱼体消瘦。大量寄生时,会引起肠道阻塞,严重时造成肠穿孔,或肠管被堵塞,鳝体消瘦,有时引起贫血,病鳝死亡。该病终年可发生,无明显季节性,各年龄组黄鳝均可感染,感染率达 60%～100%。

【防治方法】

①用晶体敌百虫 0.7 毫克/升水体泼洒,杀灭中间宿主——剑水蚤,同时用晶体敌百虫按鱼体重量 0.1 克/千克拌饵投喂,连喂 6～7 天。

②每100千克黄鳝用0.2～0.3克左旋咪唑或甲苯咪唑和2克大蒜素粉或磺胺嘧啶拌饲投饲,连喂3天。

8. 细菌性烂尾病

【病原体】 黄鳝尾部感染产气单孢菌所致。

【病症】 被感染的尾柄充血发炎,直至肌肉坏死溃烂。病鳝反应迟钝,头常常伸出水面,严重时尾部烂掉,尾椎骨外露,丧失活动能力而死亡。

【防治方法】 用10毫克/升的二氧化氯药浴病鳝5～10分钟,每100千克黄鳝用5克土霉素或磺胺甲基异噁唑一次,连喂5～7天。

9. 中华颈蛭病

【病原体】 由中华颈蛭体外寄生所致。中华颈蛭俗称蚂蟥。

【病症】 中华颈蛭以其吸盘吸附于幼鳝和成鳝的体表任何部位,但主要吸附于鳃孔处和体侧、头部,吸取寄主血液,其致病死亡率约为10%。

【防治方法】

①用5毫克/升亚甲兰溶液泼洒,4小时后换水。连用3天见效。

②用10毫克/升敌百虫液或5毫克/升高锰酸钾液,以及20毫克/升丑牛液泼洒。

③用一老丝瓜芯浸入鲜猪血,待猪血灌满瓜芯并凝固时,即放入水声响取。30分钟之后,取出瓜芯即可诱捕大量虫体,如

此反复数次,即可基本捕杀干净。

④用3%食盐水浸洗鳝体5～10分钟。

⑤10毫克/升硫酸铜浸洗10～20分钟,并用新水冲洗,使蛭脱落。

10. 赤皮病(赤皮瘟、擦皮瘟)

【病原体】 细菌感染。

【病症】 黄鳝皮肤在捕捞或运输时受伤,使细菌侵入皮肤所引起的疾患。病鳝体表局部出血、发炎,皮肤脱落,尤其在腹部和两侧最为明显,呈块状。有时黄鳝上下颌及鳃盖也充血发炎。在病灶处常继发水霉菌感染。病鳝身体瘦弱,春末、夏初较常在养殖场见到。

【防治方法】

①放养前用5～20毫克/升漂白粉浸洗鳝体约半小时。

②发病季节用漂白粉挂篓进行预防。漂白粉用量,一般为每平方米用0.4克。根据池塘面积大小而定,大池可用2～3篓;小池可用1～2篓。

③捕捞及运输时小心操作,避免鳝体受伤。

④用1.0～1.2毫克/升漂白粉全池泼洒;用0.05克/平方米明矾兑水泼洒,2天后用25克/平方米生石灰兑水泼洒;用2～4毫克/升五倍子全池遍洒;每100千克黄鳝用磺胺嘧啶5克拌饵投饲,还喂4～6天。

⑤每平方米池用明矾0.05%泼洒,2天后再用生石灰按每平方米25克化水泼洒。

(三)泥鳅病害治疗要点

1. 红环白身病

【病原体】 不明。

【病症】 病鳅体表及各鳍条呈灰白色,体表上出现红色环纹,严重时患处发生溃疡,病鱼食欲不振,游动缓慢。该病通常因泥鳅捕捉集中后,长时间处在流水暂养状态而发生。

【防治方法】

①将泥鳅从流水池转入池塘养殖。

②放养时用亚甲蓝药浴15~20分钟,浓度为5克/1 000千克水体重(5毫克/升)。

③泥鳅放养后用1毫克/升漂白粉泼洒水体。

2. 红鳍病

【病原体】 细菌感染。

【病症】 发病初期病鳅鳍条及体表部分皮肤剥落呈灰白色,肛门红肿,继而腹部及体侧皮肤充血发炎,鳍条呈血红色,严重时病灶部位逐渐溃烂变为深红,肠道糜烂,患处并发水霉,病鳅常在进水口或池边悬垂,不进食。该病是因鳅体受伤感染病菌所致,危害极大,发病率很高,要是水质急剧变化,更易诱发此病。夏季是该病高发季节。

【防治方法】

①操作时避免鱼体受伤,保持其体表黏液层。

②发病前后用漂白粉水溶液泼洒,浓度为1.0~1.2毫克/升。

3. 水霉病

【病原体】 水霉菌。

【病症】 病鳅体表长满白色絮状菌丝,游动缓慢,久之体弱而亡。该病终年均有发生,以早春、晚秋及冬季蓄养池中的鳅体受伤后极易感染此病。

【防治方法】

①避免鳅体受伤。

②发病时用食盐-小苏打合剂(各用400毫克/升水体)泼洒。

4. 气泡病

【病因】 水中气体过饱和。

【病症】 鳅体体表、鳃、鳍条上附有许多小气泡,肠道内也充有白色小气泡。病鳅腹部鼓起,浮于水面,若不及时急救,会发生大批死亡。该病多发生在春末、夏初,对幼鱼危害较大,可引起幼体大批死亡。

【防治方法】

①合理投饵、施肥,注意水质清新,不使浮游植物繁殖过量。

②发病时排除部分老水,加注新水。

③用泥浆水全池泼洒。

5. 曲骨病

【病因】 鳅苗孵化时由于水温剧变或水中重金属元素含量过高,或缺乏必要的维生素等营养物质,也有时因寄生虫侵袭等,致使在胚胎发育过程中引起骨骼畸形。

【病症】 泥鳅苗脊椎骨畸形呈弯曲状。

【防治方法】 泥鳅繁殖期间保持孵化水水温在适宜范围内,防止温度短期剧变;在鱼苗培育阶段注意营养平衡,投喂混合饲料,保证需要的营养。

6. 烂鳍病

【病原体】 短杆菌感染。

【病症】 背鳍附近表皮脱落,呈灰白色。严重时鳍条脱落,肌肉外露,停食,衰弱致死。夏季易流行。

【防治方法】 用1‰～5‰土霉素溶液浸浴10～15分钟,每天1次,连用2天见效,5天即可愈。

7. 打印病

【病原体】 嗜水气单孢菌嗜水亚种。

【病症】 身体病灶浮肿,成椭圆或圆形,红色,患部主要在尾柄两侧,似打上印章,故名打印病。7～9月份为主要流行季节。

【防治方法】 漂白粉化水,全池泼洒,使池水浓度达1毫克/升。

8. 车轮虫病

【病原体】 车轮虫寄生。

【病症】 车轮虫寄生于泥鳅鳃、体表,感染后食欲减少,离群独游。严重时虫体密布,轻则影响生长,重则死亡。5~8月份流行。

【防治方法】

①用生石灰彻底清塘后再放养。

②发病水体每立方米用0.5克硫酸铜和0.2克硫酸亚铁合剂防治。

9. 三代虫病

【病原体】 三代虫寄生。

【病症】 可见三代虫寄生体表和鳃。5~6月份流行。对鳅种危害大。

【防治方法】 用浓度20毫克/升高锰酸钾溶液浸洗15~20分钟;若浓度为10毫克/升,则浸洗30~50分钟。根据水温、泥鳅的体质情况选用以上不同浓度或适当增减。

10. 舌杯虫病

【病因】 舌杯虫侵入鳃或皮肤。

【病症】 虫体附着泥鳅鳃或皮肤,平时取食周围水中的食物,对寄主组织无破坏作用,感染程度不高时危害不大。要是与车轮虫并发或大量发生时,能引起泥鳅死亡。对幼泥鳅,特别是1.5~2厘米的鳅苗,大量寄生时会妨碍正常呼吸,严重时使鳅苗死亡。一年四季都可出现,以夏秋季较普遍。

【防治方法】

①流行季节用硫酸铜和硫酸亚铁合剂挂袋。

②放养前用浓度8毫克/升的硫酸铜溶液浸洗鳅种15～20分钟。

③用0.7毫克/升硫酸铜、硫酸亚铁合剂全池泼洒。

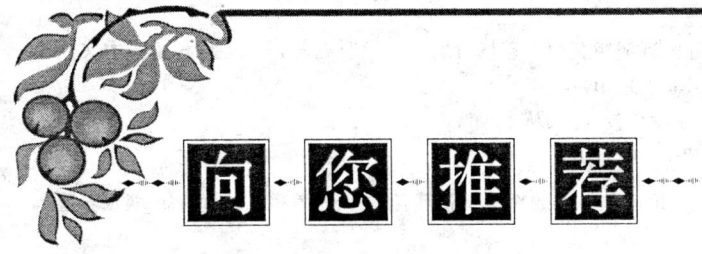

蔬菜水果种植类

常见野生蔬菜食用指南	12.00
美国四提葡萄优质丰产栽培	17.00
无公害水产品生产手册	24.00
无公害畜产品生产手册	24.00
菜农致富500问	20.00
菜用黑豆无公害栽培技术	16.00
柑橘无公害节本栽培图说	18.00
蔬菜无公害用药速查手册	16.00

注：邮费按书款总价另加20％

图书在版编目(CIP)数据

怎样办好家庭泥鳅黄鳝养殖场/徐在宽,徐明编著.—北京:科学技术文献出版社,2013.6(重印)

《新农村建设科技入户》丛书

ISBN 978-7-5023-5972-0

Ⅰ.①怎… Ⅱ.①徐… ②徐… Ⅲ.①鳅科-淡水养殖 ②黄鳝属-淡水养殖 Ⅳ.S966.4

中国版本图书馆CIP数据核字(2008)第039270号

怎样办好家庭泥鳅黄鳝养殖场

策划编辑:袁其兴 责任编辑:袁其兴 责任校对:张吲哚 责任出版:张志平

出 版 者	科学技术文献出版社
地 址	北京市复兴路15号 邮编 100038
编 务 部	(010)58882938,58882087(传真)
发 行 部	(010)58882868,58882874(传真)
邮 购 部	(010)58882873
官方网址	http://www.stdp.com.cn
发 行 者	科学技术文献出版社发行 全国各地新华书店经销
印 刷 者	北京时尚印佳彩色印刷有限公司
版 次	2008年6月第1版 2013年6月第6次印刷
开 本	787×1092 1/32
字 数	205千
印 张	10.25
书 号	ISBN 978-7-5023-5972-0
定 价	17.00元

版权所有 违法必究

购买本社图书,凡字迹不清、缺页、倒页、脱页者,本社发行部负责调换